ライブラリ数理・情報系の数学講義＝1

数理基礎論講義
―― 論理・集合・位相 ――

金子　晃　著

サイエンス社

サイエンス社のホームページのご案内
http://www.saiensu.co.jp
ご意見・ご要望は　rikei@saiensu.co.jp　まで.

は　し　が　き

　本書は情報科学系や数学系の学生，より一般には理工系の学生が大学で数学や理論科学を学ぶための基礎となる知識 — 論理学，集合論，位相 — の初歩を解説したものです．

　論理学が理系の科目を学ぶのに必要なことは議論の余地が無いように思われますが，実際には事はそう単純ではありません．分野，領域により，そこで一般に認められている論理は，微妙に，ときには大きく異なります．学問の府である大学における会議が論理が通じなくて紛糾することもめずらしくはありません．大学の初年級において，将来いろんな分野に進むことになる学生たちが，共通の講義で論理学を学ぶことは大切なことでしょう．高校の数学から証明がほとんど消えてしまった現在では，分野によっては，"証明"という人類の文化遺産に触れる場を持たずに卒業してしまう恐れさえあります．

　今や有限集合の取扱いにおける集合論の記号は，理系のほとんどの分野で厳密な表現のために常用されるようになっています．しかし集合論の真髄は無限集合論であり，それは論理学とともに発展してきました．その発展の核心である無限集合論の公理的な取扱いは本書の程度を越えるものですが，そのさわりの物語，無限集合の種々のパラドックスやゲーデルの不完全性定理などは，文系の学生にも興味深いものであり，理系の学生にとっても教養の一つと言えるでしょう．また，無限集合論と論理学の初歩は，理系の学生にとっては，大学初年級で学ぶ微分積分学を理解するための基礎でもあります．実際，学生がつまづくのは，計算ではなく論理であることがほとんどです．

　位相構造は代数的構造と並び，集合に構造を追加して表現力を豊かにするための道具です．位相構造は現代論理学の発展にも応用されてきました．今後は，更に理論情報科学における応用も期待できるかもしれません．情報系の学科の中には，以上すべてを包含して"離散数学"の名前で講義しているところもあるでしょう．本ライブラリでは，代数構造に関する話は，"応用代数講義"の方で詳しく解説していますので，本書では論理学に関係の深いブール代数，およびそれに密接に関連した束構造だけを取り上げています．

　論理学と集合論は数学の基礎ですが，それを専門に研究するのが"数学基礎

論"です．本書の書名と紛らわしいですが，本書はそういう難しい内容とはあまり関係がありません．数学基礎論の書物はプロの数学者でも，専門家以外はなかなか読むのが難しいものです．他方，計算機の世界では，論理学と深く関わった証明論や計算可能性の理論が情報科学の大切な基礎を成していますが，これらの本格的な扱いも本書の対象外です．著者はこれらの分野については専門外ですが，本書の目的を逸脱しない範囲で，入門的部分を，耳学問をもとに解説していますので，更に続けて勉強するときの手がかりにしてください．

本書は著者がお茶の水女子大学で実際に行った"数理基礎論"と"位相空間論"の講義の内容に基づいています．前者はほぼ第1章から第11章まで，後者は第12章以降の内容に相当しています．二つの講義の内容なので，半期で全部やることは不可能ですが，著者の大学と同様，これらを別の二つの講義として行うことができる大学では，それぞれ本書の半分を利用できるでしょう．また，一つの講義でこれらを一通り教えたいという場合は，それぞれのテーマの最初の方だけを適当に取り上げれば，半年分の内容となるでしょう．参考書として使う学生にとっては，安上がりに三つの分野をカバーできると思います．

最初の計画では，集合や命題の演算を練習するために著者が講義で用いたソフトの紹介を付録に入れる予定でしたが，紙数と時間の不足で実現しませんでした．これは，本書のサポートページでカバーする予定です．

本書の前半部分を書くときには，細井勉先生の御著書『集合・論理』が大変参考になりました．細井先生は実際にこの御著書で著者の赴任前にこの大学で非常勤講師として"数理基礎論"を担当してくださいましたが，著者の講義時にもこの御著書を教科書として指定させて頂きました．また，難波莞爾先生は，この大学の情報科学科が発足した当初，同じく非常勤でこの講義をされた方ですが，著者が前任校に居たときの先輩スタッフとして，折に触れ聞かせて頂いた，ご専門の数学基礎論にまつわるさまざまな逸話を，本書で利用させて頂きました．最後に，一括で申し訳ありませんが，本書で引用させて頂いたさまざまな練習問題の作者の皆さまに，ここで謝意を表します．

サイエンス社編集部の田島伸彦さんと鈴木綾子さんには，本書を読みやすくするための多くの貴重なご助言を頂き，校正刷における大量の訂正にも辛抱強くお付き合いくださいました．ここに深甚なる謝意を誌します．

平成22年2月22日　　　　　　　　　　　　　　　　金子　晃

目　　次

- **第1章　幾何学と論理** … 1
  - 1.1　ユークリッド原論の公理 … 2
  - 1.2　ヒルベルトの公理主義 … 5
- **第2章　素朴集合論** … 9
  - 2.1　集合とは … 9
  - 2.2　集合論の記号 … 12
  - 2.3　集合演算の基本法則 … 16
  - 2.4　集合と写像 … 23
- **第3章　古典命題論理学** … 30
  - 3.1　命題と論理式 … 30
  - 3.2　命題計算と真理値 … 31
  - 3.3　論理式の定義と性質 … 35
  - 3.4　論理式の計算と標準形 … 39
  - 3.5　恒真式の証明 … 42
- **第4章　論理回路** … 47
  - 4.1　論理ゲート … 47
  - 4.2　NAND素子, NOR素子, 負論理 … 52
- **第5章　述語論理入門** … 57
  - 5.1　素朴な述語論理の話 … 57
  - 5.2　述語論理式の否定 … 61
  - 5.3　述語論理式の意味付けと恒真式 … 63

目次

第6章　冪集合・特性関数・2項演算　　67

- 6.1　一般の添え字集合を持つ集合族 67
- 6.2　部分集合の特性関数 72
- 6.3　2項演算と写像 78

第7章　写像・対応・2項関係　　81

- 7.1　写像の合成 81
- 7.2　多価写像・対応 84
- 7.3　2項関係 86
- 7.4　同値関係と商集合 88

第8章　ブール代数　　93

- 8.1　ブール代数の公理 93
- 8.2　束の構造 95
- 8.3　有限ブール代数の構造 99
- 8.4　ブール代数の準同型と真理値の抽象化 103

第9章　1階述語論理　　105

- 9.1　1階述語論理の厳密な定義 105
- 9.2　述語論理式の標準形 109
- 9.3　エルブランの定理 114
- 9.4　導出原理 118

第10章　無限集合論　　124

- 10.1　有限集合と無限集合 124
- 10.2　無限集合の濃度 128
- 10.3　無限集合論の公理のいろいろ 136
- 10.4　ペアノの公理系 140
- 10.5　整列集合と順序数 148
- 10.6　ツォルンの補題 154

目　　次

第11章　公理的集合論と形式論理学　158

- 11.1　論理学と集合論におけるパラドックス 158
- 11.2　集合論の公理系 161
- 11.3　論理学の形式化 — 証明論 164
- 11.4　ゲーデルの完全性定理と不完全性定理 171

第12章　距離と位相　179

- 12.1　位相の必要性 179
- 12.2　距 離 空 間 184
- 12.3　閉包・開核・内点・外点・境界 190
- 12.4　一般の位相空間 192
- 12.5　基本近傍系と開集合の基 196

第13章　連続写像と連結性　199

- 13.1　連続写像の定義と特徴付け 199
- 13.2　連結性の定義 202
- 13.3　弧 状 連 結 204
- 13.4　連 結 成 分 206

第14章　コンパクト性と分離公理　207

- 14.1　孤立点・集積点・稠密性 207
- 14.2　ハウスドルフ性 209
- 14.3　コンパクト集合 209
- 14.4　種々の分離公理 217

第15章　誘 導 位 相　224

- 15.1　部分集合への誘導位相 224
- 15.2　直積位相と商位相 226
- 15.3　連続写像と誘導位相 227
- 15.4　位相空間の無限直積 228
- 15.5　帰納極限と射影極限 231

第16章　パラコンパクト性と可分性　　234

- 16.1　局所コンパクト, σ コンパクト, パラコンパクト 234
- 16.2　可算公理 242

第17章　一様位相と収束　　244

- 17.1　一様位相 244
- 17.2　有向点族とフィルター 249
- 17.3　完備性 253

参　考　文　献　　257
索　　　　引　　259
人　名　索　引　　262

本書のサポートページは

http://www.saiensu.co.jp/

から辿れるサポートページ一覧の本書の欄にリンクされています。
本文中のアイコン はサポートページに置かれた記事への参照指示を表します。

第1章

幾何学と論理

　君達は大学に何をしに来たのでしょう．大学 (university) とは，元来学問を学ぶ場所です．学問とは真理を探求する営みです．求めた真理はどうやって人に伝え，それを納得させるのでしょうか？論理です．なので，何はともあれ，論理の基礎を学びましょう．

　論理は，言葉を基礎に持つ人間文化なら，どこにでも存在するものですが，残念ながら，論理は文化や所属する社会により，微妙に，ときには大きく異なります．"盗人にも3分の理"という諺があるように，論理の無い行動は人間には考えられないのですが，その論理が同じでないと議論がうまくかみ合いません．共通の論理に立脚していると思われている科学の世界でさえ，論理の意味は分野により異なります．例をいくら積み上げても証明したことにはならない分野も有れば，計算機によるシミュレーションで十分に証明と認められる分野も有るのです．

　数学もまた，人類の文明に遍在するものです．しかしそれが現在一般に理解されているような形で，論理と深く結び付き，人類の特異な文化遺産として残されたのはギリシャだけでした．ここに，バイブルの次に良く読まれた数学の本，"ユークリッドの原論"があります．

図1.1　ユークリッド原論　左：中村幸四郎他訳・解説「ユークリッド原論」，共立出版，1971．　右：T.L. Heath訳，"Euclid The Thirteen Books of the Elements" 2nd ed., Dover, 1956.

これは今から 2000 年以上前に，幾何学を中心としたその時代の数学を集大成したものですが，書かれた定理の内容の高度さではなく，その論理的な構成の厳密さによって，その後のヨーロッパ数学の規範となり，世界に広まって今日に至っています[1]．わが国でも，著者が高校生の頃までは数学的論証の見本として，高校で 1 年かけて教えられていました．

この章では，本書の主題である論理学と集合論の淵源となったユークリッドの原論と，そこから発展してきた公理系の概念を鳥瞰し，以後の章への動機付けを行います．

1.1 ユークリッド原論の公理

ユークリッドの原論では，幾何学を厳密に展開するため，まず使う用語の**定義** (definition) から始め，次に誰もが認める前提として，公理というものを立てました．厳密にいうと，**公理** (axiom, common notion) という言葉は，原論では，等号の規則のような，推論のための共通原理に対して用いられており，いわゆる幾何学の公理は，**公準** (postulate) と呼ばれています．定義の一部を紹介すると，

1. 点とは部分を持たないものである．
2. 線とは幅の無い長さである．
3. 線の端は点である．
4. 直線とはその上にある点について一様に横たわる線である．
  $\vdots$

といった具合です．幾何学の公準は，次の五つより成っていました：

1. 任意の点から任意の点へ直線を引くこと．
2. 有限直線を連続して 1 直線に延長すること．
3. 任意の点と半径をもって円を描くこと．
4. すべての直角は互いに等しいこと．
5. 1 直線が 2 直線に交わり，同じ側の内角の和が 2 直角より小さいなら，2 直線を限りなく延長したときこの側で交わること．

1 から 3 は "このような作図が常に許される" というニュアンスですが，ギリ

---

[1] 実際，ユークリッド原論は江戸時代の始めに日本にも伝わったのですが，当時の和算家たちは，これを見て，ヨーロッパの数学は大したことは無いと思って無視したのでした．

シャ数学では，問題の解は作図によって与えられるのが普通だったので，このような表現になったのでしょう．今の言い方では，例えば1は，

1′. 任意の2点を通る直線がただ一つ定まる．

と書かれます．5が有名な**平行線の公理**で，今風に言えば

5. 1直線外の1点を通り，この直線に交わらない直線（すなわち平行線）がただ1本引ける．

となります．これだけが，他の四つに比べて表現がややこしく，また内容が濃かったので，あまり公理らしくなく，昔から，"これは他の公理から導ける（証明できる）のではないか？"という疑問が持たれ，研究が続けられました．これが決着するのは2000年後の19世紀中頃になってからです．その結論は，"平行線の公理は他の公理とは独立なもので，他の公理から証明することはできない"というものでした．このことは，"平行線の公理を否定したものを公理として幾何学を考えると，もしこれが他の公理から証明できるものなら，矛盾が生ずるはずなのに，矛盾の無い新しい幾何学ができてしまう"ことが発見されたことで確かめられました．ロシアのロバチェフスキーとハンガリーのボリアイは，それぞれ独立に，"1直線外の1点を通り，この直線に交わらないような直線が2本以上（実は無数に）引ける"ことを仮定して，いわゆる双曲型の非ユークリッド幾何学を創りました．また，ドイツのリーマンは，"平行線は1本も引けない"ことを仮定して，楕円型の非ユークリッド幾何学を創りました．非常に不思議なことに，幾何学は平行線の公理に関してはこれらの3種類しか無いのです[2]．

このようにユークリッドの原論は今から見てもきわどく本質を突いた公理の上に展開されていたのは驚くべきことでした．それに続く論理展開が証明というもので，それは当時の論理学に則ってなされました．"証明に立脚したすべて

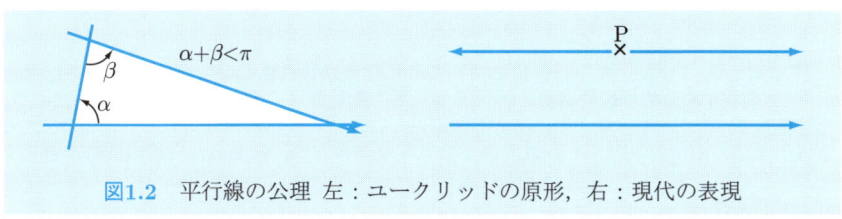

図1.2 平行線の公理 左：ユークリッドの原形，右：現代の表現

---

[2] ガウスもまた，世間の煩わしい喧騒を避けて発表はしませんでしたが，非ユークリッド幾何の概念を得ていたことは，よく知られています．

の科学は，どこまでも遡ってすべてを証明し尽くすことは不可能で，それぞれに応じた公理を立てる必要がである"という認識が，既にユークリッド以前に確立されていたことは，論理学の祖アリストテレスの著作からも分かっています．

論理学は，古代ギリシャで，政治や哲学の議論において相手を理詰めで言い負かすために発達した技術ですが，数学における証明とも共通していました．このような論法として有名なものに，次のようなものがあります：

三段論法　$A \to B, B \to C \Longrightarrow A \to C$. ここで $\to$ は"ならば"を意味します．$\Longrightarrow$ も"ならば"を意味しますが，こちらは推論の規則ということで，別の記号を用いています．この論法の例としてよく使われるのが，"ソクラテス (A) は人 (B) である．人 (B) は死すべきもの (C) である．故にソクラテス (A) は死すべきもの (C) である．"という主張です．

背理法（帰謬法）　A を否定すると矛盾に導かれることを示すことにより，A が正しいことを示すものです．この論法は高校生でも知っていますが，ユークリッドの原論でも沢山使われています．

こんな風に，いわゆる古典命題論理は，公理化と記号化は 19 世紀になってからのことですが，内容的にはギリシャ時代にほぼできあがっていました．原論における論法の例として，"素数[3]が無限に存在する"という定理の背理法による証明を紹介しましょう．（原論の中には整数論の結果も沢山含まれています．）

> 素数が有限個しかなかったとせよ．例えばそれを a, b, c とする[4]．このとき，$abc + 1$ を考えよ．もしこれが素数なら a, b, c より大きいから新たな素数となり，不合理である．また素数でなければ，素因数を持つが，それは a, b, c のどれかでなければならず，従ってそれは 1 をも割り切ることになり，やはり不合理である．　QED[5]

---

[3] すなわち，1 より大きな整数で，1 とそれ自身以外の正整数で割り切れないもの．

[4] こういうのを**準一般的論法**と言います．現代数学なら，添え字を用いて "$a_1, \ldots, a_n$ とする"，と書くところですが，添え字を用いた表記法が数学に採り入れられたのは，やっと 19 世紀の中頃でした．それ以前はこのような書き方で，ちゃんと一般の個数を表していたのです．なお，ユークリッドの原論では，当然ながらローマ字でなくギリシャ文字が使われています．

[5] QED はラテン語 Quod erat demonstrandum の頭文字から作った略語で，証明終わりを表す伝統的な記号です．最近は □ を使う書物も増えています．本書でも以後この記号を使うことにします．板書では // を使う先生も結構居るでしょう．

問題 1.1　昔，この証明を見た友人が，"$abc-1$ も a,b,c で割り切れず，従って素数となるから，これで双子素数（すなわち，2 しか離れていない素数の対）が無限に有ることも言えるではないか"，と言い出しました．実は双子素数が無限に有るかどうかは，まだ未解決の難問です．この友人の論法を反駁してください．

　定義と公理から出発して，次々と証明しながら正しい主張を増やしてゆくというスタイルは，ユークリッド以来基本的には変わっていません．ここで数学における用語の慣習的な使い方を覚えておきましょう．

　証明の結果得られたものは，**定理** (theorem)，**命題** (proposition)，**補題** (lemma)，**系** (corollary) などの名前で分類されます[6]．"定理" は比較的最終的な結果に付けられます．"補題" は，定理を証明するための中間段階の主張に対してよく付けられます．数学の歴史においては，その定理の方が忘れ去られ，証明に用いた補題の方が便利だと，発見者の名前とともに残っていることが結構有るので，どっちが重要かは主観の問題かもしれませんね．"系" というのは，普通は定義や定理から直ちに得られるようなものを言いますが，結果の分類上の観点から，結構長い証明が必要なものも系になることがあります．"命題" は第 3 章で扱う命題論理の命題とは少し使い方が異なり，定理と補題の中間的な重要さを持った主張のことを言います．

1.2　ヒルベルトの公理主義

　ユークリッドの原論は，古代のものとしては驚くほど完璧ではありましたが，時代が進むに連れて推論の穴も見付かるようになりました．平行線の公理の問題が解決されるずっと前，既にルネッサンス期の数学者により，ユークリッドが見落としていた必要な公理が発見されていました．その後もいろんな人たちにより少しずつ，公理が補われてゆきました．ユークリッド幾何学と非ユークリッド幾何学を合わせて完全な公理系の下に展開しようと試みた数学者の中で，その後の数学に最も大きな影響を与えたのがヒルベルトです．

　一般に，何か数学の理論を作ろうとして公理系を考えるとき，それが満たすべき条件としては

---

[6]　"数学の先生が黒板に Thm とか Cor とか書いていたのは何だったのですか？" と，3 年生くらいの人に突然聞かれたりすることがあるので，これくらいの英語は 1 年の最初から覚えておきましょう．

無矛盾性 ある命題とその否定がともに証明されるということは無い．
独立性 どの公理を省いても証明できる定理が少なくなる．
完全性 公理系を満たすモデルは本質的にただ一つに決まる[7]．

といったものが考えられます．このうち，"無矛盾性"は絶対になくてはならないもので，これが満たされなければ数学の理論にはなりません．

次の"独立性"は，審美的な要請で，公理の趣旨からして仮定するものは必要最小限にとどめ，証明できるものまで公理に含めてしまうのは避けるのが普通です[8]．公理系が独立かどうかは，平行線の公理でなされたように，公理の一つを否定命題に置き換えたものが，また無矛盾になることを示すことで確かめることができます．

最後の"完全性"は，公理を満たすようなものが本質的に一つしか無いという要請で，ユークリッド幾何学や集合論を規定する公理系などは，この性質を持っているべきだと考えられます．ただし現代数学で頻繁に用いられる，ある概念の公理による定義，例えば群の公理などでは，それを満たすもので互いに同型ではないもの，すなわち，本質的に異なるものが沢山存在するような使い方の方が多いのです．

ヒルベルトが幾何学基礎論で展開した公理系に関する新しいアイデア[9]の中でも重要なのが，無定義語の導入と直感の排除，および，モデルによる無矛盾性の証明です．

【無定義語と直感の排除】ユークリッドの原論における点や直線の定義は，もっともらしく書かれてはいるのですが，実際に"これは点か"というような議論は数学ではなくなってしまいます．我々が幾何の証明で使うのは，2直線の交わりが点になるとか，2点を通る直線がただ1本だけ定まるとかいう事実だけです．それらは確かに，大きさの無い点や幅の無い直線から容易にイメージされることではありますが，そういう理解は直感に頼って推論の穴を見落とす恐れを含

---

[7] 形式論理学では，この言葉を別の意味で用います．すなわち，完全性とは，真の（より正確には，矛盾を生じない）主張がすべて証明可能なことを言います（第11章参照）．その場合には，ここで述べた要請は範疇的（カテゴリカル）と呼ばれます．

[8] しかし，初等的なレベルでは，分かりやすくするため，無駄を承知で公理を多めにすることもよくあります．

[9] 厳密に言えば，これらはヒルベルトの発見ではなく，彼以前の数学者たちの研究の集大成でした．特に，幾何学については，パッシュの寄与は本質的です．詳細は [15] を見てください．

み，むしろ危険だとヒルベルトは考えました．すなわち，点や直線のような基本的な概念を無理して定義したりせず，**無定義語**として扱い，点や直線が満たすべき公理系を与えることでこれらを間接的に規定するという考えです[10]．こうして完璧な公理系を与えることができたときは，点と直線の代わりにコップと机といっても，証明が通用するほどに直感が排除されなければならないというのが彼の主張でした．

日本の代表的な創造的数学者の一人である小平邦彦先生は，岩波講座基礎数学の初版配本に付された月報の中で，"コップと机では幾何学はできない"と書かれていましたが，これは数学を作るとき（帰納的推論）と整理するとき（演繹的推論）の立場の違いで，数学基礎論といえども，直感に頼って想像を働かせなければ，新しい理論を作り出すのは困難です．

【無矛盾性を保証するモデル】 ある公理系が無矛盾のときは，その公理系の中でいくら議論を展開しても矛盾には遭遇しないのですが，だからといって永久にそうであるという保証はそれだけではできません．すべての公理を満たす**モデル**を一つ作って見せることで，無矛盾なことを示せます．もし矛盾があればモデルなど存在しないからです．しかしそのモデルは，既に無矛盾なことが分かっている別のものを用いて構築する必要があります．ヒルベルトは，自分が立てたユークリッド幾何の公理系の無矛盾性を示すためのモデルを，実数を用いて構築しました．その方法はまさにデカルトの座標幾何の焼き直しで，平面の点は実数の対 (x_0, y_0)，直線は一次方程式 $ax + by + c = 0$，点 (x_0, y_0) がこの直線の上にあるとは，$ax_0 + by_0 + c = 0$ が成り立つことという解釈でした．これで幾何学のすべての公理が満たされることは容易に確かめることができます．

では，実数は矛盾無く存在するものでしょうか？ これはなかなか難しい問題です．大学初年次の微分積分学で，実数の公理的な取扱い，特に連続性の公理を学んだ人もいると思いますが，有理数から完備化という操作で実数を作るときには，無限集合論の助けが必要になります．有理数は整数，従って自然数か

---

[10] 実はユークリッドの原論でも，点や直線の定義は仕方なく与えてある感じで，後の議論においてそれらが引用されることはありません．これは後から出てくる円の定義などとは扱いがはっきり異なっており，ユークリッドにおいても，無定義語に近い考え方が既に有った可能性もあります．

ら，代数的な操作で作れるので，まずは自然数を作るのがすべての始まりということになります．自然数については，ペアノが既に19世紀中頃にその公理的定式化，いわゆるペアノの公理系を与えていました．しかしその正当化には，無限集合論が一部必要となることが後に明らかとなりました．

以上のように，すべては無限集合論に行き着くのです．こちらは，19世紀のコーシー，ボルツァーノによる実数論の基礎付けに始まり，ワイヤストラスを経てデデキント，カントルの抽象的集合論に結実しました．更に20世紀に入って，ツェルメロ-フレンケルや，ベルナイス-ゲーデルにより，公理的定式化が完成します．

ヒルベルトは，このやりかたでいつかは全数学，更には物理学まで完全に厳密に公理化され，無矛盾性が保証され皆が安心すると楽観的に考えていたようです．しかし，1932年にゲーデルにより，有名な**不完全性定理**が発見され頓挫してしまいました．これは，一言で言えば，"ある公理系が無矛盾で，かつ自然数を含むほどに大きければ，その体系内では証明も否定もできない命題が必ず存在する．特に，自分自身の無矛盾性はそのような命題の一つである"，というものでした．この定理から，数学の基礎付けをする仕事は，果ての無い無限の旅のようなものであることが明らかになってしまったのです．

はしがきにも書いたように，本書は，第11章までが"集合と論理"，第12章以降が"位相"を扱っています．前半部のうち，第1～7章までは，数学や理論系科学の講義で常識として使われる程度の集合と論理の基礎をナイーブな形で解説しています．これに対し，第8～11章は無限集合論と論理学のかなり本格的な解説も含んでいます．講義の内容に応じて適当に利用して頂ければ幸いですが，せっかくなら，大学生としての教養に，人間精神の記念碑である，カントルの無限集合の話やゲーデルの不完全性定理の証明のからくりなどにも，目を通して頂きたいと思います．後半部については，位相空間論を大学の講義で学ばない場合も，最初の方の章を読んで位相の意義を理解しておくことは，人生の無駄ではないでしょう．せっかく本書を手にしたからには，是非最後のページまで利用してください．

第 2 章

素朴集合論

この章では，集合論に関する初歩的なことがらを学びます．それは，大概の数学の講義で皆が当然知っているとみなされて使われるレベルのものです．このような内容は**素朴集合論** (naive set theory) と呼ばれ，第 11 章で紹介する，公理に基づいたいわゆる公理的集合論 (axiomatic set theory) と区別されます．

■ 2.1 集合とは

集合とは何か？という問に対する答はいろいろ考えられます．
- 答 1   ものの集まり．
- 答 2   あるものがそれに属するかどうかが明確に定まっているもののこと．
- 答 3   無定義語．

答 1 がもっとも素朴な定義ですが，一時小学校で集合を教えていた頃も，答 2 くらいは使っていたようです．答 3 は公理的集合論の立場です．集合論の要である集合が無定義語とはからかうんじゃないと言われそうですが，これは第 1 章で述べたように，現代の立場ではユークリッド幾何学の点や直線が無定義語であったのと同じことなので，今さらびっくりすることもないでしょう．しかし，当分の間は，答 2 に基づいた常識的な推論の訓練をしましょう．

【普通の数学における集合の表現法】 集合の表記には，大きく分けて次のような二通りの方法が使われます．

1. **外延的** (extensive) **表現**   集合の要素をすべて列挙して，例えば，

$$\{1, 2, 3, 4, 5, 6, 7, 8, 9\}$$

のように書く方式です．

2. **内包的** (intensive) **表現**   集合を動く変数と，それが集合に属するための条件（式）とを並べて記す方式です．上の集合は，この方式では

$$\{n\,;\,n\text{ は自然数で } n < 10\} \quad \text{あるいは} \quad \{n\,;\,n\text{ は十進法で 1 桁の正整数}\}$$

などと書けます．(表し方は一通りではありません．) 変数とその条件の間の区切りは，いろんな記号が使われます．抽象的に書けば，一般に，変数 x を含む式 (厳密な言い方は，第 5 章で述べる "述語") $A(x)$ により

$$\{x\,;\,A(x)\} \quad \text{あるいは} \quad \{x\,|\,A(x)\} \quad \text{あるいは} \quad \{x\,:\,A(x)\}$$

などです．条件の中の $A(x)$ は，"この特定の x については $A(x)$ が真" という意味です[1]．1 番目のセミコロン（;）と 3 番目のコロン（:）は，プログラミングでも大切な記号ですので，呼び名も込めてしっかり区別できるようにしましょう．高校では上の三つの表記法のうち真ん中の縦棒（|）のものが普通に使われていたと思いますが，これは後で他の意味で使われるので，本書ではセミコロンを使います．

無限集合は元が無数に有るので，厳密にいうと外延的には表現できませんが，例えば，

$$\boldsymbol{N} := \{1, 2, \ldots\} \quad \text{自然数 (natural numbers) の集合}$$

のような便宜的記法もよく使われます．ここで，記号 := は $\stackrel{\text{定義}}{=}$ と同様，この式の右辺を左辺の記号の定義とする意です．なお，数学や情報科学では，0 も自然数に加えることがよく有るので，文脈に注意しましょう[2]．以下，数の集合に対する記号として，$\boldsymbol{N}$ に加えて，高校までに学んだ既知の集合を表すのに

$\boldsymbol{Z}$:= 整数 (integers) の集合
$\boldsymbol{Q}$:= 有理数 (rational numbers) の集合
$\boldsymbol{R}$:= 実数 (real numbers) の集合
$\boldsymbol{C}$:= 複素数 (complex numbers) の集合

などの記号を使うことにします．これらを使って更にいろんな集合を定義してみましょう．表現を簡潔にするため，高校で学んだ，集合の要素を表す記号（"属する"）∈ も活用します．

---

[1] 単に $A(x)$ だと寂しくて，$A(x)$ が真，とか，$A(x)$ が成り立つ，とか書きたくなるかもしれませんが，$A(x)$ が例えば $x > 2$ とかの式だったら，それは不要なことが分かるでしょう．

[2] 純粋数学では，自然数は今でも 1 から始まる方が普通でしょうが，20 世紀中頃から活躍したブールバキ (Bourbaki) という若手数学者集団が，0 から始まる自然数を用い，他の革新的表現法とともに，一時は数学に相当な影響を与えました．ちなみにプログラミングの C 言語でも添え字は 0 から始まりますね．

2.1 集合とは

例 2.1（数の集合の例）

(1) $\boldsymbol{R}^\times := \{x \in \boldsymbol{R} \,;\, x \neq 0\}$ （0 以外の実数の集合．逆数を持つもの．）
(2) $\boldsymbol{R}^+ := \{x \in \boldsymbol{R} \,;\, x > 0\}$ （正の実数の集合．）
(3) $2\boldsymbol{Z} := \{2n \,;\, n \in \boldsymbol{Z}\}$ （偶数の集合．）これは $\{n \in \boldsymbol{Z} \,;\, n \equiv 0 \bmod 2\}$ とも書けます．ここで一般に，$a \equiv b \bmod p$ は a と b を p で割ったときの余りが等しいことを意味する記号です．
(4) $\{n^2 \,;\, n \in \boldsymbol{Z}\}$ （平方数．）この書き方は，通常の数学で使われている略記法です．厳密には，$\{m \in \boldsymbol{Z} \,;\, \text{ある } n \in \boldsymbol{Z} \text{ に対し } m = n^2\}$，あるいは，$\{m \in \boldsymbol{Z} \,;\, m = n^2 \text{ となるような } n \in \boldsymbol{Z} \text{ が存在する}\}$ と書くべきですが，数学ではこれくらいの略記法を用いた方が分かりやすいことも多いでしょう．もちろん，n^2 も $(-n)^2$ も同じ値になりますが，この集合の元としては一つだけだということには留意しておくべきです．

なお，最後の表現は，数学の講義ではしばしば更に記号化して
$$\{m \in \boldsymbol{Z} \,;\, \exists n \in \boldsymbol{Z} \text{ s.t. } m = n^2\}$$
のように書かれます．ここで，$\exists n$ は第 5 章で学ぶ述語論理の記号で，"ある n"，または "n が存在する"，と読みます．詳細は第 5 章にゆずりますが，すぐ後で出てくる $\forall$ と並んで数学の講義で普通に使われるので，早めに慣れておきましょう．s.t. は英語の such that の略で，"以下のごとき" という意味の接続詞句です．論理学の表現としては必要無いのですが，数学の先生は好んで使います．本書では，紛らわしいので，集合や位相の議論を普通の数学として展開するときに略記法として用いる他は，使うのを控えます．

> **例題 2.1** 次の集合をなるべく記号に置き換えて表記せよ．
> (1) 十進法で 2 桁の自然数のすべて．
> (2) 3 より大きく 5 より小さい，整数ならざる実数の全体．
> (3) 平面上で原点からの距離が 1 以下で，x 座標が正である点全部．
> (4) くじらより大きく，めだかより小さい動物．

解答 (1) $\{n \in \boldsymbol{N} \,;\, 10 \leq n \leq 99\}$ がこの集合に対する最も普通の数学的表現でしょう．が，これは少々意味上の翻訳をした結果です．**別解**として，条件をすなおに表した $\{n \in \boldsymbol{N} \,;\, [n/100] = 0 \text{ かつ } [n/10] \neq 0\}$ も挙げておきましょ

う．ここで $[n/100]$ は $n/100$ の整数部分を表す記号（**ガウス記号**）で，情報科学では $\lfloor n/100 \rfloor$ と書きます．

🐰 数学では，単に条件を並べると，"または"でなく"かつ"の意味になる慣習であることに注意しましょう．なお，C 言語など多くのプログラミング言語では，整数変数 n に対して $n/100$ は分数でなく整商，すなわち，余り付き割り算の商の部分を表すので，そのような言語のプログラム中なら，上の式でガウス記号は不要となります．

(2) ガウス記号を用いて素直に書けば $\{x \in \mathbf{R} \,;\, 3 < x < 5, x - [x] \neq 0\}$ となります．ここで，$x - [x]$ は x の小数部分 (fractional part) を表しています．しかし，普通は，この解答を意訳して $\{x \in \mathbf{R} \,;\, 3 < x < 5, x \neq 4\}$ と簡単化してしまうでしょうね．

(3) $\{(x, y) \,;\, x^2 + y^2 \leq 1, x > 0\}$.

(4) これは講義時の眠気覚まし用のジョークです．まじめに答えると，

模範解答：$\{x \in 動物 \,;\, x > くじら, x < めだか\}$.
意味に踏み込むと，

別解 1：$\emptyset$（空集合，この概念は次の節で定義します．）
実はこの問題は子供の間で有名ななぞなぞで，その正解は

別解 2：$\{いるか\}$．(^^;　□

2.2　集合論の記号

集合の表現法が分かったので，次はそれらの間の関係を議論するときに必要となる記号を導入します．

【**基本的な記号**】　まずは，高校生も知っている**包含^{ほうがん}記号**と集合の基本演算の記号を復習しましょう．

(1) $x \in A$　　x は A に属する．x は A の**要素** (element) である．

(2) $x \notin A$　　x は A に属さない．x は A の要素でない．

(3) $A \subset B$　　集合 A は集合 B に含まれる．集合 A は集合 B の**部分集合** (subset) である．

包含記号 $A \subset B$ は $A = B$ の場合も含みます．高校でこの意味の記号として $A \subseteq B$ を使っていた人は注意しましょう．不等号の場合の等号付き記号の使い方と首尾一貫していませんが，大学の数学での普通の使い方はこうなのです．

2.2 集合論の記号

$A \subseteq B$ でかつ $A \neq B$ であることを強調したいときは $A \subsetneq B$ と記したりします．このとき，A は B の**真部分集合** (proper subset) であると言います．なお，不等号と同様，$A \subset B$ を文脈により $B \supset A$ とも表現します．

包含記号 $\subset$ の意味を記号 $\in$ を用いて記述すると，

$$A \subset B \iff \forall x \, (x \in A \Longrightarrow x \in B), \quad \text{i.e.}$$
どんな x でも，x が A に含まれれば必ず B にも含まれる．

となります．ここで，$\iff$ は，この左右が同等の主張であることを表しています．また，i.e. はラテン語 id est から来た英語の略記号[3]で，"すなわち"の意味で，やはり同等の言い替えを意味します．$\forall$ は for all という英語に対応する論理記号で，All の先頭の A を逆さにして記号としたものです．コンピュータではフルスペルの 1 語 forall としてよく使われます．$\Longrightarrow$ は "ならば" の意味です[4]．論理記号については後で詳しく学ぶので，今はあまり気にしないでいいですが，ここで示したような基礎的なものは，大学の数学の講義でさっさと登場するでしょうから，使いながら慣れていってください．

(4) $A \cup B := \{x \, ; \, x \in A \text{ または } x \in B\}$．
　　和集合，合併集合 (union, join, cup)
(5) $A \cap B := \{x \, ; \, x \in A \text{ かつ } x \in B\}$．
　　共通部分，交わり (intersection, cap)

cup と cap は，$\cup$ と $\cap$ の形がそれぞれ ⊔ と ⊓ に似ていることから付けられた駄洒落のような名前です．真ん中の母音 U, A の形もこれと調和しています．$A \cup B$ は明らかに次の二つの性質を持っています：

(i) $A \cup B \supset A$, $A \cup B \supset B$．
(ii) $C \supset A$, $C \supset B$ ならば，$C \supset A \cup B$．

普通の言葉で書くと，"$A \cup B$ は A, B の両方を含む集合であり，かつそのようなものの中で最小である"，ということです．この性質は $A \cup B$ を特徴付けます．すなわち，この二つの性質

---

[3] 英文中では i.e. は対応する英語 that is と読むようです．この記号を高校の英語で習わなかった新入生が多いのですが，大学生としての常識というだけでなく，数学の講義でも板書で良く使われるので，この際覚えておきましょう．

[4] 論理演算子の記号としての "ならば" には，本書では次章で導入されるように $\rightarrow$ を用います．記号 $\Longrightarrow$ は，(論理式をも対象とした) 普通の数学の講義における推論を表すのに使います．この種の使い分けは，第 11 章で紹介する証明論までゆくとすっきりするでしょう．

(i) $D \supset A, D \supset B$.
(ii) $C \supset A, C \supset B$ ならば, $C \supset D$.

を満たす D が有ったら，それは $A \cup B$ に他ならない，ということです．実際，両方の仮定から $D \supset A \cup B$，かつ $D \subset A \cup B$ がただちに出てくるので，$D = A \cup B$ です．

同様に, $A \cap B$ は次の二つの性質で特徴付けられます：
(i) $A \cap B \subset A, A \cap B \subset B$.
(ii) $C \subset A, C \subset B$ ならば, $C \subset A \cap B$.

【補題 2.1】 $A \subset B$ ならば $A \cap B = A$, $A \cup B = B$.

これは各記号の定義から証明できます．実はこの三つはすべて同値で，どの一つを仮定しても，残りのものすべてが証明できます．例えば，$A \cap B = A \to A \subset B$ は，$A \cap B \subset B$ と $A \cap B = A$ からただちに従います．この言い替えは，包含関係を $\cup$ あるいは $\cap$ で定義するのに用いられることがあります．

【空集合】(empty set) 記号 $\emptyset$ で表され，要素が一つも無い集合のことです．どんな集合 A に対しても，$\emptyset \subset A, A \cap \emptyset = \emptyset, A \cup \emptyset = A$ が成り立ちます．

【補集合】 X を**全体集合** (total set) とするとき, $A \subset X$ の**補集合** (complement) を
$$\mathsf{C}A := \{x \in X \,;\, x \notin A\}$$
で定義します．高校では $\overline{A}$ を用いたと思いますが，この記号は後で位相空間論において閉包を表すのに使うので，本書では補集合には使いません．細井先生の教科書の記号 A^c も良く使われます．

【補題 2.2】 $A \cap \mathsf{C}A = \emptyset, A \cup \mathsf{C}A = X$ が成り立つ. 逆に, $\mathsf{C}A$ は A に対してこの二条件を満たすような集合として特徴付けられる. 特に $\mathsf{C}(\mathsf{C}A) = A$ である.

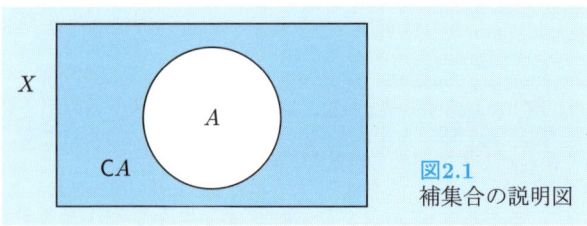

図2.1
補集合の説明図

証明 $x \in A$ か $x \notin A$ かのどちらかは必ず成り立ち，かつ両方とも成り立つことは無いということから，前半は記号の定義より明らか．後半は，もし $A \cap B = \emptyset, A \cup B = X$ を満たす $B \subset X$ があれば，一つ目から $B \subset \mathsf{C}A$，また二つ目から $B \supset \mathsf{C}A$ となり，合わせて $B = \mathsf{C}A$． □

次に，高校では習わない，より高度な集合演算を学びましょう．

【集合差】 二つの集合の**集合差** (difference) とは

$$A \setminus B := \{x \, ; \, x \in A, x \notin B\}$$

で定義される第 3 の集合のことです．記号 $A - B$ も集合差の意味で良く使われますが，著者を含め解析系の人は，こちらはベクトル演算の意味に使うことが多いので避けるようです．

集合差は補集合と次のような関係にあります．これらは容易に確かめられるでしょう．

補題 2.3 $\mathsf{C}A = X \setminus A$, また $A \setminus B = A \cap \mathsf{C}B$.

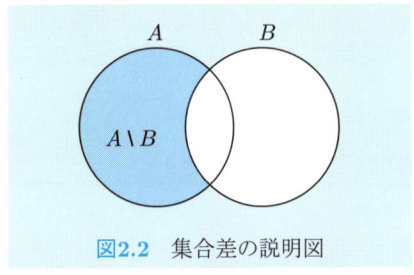

図2.2 集合差の説明図

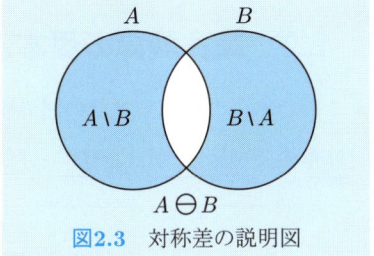

図2.3 対称差の説明図

【対称差】 二つの集合の**対称差** (symmetric difference) とは，

$$A \ominus B := (A \setminus B) \cup (B \setminus A)$$

で定義されるもののことを言います．細井先生の教科書では $A \dotminus B$ と書かれています．この概念は，二つの集合がどれくらい食い違うかを表す量として用いられます．

【直積】 集合の**直積**(ちょくせき) (direct product) は，

$$A \times B := \{(x, y) \, ; \, x \in A, y \in B\}$$

で定義される新しい集合のことです．直積はまた，**デカルト積** (Cartesian product)[5] とも言われます．デカルトは 17 世紀に座標幾何を導入し，平面を
$$\boldsymbol{R}^2 = \boldsymbol{R} \times \boldsymbol{R} := \{(x, y) \,;\, x, y \in \boldsymbol{R}\}$$
で表しました．これが元祖デカルト積です．

> **例題 2.2** 集合 A, B, C を
> $$A := \{2, 3, 4, 5\}, \quad B := \{2, 4, 7\}, \quad C := \{4, 5, 6\}$$
> で定めるとき，次のような集合演算の結果として得られる集合を外延的に記せ．
> (1) $A \cap B$ （2) $A \cap B \cap C$ （$= (A \cap B) \cap C$）
> (3) $A \cup B$ （4) $A \setminus C$ （5) $A \ominus B$ （6) $B \times C$

解答 以下の答を見ながら，それぞれの定義を確認してください．
(1) $\{2, 4\}$． (2) $\{4\}$（ただ一つの元 4 より成る集合）． (3) $\{2, 3, 4, 5, 7\}$．
(4) $\{2, 3\}$． (5) $\{3, 5, 7\}$．
(6) $\{(2,4), (2,5), (2,6), (4,4), (4,5), (4,6), (7,4), (7,5), (7,6)\}$． □

2.3 集合演算の基本法則

ここで集合の演算や集合の間の関係が満たす諸法則をまとめておきましょう．

【**等号の公理**】 まずは，等号に関する規則をまとめておきます．

> **等号の公理**
> (1) $A = A$ （**反射律**，reflexive law).
> (2) $A = B \Longrightarrow B = A$ （**対称律**，symmetric law).
> (3) $A = B, B = C \Longrightarrow A = C$ （**推移律**，transitive law).

これは，一般に等号 $=$ が満たす性質を列挙したものです．なぜこんな分かりきったものをわざわざ書くのかは，まさに，議論を論理的に進めるための第一歩だからで，既にユークリッドの原論にも書かれています．これらの性質は後に第 7 章で出てくる同値関係の公理とも共通しており，"等しい" という言葉の意味を抽象化したものです．今の場合，考えている二つの集合に対する等号

---

[5] Descartesian と言わないのは，デカルトの名前の先頭の Des が冠詞なので取ってしまったからです．

2.3 集合演算の基本法則

$A = B$ については、これを、"二つの集合が同一の元より成ること"、と解釈すれば、いずれの性質も素朴な議論で確かめられるものです．

【包含記号の順序としての性質】
(1) $A \subset A$ （反射律，reflexive law）．
(2) $A \subset B, B \subset A \Longrightarrow A = B$ （反対称律，anti-symmetric law）．
(3) $A \subset B, B \subset C \Longrightarrow A \subset C$ （推移律，transitive law）．

この三つの性質は、包含関係が順序関係の例になっていることを示しています．実はこれらの 3 性質において $\subset$ を $\leq$ で置き換えたもの、すなわち、**順序の公理**を満たすものとして順序の概念が抽象的に定義されるのです．この定義は、"勝手に二つの部分集合を持ってきたとき、必ずしも大小比較できない" という点が、点数の比較などでよく使われている実数の普通の順序関係（二つの元が必ず比較できる**全順序**）と大きく異なっています．その代わり、集合の包含関係の順序は、最小元 $\emptyset$（空集合）と最大元 X（全体集合）を持つことが特徴的です．

【集合演算の規則】 よく使われる基本的な性質を列挙します．

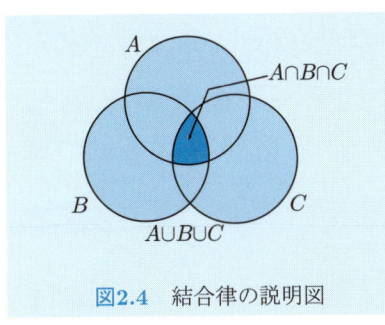

図2.4 結合律の説明図

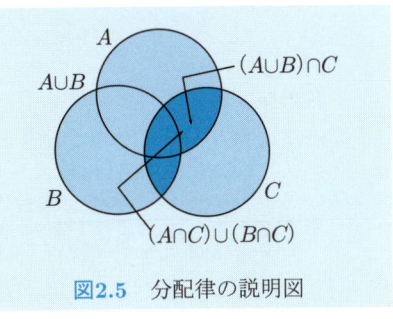

図2.5 分配律の説明図

(1) 冪等律 (idempotent law)　　$A \cup A = A, \quad A \cap A = A.$
(2) 可換律 (commutative law)　　$A \cup B = B \cup A, \quad A \cap B = B \cap A.$
(3) 結合律または結合法則 (associative law)
　　$(A \cup B) \cup C = A \cup (B \cup C), \quad (A \cap B) \cap C = A \cap (B \cap C).$
(4) 分配律または分配法則 (distributive law)
　　$(A \cup B) \cap C = (A \cap C) \cup (B \cap C), \quad (A \cap B) \cup C = (A \cup C) \cap (B \cup C).$
(5) 吸収律 (absorption law)　　$A \cap (A \cup B) = A, \quad A \cup (A \cap B) = A.$
(6) ド・モルガンの法則　　$\mathsf{C}(A \cup B) = \mathsf{C}A \cap \mathsf{C}B, \quad \mathsf{C}(A \cap B) = \mathsf{C}A \cup \mathsf{C}B.$

以上に述べてきた集合の性質は，まとめて，"ある集合 X の部分集合全体は，演算 $\cup, \cap$ と順序 $\subset$ に関して**ブール代数を成している**" と表現されます．ブール代数の抽象的な取扱いは第 8 章で与えますが，次の章で命題論理について全く同じ構造を見ることになるので，早めに言葉を紹介しておきました．上に挙げた集合演算の規則は，見方によっては定義や公理になるものも含まれています．しかし今の段階では，何を公理として仮定するかは気にせず，すべて平等に，"両辺が同じ元より成る" ことを素朴に証明することにより確認する程度にしておきましょう．とりあえずは集合を適当な平面図形で表したもので直感的に納得しておいてもよいでしょう．このような目的で描かれるものは，**ベン図** (Venn diagram)[6] と呼ばれます．現在も高校で使われているでしょう．

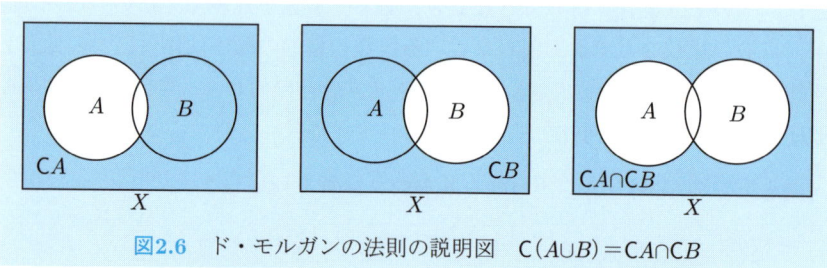

図2.6 ド・モルガンの法則の説明図　$C(A\cup B) = CA \cap CB$

これから，集合に関する等式の証明練習をしますが，その前に，集合に関する等式の証明方法をまとめておきましょう．主に以下の 3 通りがあります：

集合の等式の示し方

(i) 集合演算の諸定理を使って計算で変形する．
(ii) 一般元 x を用いて，それが左辺に属するのと右辺に属するのが同値なことを示す．
(iii) ベン図を使って左辺と右辺が同じ図形を表すことを確かめる．

(i) において等号だけの変形が難しいときは，$\subset$ と $\supset$ を各々独立に示します．
(ii) においても，同値が示せないときは，$\Longrightarrow$ と $\Longleftarrow$ を別々に示します．このように，一般に集合の等号 $A = B$ を証明するのに，数学では非常にしばしば二つの局面に分割して示します．

---
[6] ただしこの表現法はライプニッツやオイラーも用いていたようである．

2.3 集合演算の基本法則

実用的には上の3通りの方法を混ぜて使ってもよいのですが，(iii) だけでは厳密な証明とはみなされないのが普通です．ことに，集合の数が増えると，それらの一般的な位置関係は，円だけでは表示できません．細井先生の教科書には，4個の集合に対する一般的な位置関係を楕円を用いてベンが描いたという，おおよそ次のような見事な図が紹介されています．

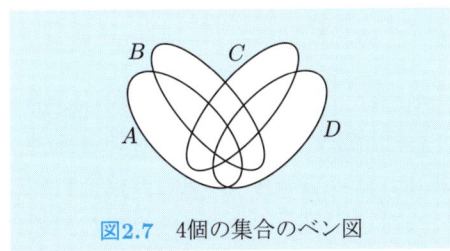

図2.7 4個の集合のベン図

上の図で，区画の数が，外側の無限領域も込めて $2^4 = 16$ 個になっていることに注意しましょう．これは第6章や第8章の議論から納得されます．

5個以上になると，もう凸図形では完全には表示できません．特殊な場合の図から誤った結論を導かないように注意しましょう．細井先生の教科書には，穴空き図形を用いたベンの作品が紹介されていますが，推論に使うのは難しそうです．世の中には芸術作品のようなベン図を掲げたウェブサイトも有ります．

例題 2.3 次の等式を確かめよ．
(1) $(A \setminus B) \cup B = A \cup B$ (2) $(A \cup B) \setminus (A \cap B) = A \ominus B$

解答 (1)

$$
\begin{aligned}
(A \setminus B) \cup B &= (A \cap \mathsf{C}B) \cup B & &\text{(補題 2.3 の集合差の定義の言い替え)} \\
&= (A \cup B) \cap (\mathsf{C}B \cup B) & &\text{(分配律)} \\
&= (A \cup B) \cap X = A \cup B & &\text{(補題 2.2，次いで補題 2.1)}.
\end{aligned}
$$

(2) $(A \cup B) \setminus (A \cap B)$
$$
\begin{aligned}
&= (A \cup B) \cap \mathsf{C}(A \cap B) & &\text{(集合差の定義の言い替え)} \\
&= (A \cup B) \cap (\mathsf{C}A \cup \mathsf{C}B) & &\text{(ド・モルガンの法則)} \\
&= [(A \cup B) \cap \mathsf{C}A] \cup [(A \cup B) \cap \mathsf{C}B] & &\text{(分配律)} \\
&= [(A \cap \mathsf{C}A) \cup (B \cap \mathsf{C}A)] \cup [(A \cap \mathsf{C}B) \cup (B \cap \mathsf{C}B)] & &\text{(分配律)}
\end{aligned}
$$

$= [\emptyset \cup (B \setminus A)] \cup [(A \setminus B) \cup \emptyset]$ 　（補題 2.2 と集合差の定義の言い替え）
$= (B \setminus A) \cup (A \setminus B) = A \ominus B$ 　（空集合の性質，次いで対称差の定義）．

別解 (1) $(A \setminus B) \subset A$ だから $(A \setminus B) \cup B \subset A \cup B$ は明らか．

逆に，$x \in (A \cup B)$ とすると，$x \in B$ または $x \in A$．前者の場合は明らかに x は左辺の集合に含まれる．よって前者ではない場合，すなわち $x \notin B$ のときを考えれば十分だが，このときは仮定より $x \in A$，従って $x \in A \setminus B$.

(2) まず $(A \cup B) \setminus (A \cap B) \supset A \ominus B$ の向きを示す．$A \ominus B = (A \setminus B) \cup (B \setminus A)$ なので，$(A \setminus B) \subset (A \cup B) \setminus (A \cap B)$ を言えば，対称性により (i.e. その証明で A と B を交換すれば) $(B \setminus A) \subset (A \cup B) \setminus (A \cap B)$ も言える．一般に $A_1 \subset A_2, B_1 \supset B_2$ なら $A_1 \setminus B_1 \subset A_2 \setminus B_2$ は明らかだから，$A \subset A \cup B$ かつ $B \supset A \cap B$ より $A \setminus B \subset (A \cup B) \setminus (A \cap B)$.

次に，$\subset$ を示す．左辺の任意の元 x は $x \in A \cup B$ かつ $x \notin A \cap B$．従って，もし $x \in A$ なら第 2 の条件より $x \notin B$ となるから，$x \in A \setminus B$. $x \in B$ のときも同様． □

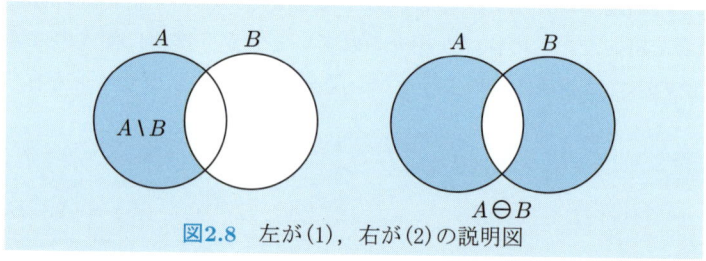

図2.8　左が (1)，右が (2) の説明図

例題 2.4 次の式をなるべく簡単にせよ．

(1) $(A \cap B) \cup (A \setminus B)$ 　　(2) $[(A \cap B) \cup (A \cap C)] \cap (B \cap C)$

解答 今度は目標の式を自分で探さねばなりません．

(1) $(A \cap B) \cup (A \setminus B) = [A \cup (A \setminus B)] \cap [B \cup (A \setminus B)] = A \cap (A \cup B) = A$.
ここで $A \cup (A \setminus B) = A \cup (A \cap \complement B) = A$（吸収律），および，前問の結果 $B \cup (A \setminus B) = B \cup A$ を用いた．

別解 分配法則を逆向きに使うと
$(A \cap B) \cup (A \setminus B) = (A \cap B) \cup (A \cap \complement B) = A \cap (B \cup \complement B) = A \cap X = A$.

(2) $[(A\cap B)\cup(A\cap C)]\cap(B\cap C)$
$= [(A\cap B)\cap(B\cap C)]\cup[(A\cap C)\cap(B\cap C)]$
$= (A\cap B\cap C)\cup(A\cap B\cap C) = A\cap B\cap C.$ □

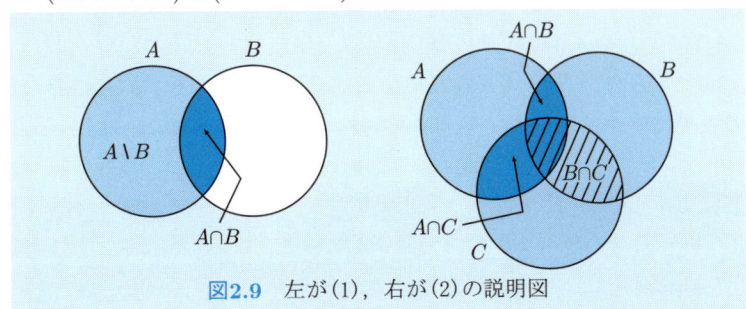

図2.9 左が(1), 右が(2)の説明図

例題 2.5 集合の対称差に関して次を示せ.
(1) $(A\ominus B) = (B\ominus A)$. (2) $(A\ominus B)\ominus C = A\ominus(B\ominus C)$.

解答 (1) は対称差の定義式が A, B について対称（A, B を入れ換えても全体が変わらない）ということから明らか.
(2) 左辺と右辺を変形したら同じ式に導かれることを言うのはうんざりする程長い計算になる. そこで(1)の結果を右辺に適用して与式を $(A\ominus B)\ominus C = (B\ominus C)\ominus A$ と書き直してみると, これはこの左辺が A, B, C につき対称式となると言っていることに気付く. 実際, ベン図でこの集合を確かめると下図のようになるので, これに変形することを試みる. 以下括弧の数を減らすため ∩ は ∪ より結び付きが強いものと規約する.

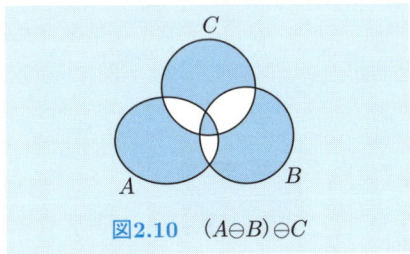

図2.10 $(A\ominus B)\ominus C$

$(A\ominus B)\ominus C$
$= (A\cap \mathsf{C}B \cup B\cap \mathsf{C}A)\cap \mathsf{C}C \cup C\cap \mathsf{C}(A\cap \mathsf{C}B \cup B\cap \mathsf{C}A)$
$= (A\cap \mathsf{C}B\cap \mathsf{C}C)\cup(B\cap \mathsf{C}A\cap \mathsf{C}C)\cup C\cap[(\mathsf{C}A\cup B)\cap(\mathsf{C}B\cup A)]$

$$= (A \cap \complement B \cap \complement C) \cup (\complement A \cap B \cap \complement C)$$
$$\cup C \cap (\complement A \cap \complement B \cup \complement A \cap A \cup B \cap \complement B \cup B \cap A)$$
$$= (A \cap \complement B \cap \complement C) \cup (\complement A \cap B \cap \complement C) \cup C \cap (\complement A \cap \complement B \cup B \cap A)$$
$$= (A \cap \complement B \cap \complement C) \cup (\complement A \cap B \cap \complement C) \cup (C \cap \complement A \cap \complement B) \cup (C \cap B \cap A)$$
$$= (A \cap \complement B \cap \complement C) \cup (\complement A \cap B \cap \complement C) \cup (\complement A \cap \complement B \cap C) \cup (A \cap B \cap C)$$

最後の表現は確かに A, B, C について対称で，かつベン図の結果と一致する． □

> **例題 2.6** 集合の直積に関して次を示せ．
> (1) $(A \cap B) \times C = (A \times C) \cap (B \times C)$.
> (2) $(A \cup B) \times C = (A \times C) \cup (B \times C)$.
> (3) $\complement(A \times B) = (\complement A \times B) \cup (A \times \complement B) \cup (\complement A \times \complement B)$.

解答 (1) 直積の定義により

$$(x,y) \in (A \cap B) \times C \iff x \in A \cap B, \text{ かつ } y \in C$$
$$\iff \text{``}x \in A \underline{\text{ かつ }} x \in B\text{''}, \text{ かつ } y \in C$$
$$\iff (x,y) \in A \times C, \underline{\text{ かつ }} (x,y) \in B \times C$$
$$\iff (x,y) \in (A \times C) \cap (B \times C)$$

(2) 上で ∩ を一斉に ∪ に替え，下線部の"かつ"を"または"に替えればよい．

(3) $(x,y) \in \complement(A \times B)$
$\iff (x,y) \notin A \times B \iff x \notin A, \text{ または } y \notin B$
$\iff \text{``}x \notin A, y \in B\text{''}, \text{ または } \text{``}x \in A, y \notin B\text{''}, \text{ または } \text{``}x \notin A, y \notin B\text{''}.$
最後の条件は (x,y) が証明すべき式の右辺に属することを表している． □

(3) の右辺では $\complement$ の結び付きが最強とみなして括弧を省きました．普通は更に × が ∩ や ∪ よりも結合が強いと規約して (1)-(3) の右辺の括弧も略します．

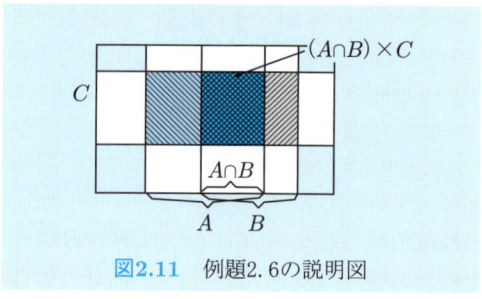

図2.11 例題2.6の説明図

問題 2.1 次の "集合" をなるべく記号に置き換えて表記せよ.（記号 $\forall, \exists$ を含め，論理記号は何を用いてもよい.）
(1) 十進法で 3 桁の自然数のすべて.
(2) 素数の全体.
(3) 平面上で原点からの距離が 1 以下で，x 座標が正である点全部.
(4) 3 で割り切れるが，5 では割り切れない整数の全体.（n が 3 で割り切れるという条件は，いろいろな表現の仕方があるが，どれを用いてもよい.）

問題 2.2 (i) 次の集合の内包的定義を与えよ.
(1) $A \cap B$. (2) $A \cap B \cap C$. (3) $A \cup B$. (4) $A \setminus C$. (5) $A \ominus B$. (6) $A \times B$.
(ii) 集合 A, B, C が $A := \{2, 4, 5\}$, $B := \{3, 4, 7\}$, $C := \{2, 4, 6, 7\}$ であるとき，上の集合演算の結果を外延的に記せ.

問題 2.3 次の等式を等式変形，包含の同値性，ベン図の 3 種の方法で確かめよ.
(1) $(A \cup B) \setminus (A \cap B) = A \ominus B$.
(2) $A \cap (B \setminus C) = (A \cap B) \setminus C$.
(3) $(A \cup B) \setminus C = (A \setminus C) \cup (B \setminus C)$.
(4) $(A \ominus B) \ominus C = A \ominus (B \ominus C)$.
(5) $A \setminus (B \ominus C) = [A \setminus (B \cup C)] \cup (A \cap B \cap C)$.
(6) $(A \setminus B) \times C = (A \times C) \setminus (B \times C)$.

問題 2.4 次の式をなるべく簡単にせよ.
(1) $(A \setminus B) \cup B$.
(2) $[(A \cap B) \cup (A \cap C)] \cap (B \cap C)$.
(3) $\mathsf{C}(A \setminus B) \cup A$.
(4) $(A \cap B) \cup (A \setminus B)$.
(5) $[A \cup (B \cap C)] \cap (A \setminus B)$.
(6) $[A \cap (B \cup C)] \cap [A \cup (B \cap C)]$.

問題 2.5 平面内の四つの集合を
$A = \{(x, y) ; x^2 + y^2 < 1\}$, $B = \{(x, y) ; x \geq 0\}$,
$C = \{(x, y) ; x^2 + y^2 = 1\}$, $D = \{(1, 0)\}$
により定義するとき，集合 $\{(x, y) ; x^2 + y^2 \leq 1, 0 \leq x < 1\}$ を上の四つの集合の集合演算の結果として表せ.

■ 2.4 集合と写像

集合 X から集合 Y への**写像** f とは，$\forall x \in X$ に対して，その行き先 $y = f(x) \in Y$ を定めたもののことを言います．X はこの写像の**始集合**（源, source），Y は**終集合**（行き先, target, destination）と呼ばれます．特に終集

合が数のときには，数学では写像の代わりに**関数**と呼ばれます．しかし世の中では逆に，写像のことも関数と言うことが多いので注意しましょう．

時には，$f(x)$ が定義されているような x が X 全体でなく，その真部分集合 D であるような写像も考えられます．このときは D のことを写像の**定義域**と呼びます．

集合から見ると，写像は，二つの集合の関係を調べるために使われるものですが，他方で，写像自身の性質も重要な研究対象です．

【写像の二つの定義法】 実際に写像を決めるには，二つの方法があります．すなわち，X の一般元 x に対し，その行き先を x を用いた式等で表現する**内包的な定義**と，X の各元 x に対する行き先 $f(x) \in Y$ を書き並べた**外延的な定義**です．普通に数学で使われるのは内包的に定義できるような写像がほとんどで，外延的な定義は有限集合の場合などに限られますが，簡便法として無限集合においても外延的な定義が用いられることがあります．これが特によく使われるのは数列の定義です．例えば，数列 $1, 3, 5, 7, \ldots$ とは，$a_1 = 1, a_2 = 3, a_3 = 5, a_4 = 7, \ldots$ という意味ですが，a_n の代わりに $a(n)$ と書いても同等なので，数列とは自然数 $\boldsymbol{N}$ から数（例えば実数列なら $\boldsymbol{R}$）への写像に他ならず，この表記により写像を一つ定義していることになります[7]．

【写像とグラフ】 写像 $f : X \to Y$ が有ると，その**グラフ**と呼ばれる，直積 $X \times Y$ の部分集合

$$\Gamma_f := \{(x, f(x)) \; ; \; x \in X\} \subset X \times Y$$

が定義されます．これはもちろん，高校で学んだ関数のグラフの一般化で，

"$\forall x \in X$ に対し，$(\{x\} \times Y) \cap \Gamma_f$ がただ一点 $\{(x, y)\}$ から成る"

という性質を持っています．このとき $y = f(x)$ となるので，もとの写像はグラフから一意に復元できます．従って，逆に上の性質を持つ $X \times Y$ の部分集合 Γ が有れば，それをグラフとする写像 f が一意に定義できることは明らか

---

[7] しかし，このような定義は，へたをすると論理的にけっこう危ないことになります．数学の試験問題などでこのような記述があるとき，すなおな生徒は，これを一般項が $2n - 1$ の等差数列だと考えるでしょうが，最初の 4 項がこの指定された値を持つような数列は，一般項が n の多項式で表されるようなものに限っても無数にあるので，意地悪な見方をすれば，ほとんど何も定義していないに等しいのです．学校のテストで良い成績を取ろうとすると，論理では表されない，この種の先生と生徒の間の暗黙の了解を受け入れる必要が有ったりします．

です．このように，写像とそのグラフは同等な概念です．

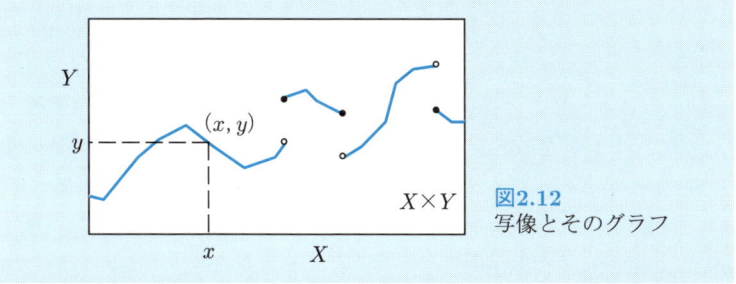

図2.12 写像とそのグラフ

【写像の像と逆像】 写像 $f: X \to Y$ が有ったとき，X の部分集合 A に対して，その**像** (image) $f(A)$ が Y の部分集合として次のように定義されます：

$$f(A) := \{f(x) \,;\, x \in A\} = \{y \in Y \,;\, \exists x \in X \quad y = f(x)\}.$$

定義の一つ目は略記法です．分かりやすいのでよく使われますが，x を動かしたとき $f(x)$ は必ずしもすべて異なるとは限らないので，厳密に言うと集合の表記法に違反しています．このことは，平方数の集合の表現で既に注意しましたね．二つ目の表記中の $\exists x$ は，"ある x" と読むのでした．

特に，X 全体の像 $f(X)$ は単に f の像と呼ばれます．f の**値域** (range) という呼称も使われます．

逆に，Y の部分集合 B が有ったとき，その f による**逆像** (inverse image) $f^{-1}(B)$ が

$$f^{-1}(B) = \{x \in X \,;\, f(x) \in B\}$$

で定義されます．特に B が一点 $\{b\}$ だけのとき，$f^{-1}(\{b\})$ は通常 $f^{-1}(b)$ と書かれ，f による b の逆像と呼ばれます．

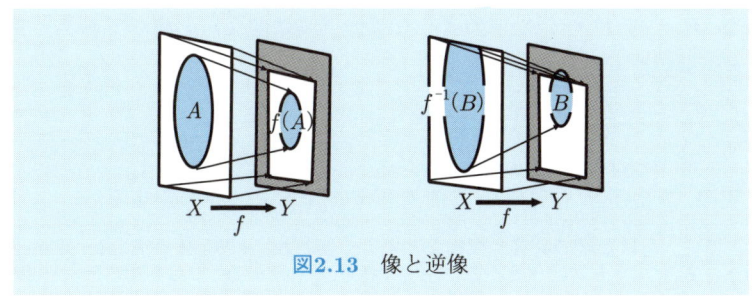

図2.13 像と逆像

問題 2.6 平面 $\boldsymbol{R}^2$ からそれ自身への写像 F を $F(x,y) = (x+y, 0)$ により定めるとき, $A = \{(x,y) \, ; \, x^2 + y^2 = 1\}$ の F による像 $F(A)$, および, $B = \{(0,0)\}$ の逆像 $F^{-1}(B)$ を求めよ.

$a_1 \neq a_2$ のとき, 必ず $f(a_1) \neq f(a_2)$ となっているならば, f は**単射** (injective), あるいは**1 対 1** (one-to-one) と呼ばれます. これは, $\forall b \in Y$ に対して $f^{-1}(b)$ が高々一つしか元を含まない (空集合でもよい) ことと同値です.

また, $f(X) = Y$ となっているならば, f は**全射** (surjective), あるいは**上への** (onto) 写像と呼ばれます. これは, $\forall b \in Y$ に対して $f^{-1}(b) \neq \emptyset$ となることと同値です.

全射と単射の両方の性質を持っているとき, f は**全単射** (bijective) と呼ばれます. このとき, f の**逆写像** $f^{-1} : Y \to X$ が, 各 $b \in Y$ に対し $f(a) = b$ を満たす唯一の元 $a \in X$ を対応させる写像として定まります.

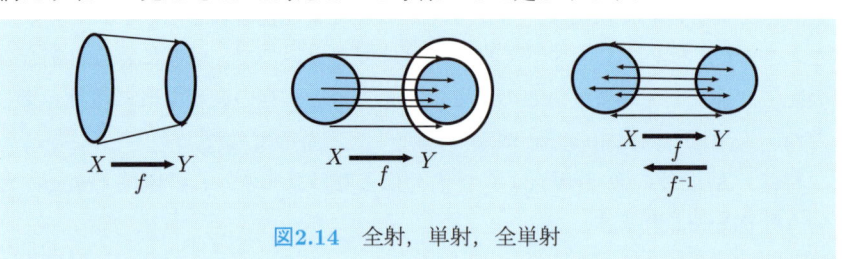

図2.14 全射, 単射, 全単射

全単射な写像は **1 対 1 対応**とも呼ばれます. このとき二つの集合 X, Y は, 写像 f により同一視できます. よって $X \cong Y$ と書き, これらは**同型**, あるいは**対等**であると言います. ただし, 同型という言葉は, 単に集合だけでなく, その何らかの構造を込めて同一視できるときに使うのが普通です. 単なる集合に対してはあまり使われません.

例 2.2 $\boldsymbol{R}$ から $\boldsymbol{R}$ への以下のような写像 (実は関数) を調べておき, 具体的な反例の構成などに利用しましょう.

(1) $f : \boldsymbol{R} \longrightarrow \boldsymbol{R}$ は全単射である[8].
$ \cup \cup$
$ x \mapsto x^3$

実際, x が正でも負でも f の逆写像は $\sqrt[3]{x}$ と一意に定まる.

---

[8] この書き方は数学の講義の板書などでよく使われ, f が $\boldsymbol{R}$ から $\boldsymbol{R}$ への写像であり, $\forall x \in \boldsymbol{R}$ に x^3 を対応させること, すなわち, $f(x) = x^3$ であることを表します. このように, 集合に対しては $\to$, 元に対しては $\mapsto$ と, 矢印を使い分ける習慣です.

(2) $f: \mathbf{R} \longrightarrow \mathbf{R}$ は全射でも単射でもない.
$\quad\quad\ \ \cup\quad\quad\ \ \cup$
$\quad\quad\ \ x\ \mapsto\ x^2$

実際，$f(\pm 1)=1$ と，異なる 2 元 ± 1 が同一の元 1 に写るので単射ではない．また，負の数は f の値になり得ないので全射でもない．

(3) $f: \mathbf{R} \longrightarrow \mathbf{R}$ は単射だが全射ではない．値域は正の実数．
$\quad\quad\ \ \cup\quad\quad\ \ \cup$
$\quad\quad\ \ x\ \mapsto\ e^x$

(4) $f: \mathbf{R} \longrightarrow \mathbf{R}$ は全射だが単射ではない．
$\quad\quad\ \ \cup\quad\quad\ \ \ \cup$
$\quad\quad\ \ x\ \mapsto\ x^3-x$

全射であることは，$\forall b \in \mathbf{R}$ に対し，x の 3 次方程式 $x^3-x=b$ は少なくとも一つの実根を持つことから分かる．単射でないことは 0 も 1 も同じ値 0 に写されることから分かる．

問題 2.7 写像が全射あるいは単射であることは，グラフでどう特徴付けられるか？ また，逆写像のグラフはもとの写像のグラフとどんな関係にあるか？

最後に，集合演算と写像の関係について，よく使う公式を掲げておきます．

> **例題 2.7** 写像 $f: X \to Y$ に関連して，次の事実を確かめよ．
> (1) $A \subset X$ に対し $f^{-1}(f(A)) \supset A$ は常に成立,
>   逆向きの包含関係は f が単射のときのみ常に成立.
> (2) $B \subset Y$ に対し $f(f^{-1}(B)) \subset B$ は常に成立,
>   逆向きの包含関係は f が全射のときのみ常に成立.
> (3) $A, B \subset X$ に対し (a) $f(A \cup B) = f(A) \cup f(B)$ は常に成立,
> $\quad\quad\quad\quad\quad\quad\quad\ $ (b) $f(A \cap B) \subset f(A) \cap f(B)$ は常に成立,
>   後者の逆向きの包含関係は f が単射のときのみ常に成立.
> (4) $A, B \subset Y$ に対し (a) $f^{-1}(A \cup B) = f^{-1}(A) \cup f^{-1}(B)$ は常に成立．
> $\quad\quad\quad\quad\quad\quad\quad\ $ (b) $f^{-1}(A \cap B) = f^{-1}(A) \cap f^{-1}(B)$ も常に成立．
> (5) $A \subset X$ に対し $\complement f(A) \subset f(\complement A)$ も $\complement f(A) \supset f(\complement A)$ も一般には不成立．
> (6) $B \subset Y$ に対し $f^{-1}(\complement B) = \complement f^{-1}(B)$ は常に成立.

解答 (1) $f^{-1}(f(A)) \supset A$ を示す．逆像の定義により
$$x \in f^{-1}(f(A)) \iff f(x) \in f(A)$$

であるが，これは $x \in A$ なら像 $f(A)$ の定義により明らかに成立している．しかし $\subset$ の向きは f が1対1でないと，図 2.15 左のような場合がある．より具体的な反例としては，$f: \boldsymbol{R} \to \boldsymbol{R}$ として $f(x) = x^2$ を，A として $[0, 1]$ を取れば，$f^{-1}(f(A)) = [-1, 1] \not\subset A$. f が1対1のときは，

$$f(x) \in f(A) \iff \exists y \in A\ f(x) = f(y) \iff \exists y \in A\ x = y \iff x \in A$$

なので，$x \in f^{-1}(f(A)) \iff x \in A$，すなわち，$f^{-1}(f(A)) = A$ となる．

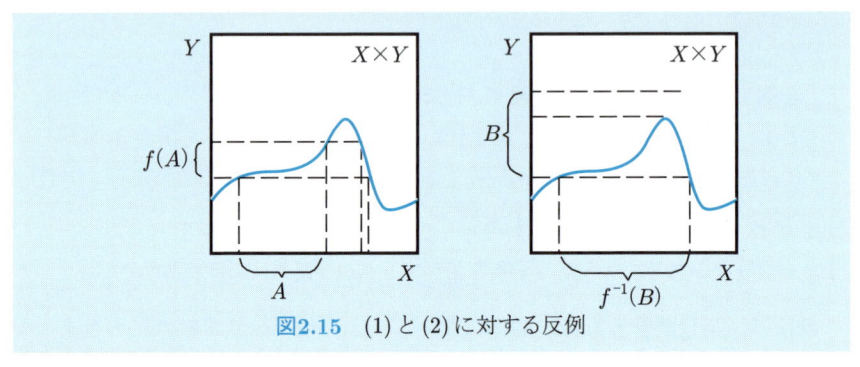

図2.15 (1) と (2) に対する反例

(2) $f(f^{-1}(B)) \subset B$ を示す．像の定義により

$$y \in f(f^{-1}(B)) \iff \exists x \in f^{-1}(B)\ f(x) = y$$

であるが，逆像の定義により $x \in f^{-1}(B)$ は $f(x) \in B$ を意味するから $y \in B$. しかし $\supset$ の向きは f が全射でないと，図 2.15 右のような場合がある．より具体的な反例としては，$f: \boldsymbol{R} \to \boldsymbol{R}$ として $f(x) = x^2$ を，B として $[-1, 1]$ を取れば，$f^{-1}(B) = [-1, 1]$, $f(f^{-1}(B)) = [0, 1] \not\supset B$. 他方 f が全射なら，$\forall y \in B$ に対し $\exists x$ s.t. $f(x) = y$, 従って $x \in f^{-1}(y) \subset f^{-1}(B)$ だから，$y = f(x) \in f(f^{-1}(B))$ で逆も成り立つ．

(3) 定義により一般に $A \subset B \implies f(A) \subset f(B)$. よって $f(A \cup B) \supset f(A)$, $f(A \cup B) \supset f(B)$ だから，$f(A \cup B) \supset f(A) \cup f(B)$ は常に成立．$f(A \cap B) \subset f(A) \cap f(B)$ も同様．逆は前者の方 $f(A \cup B) \subset f(A) \cup f(B)$ はいつでも成立する．実際，

$$y \in f(A \cup B) \implies \exists x \in A \cup B\ \ y = f(x).$$

ここで，もし $x \in A$ なら $y \in f(A)$, $x \in B$ なら $y \in f(B)$. よっていずれに

しても $y \in f(A) \cup f(B)$. 後者の方 $f(A \cap B) \supset f(A) \cap f(B)$ は一般には不成立（下図参照）. より具体的な反例としては, $f(x) = x^2$ に対して $A = [0,1]$, $B = [-1,0]$ と取れば, $f(A \cap B) = \{f(0)\} = \{0\}$ だが, $f(A) \cap f(B) = [0,1]$. しかし, f が単射ならこちらも成立する. 実際,

$$y \in f(A) \cap f(B) \implies \exists x_1 \in A \ \ y = f(x_1) \ \text{かつ} \ \exists x_2 \in B \ \ y = f(x_2)$$

であるが, f は単射なので $x_1 = x_2$. よってこれを x と置けば, $x \in A \cap B$ で $y = f(x)$. すなわち $y \in f(A \cap B)$.

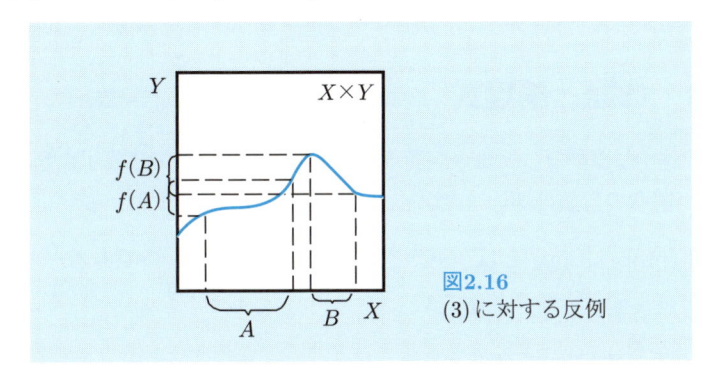

図2.16 (3)に対する反例

(4) $\quad x \in f^{-1}(A \cup B) \iff f(x) \in A \cup B \iff f(x) \in A$ または $f(x) \in B$
$\qquad\qquad\qquad \iff x \in f^{-1}(A)$ または $x \in f^{-1}(B)$
$\qquad\qquad\qquad \iff x \in f^{-1}(A) \cup f^{-1}(B),$
$x \in f^{-1}(A) \cap f^{-1}(B) \iff f(x) \in A$ かつ $f(x) \in B$
$\qquad\qquad\qquad \iff f(x) \in A \cap B \iff x \in f^{-1}(A \cap B).$

(5) まず, $f(\mathsf{C}A) \subset f(X)$ なので, 全射でなければだめ. また全射のときも, f が1対1でないと, $f(\mathsf{C}A)$ と $f(A)$ が共通部分を持ち得るので, $f(\mathsf{C}A) \subset \mathsf{C}f(A)$ すら一般には不成立.

(6) $\quad x \in \mathsf{C}f^{-1}(B) \iff x \notin f^{-1}(B) \iff f(x) \notin B$
$\qquad\qquad\qquad\quad \iff f(x) \in \mathsf{C}B \iff x \in f^{-1}(\mathsf{C}B). \quad \square$

問題 2.8 集合 $X = Y = \{1,2,3,4,5\}$ とその部分集合 $A = \{1,2,3\}$, $B = \{4,5\}$ について, 写像 $f: X \to Y$ で $f^{-1}(f(A)) \neq A$ かつ $f(f^{-1}(B)) \neq B$ となるものの例を具体的（外延的）に示せ.

第3章

古典命題論理学

この章では，古典命題論理学への入門として，記号論理学を素朴なやり方で学びます．すなわち，本格的な論理学としてではなく，数学などで普通に使われる論理的思考や言い回しに，論理学的な表現をやや多目に追加して説明します．

■ 3.1 命題と論理式

古典論理学[1])がやることは命題論理式の真偽判定です．ではまず命題とは何でしょう？前章の冒頭の問い，"集合とは何か"と似ていますね．まずは，素朴に

命題 (proposition) とは，何かを主張（断言）したものである．

と考えておきましょう．では，次はどうでしょうか？

例 3.1 次のおのおのは命題と言えるか？[2])

(1) 3 は素数である．
(2) $\sqrt{2}$ は有理数である．
(3) ヒロスエはかわいい．
(4) 今年の阪神は強い．
(5) 明日は雨です．

これから学ぶ命題論理学では，命題は真か偽かのどちらかです．すると，(1), (2) は文句無しに命題（真かどうかは問いません）ですが，(3) は人により感じ

---

[1]) ここではこの言葉は，第 11 章で紹介する形式主義論理学と対比して用いていますが，論理学の世界では，排中律を認めないブラウアーの**直観主義論理学**やその後発展した多値論理に対比して用いられるのが普通です．排中律の意味は，"中間状態を排する"ということで，これが無いと，やはり A でも A の否定でもない第 3 の状態が生じてしまいます．このように直観主義論理は，ほとんどの数学をカバーできないので，数学では特殊扱いですが，コンピュータによる計算では，構成的な証明が有用なので，現代に引き継がれて研究されています．

[2]) これらの問題は著者が最初にこの講義をした 2000 年に作られたので少々古く (?!) なっているところが有りますが，記念にそのまま残しておきます．読者の皆さんはお好きなアイドルやチームと取り替えて読んでください．

方が違い，(4) は時間の経過で変化する，というので，真偽判定に困るかもしれません．よって，議論の参加者全員の合意が無い限り，これを命題論理学における命題の例とするのは避けた方がよいのです．しかし，こういう真偽二つに決まらないような命題の取扱いは，現代の**多値論理**や**様相論理** (modal logic) の対象とされ，人文科学で応用されています．また工学の世界では，真偽を 1 か 0 かに峻別せず，$[0,1]$ の任意の実数が真偽の度合となるような**ファジー論理**というものが，曖昧さを持たせたロボット等の機械制御で活躍しています[3]．なお，(5) のような主張は既にアリストテレスを悩ませていたもので，明日になれば真偽が決まるものの，今の時点では判定できない，という意味で，普通の論理学では命題として扱いません[4]．

他方で，最初から真か偽かに定まっている命題だけでは融通が利かな過ぎるので，もう少し柔軟性を持たせて変量を含めた主張もよく考えられます．これは**述語**と呼ばれます．例えば，
(1) x は素数である．
(2) x は有理数である．
(3) x はかわいい．
等々．これらは x に何が入るかで真か偽かが異なり，より大きな表現力を持ちます．述語の論理学については後の第 5 章でやります．

3.2 命題計算と真理値

命題論理学では，個々の命題の中身は問わないで，命題を単位としてそれらの間の形式的な関係だけを研究します．なので，実は前節で議論した，"ある言明が命題かどうか"などは，命題論理学の対象にはなりません[5]．ちょうど幾何学で，これは点か？という議論が対象にならないのと同じです．命題を代表する記号 p は，それに真偽さまざまな命題を当てはめてみることができるので，**命題変数**と呼ばれます．幾何学における "点 P" という使い方と同様です．

---

[3] 仙台の地下鉄は世界で初めてファジー論理で制御され，滑らかな動きを実現したものとして有名です．
[4] しかし，第 4 章の問題 4.7 に見るように，古典命題論理で全くカバーできない訳ではありません．なお，このような叙述を対象とする**時制論理** (tense logic) というものもあります．
[5] ただし論理学を日常の議論に適用するときには，ここが問題となり，議論の紛糾の原因ともなります．"論理学など頼りにならん"という人は，適用法を間違えているのです．

【命題演算子】 既存の命題を組み合わせて，新しい複合命題（正確には論理式）を作り出すのが**命題計算** (propositional calculus) です．これには**命題演算子**あるいは**論理結合子** (logical connective) というものが使われ，次のようなものがあります：

(1) $p \vee q$ "または"（**選言**(せんげん)，**論理和**，disjunction, or）．これは文字通り，"p または q" という，p, q から作られた新しい主張を表します．その日常語的な意味は，"p, q の少なくとも一つが成り立つ" です．

(2) $p \wedge q$ "かつ"（**連言**(れんげん)，**論理積**，conjunction, and）．これも，"p かつ q" という，よく知られた主張を表し，その意味は，"p, q の両方が成り立つ" です．

(3) $\neg p$ "でない"（**否定**，negation, not, non）．これは "p でない" という否定の主張を表します．

(4) $p \to q$ "ならば"（**含意**[6]，implication）．これは "p ならば q" という主張で，その意味は，"p が成り立つときは，必ず q も成り立つ" です．

(5) $p \equiv q$ "**同値**" (equivalence)．これは "p が成り立つことと q が成り立つことは常に同時に起こる" ことを意味します．

後の二つは，便利なので記号を導入しましたが，実は他の基本演算の組合せで表されるので無くてもよく，実際，次のように定義されることが多いのです：

$$p \to q := \neg p \vee q \qquad p \equiv q := (p \to q) \wedge (q \to p) \qquad (3.1)$$

細井先生の教科書でも $\equiv$ を演算子に入れていません．更に，$\equiv$ を論理式を比較するときの等号の意味で用いるため，上で述べた意味の演算子には別途 $\rightleftarrows$ という記号を使う流儀もあります．上述の関係 (3.1) はこれからゆっくり吟味してゆきます．実は後述のように，基本演算は更に節約して二つまで減らせるのです．これには，ド・モルガンの法則により例えば $\wedge$ が $\vee$ と $\neg$ で書けることなどを使います．

🐙 記号 $\equiv$ は論理学では "$\to$ かつ $\leftarrow$" の意ですが，数学では，次の二つの意味でも日常的に使われます：

---

[6] 論理学の専門書では含意を $p \supset q$ と書くものが多いが，集合論の記号と紛らわしいので本書では用いないことにする．命題論理式の真偽を確認するときなど，高校でやったように，命題 p に対しそれが真となる集合を割り当てて図示すると，$p \to q$ は $p \subset q$ の方が自然なように思えるであろう．p に対し，p から導かれる論理式の集合をイメージすれば，$p \supset q$ という包含関係になる．

3.2 命題計算と真理値

(1) 同値関係（第 7 章参照）を表すのに使う．例えば，$\triangle \mathrm{ABC} \equiv \triangle \mathrm{DEF}$（3 角形の合同），$7 \equiv 4 \bmod 3$（3 で割った余りが等しい）など．
(2) 二つの関数が恒等的に等しいときに使う．例えば，$f(x) \equiv 0$．これは $f(x) = 0$ という方程式と区別するために用いられることが多い．

　一般に，**同値** (equivalent) という形容詞は，二つの主張あるいは概念あるいは理論が，そのどちらからも他方が導けることを表すのによく使われます．これは論理記号 $\equiv$ の本来の意味に近い用法ですが，論理演算子の $\equiv$ に対して，それさえも対象にした推論のための記号なので，本書では $\Longleftrightarrow$ を用いてこの意味の同値を表すことにします．なお，同値という言葉は数学以外ではなじみが薄く，**同等**という日常語が充てられることもあります．応用方面では，**等価**という訳語が好まれるようです．

【真理値】 命題論理学では，最小単位である**命題変数**を種々の命題演算子により合成して得られる**論理式** (propositional formula, well formed formula) の真偽を研究します．各命題変数 $p, q, \ldots$ は，**真** (T, 1 とも記す) または**偽** (F, 0 とも記す) のいずれかの値を取ります．これを命題変数の**真理値** (truth value) と呼びます．論理式は，それに含まれるすべての命題変数の真理値を決めたとき，その真理値が一つ決まります．この操作を**付値** (valuation) と呼びます．あらゆる付値に対する論理式の真理値を一つの表にしたものが，論理式の**真理値表** (truth table) です．論理式の真偽を研究する一つの方法は，その真理値を調べることです．

　以下，本書では簡単のため，真理値には 0, 1 の記号を用いることにします．また，これら真理値の集合 $\{0,1\}$ を $\boldsymbol{F}_2$ と略記します．厳密にはこの記号は，0 と 1 だけから成る最小の"体"，すなわち，四則演算が定義された代数系を表すのですが，後に第 6 章で，体としての演算と真理値の演算との関係を調べます．

　基本的な諸演算の論理式としての真理値表による定義は次の通りです：

$p \vee q$

p \ q	0	1
0	0	1
1	1	1

$p \wedge q$

p \ q	0	1
0	0	0
1	0	1

$\neg p$

p	$\neg p$
0	1
1	0

$p \rightarrow q$

p \ q	0	1
0	1	1
1	0	1

$p \equiv q$

p \ q	0	1
0	1	0
1	0	1

　よく知られた演算子の同等性を真理値表により確認してみましょう．次の表で，$\neg p$ のコラムから $\neg p \vee q$ のコラムに移るときは，$\neg p$ を缶詰にして，すなわち，$\neg p$ の真理値を新しい命題変数 r のそれと思って，$r \vee q$ の真理値の定義を適用します．以後の計算でも同様です：

$p \to q$ と $\neg p \vee q$ の同等性				
p	q	$\neg p$	$\neg p \vee q$	$p \to q$
0	0	1	1	1
0	1	1	1	1
1	0	0	0	0
1	1	0	1	1

$(p \to q) \wedge (q \to p)$ と $p \equiv q$ の同等性					
p	q	$p \to q$	$q \to p$	$(p \to q) \wedge (q \to p)$	$p \equiv q$
0	0	1	1	1	1
0	1	1	0	0	0
1	0	0	1	0	0
1	1	1	1	1	1

これらの演算子については，日常の論理で使われる場合と微妙に差があるものもあるので，注意が必要です．

例 3.2　$p \to q$ は，p が成り立つときは q も成り立つことを要求しているので，$p=1$ のときは $q=1$ でない限り全体は 1 になりません．しかし，p が成り立たないときは，何も要求していないので，q の値に関わらず全体が 1 となります．以上の説明から，$p \to q$ が $\neg p \vee q$ と同等なことは真理値を調べなくても分かります．この解釈は数学では普通ですが，日常の "ならば" の使い方とは少しギャップがあります．例えば，"明日天気が良かったら校庭の草むしりをします"，と学校の先生が生徒に伝えたとすると，上の定義では，天気が悪いときは何をしても真となります．草取りを強行しても論理的には嘘をついたことにはなりません．でも，日常の解釈では，"天気が悪ければ草むしりはやめる" という意味も暗黙のうちに含んでいると考えるのが普通なので，生徒からブーイングが起こるのは必至でしょう．

更に，日常語の "ならば" には因果関係，時間の前後関係がある場合も多いのですが，これについては後で検討します．

例 3.3　$p \vee q$ において，p, q の両方とも真でも，値が真になるというのは，数学的推論で鍛えられると不思議には思わなくなるのですが，日常の使い方とは少しギャップがあります．例えば，"大学に合格したらパソコンを買ってやるか，または海外旅行に連れていってやろう"，とお父さんにいわれたら，普通はどちらか一方だけが期待されても，両方期待する人はまず居ないでしょう．このような日常の使い方に近い感覚の選言演算子として，両方真のときは偽となるように修正した，**排他的選言**（排他的論理和，exclusive or）というものが有り，英語の頭文字を採って **XOR**（エックスオア）と書いたり，後で出てくる理由により $\oplus$ で表記したりします．これは，今までに紹介した演算子で $\neg(p \equiv q)$ と表せますが，情報科学ではむしろこちらの方が基本演算子と思われるくらいに大切なもので，よ

く出てくるので覚えておきましょう．

p XOR q		
p \ q	0	1
0	0	1
1	1	0

cf.[7]）

$p \equiv q$（再掲）		
p \ q	0	1
0	1	0
1	0	1

■ 3.3 論理式の定義と性質

【論理式の厳密な定義】 命題論理式，略して論理式とは，いくつかの命題変数を，上で学んだ論理結合子を用いて，更に複雑に合成したもののことです．厳密には，次のように帰納的に定義されます[8]：

定義 3.1 （論理式の帰納的定義）
(1) **命題定数**：真を表す $\top$，偽を表す $\bot$ は論理式である[9]．
(2) **命題変数**：p, q 等，命題を表す文字変数は論理式である．
(3) 表現 A が論理式なら $(\neg A)$ も論理式である．
(4) 表現 A, B が論理式なら $(A \vee B), (A \wedge B), (A \to B), (A \equiv B)$ も論理式である．

以下の議論で，**部分論理式**という言葉が必要になります．これは，論理式の一部分として含まれる論理式のことですが，あまり勝手に一部を取り出して来られても困るので，正確に定義します．

定義 3.2 （部分論理式の帰納的定義）
(1) A 自身は A の部分論理式である．
(2) A が $(B \vee C), (B \wedge C), (B \to C)$ のいずれかの形をしているとき，B または C の部分論理式はすべて A の部分論理式である．
(3) A が $\neg B$ の形のとき，B の部分論理式はすべて A の部分論理式である．

論理式を定義に当てはめて構成すると，括弧がやたら多くなるので，意味が分かる限り省略できるように規約を設けます：

---

[7] これも良く使われるラテン語起原の英略記号で，confer（比較せよ）から来ています．
[8] 帰納的定義の正確な意味は第 10 章で与えますが，要するに，数学的帰納法のように，小さいものから順に積み上げてゆく定義の仕方です．
[9] $\top$ と 1 の関係は，値が 1 の定数値関数とその値の関係に類似している．なお，$\top$ を $\curlyvee$，$\bot$ を $\curlywedge$ と記す論理学の書物も多いことを注意しておく．

(1) 一番外側の括弧は常に省略される．
(2) $(\neg A)$ の形の部分論理式は $\neg A$ に省略される（$\neg$ の結合は最強）．
(3) $\equiv$ の両側の部分論理式の外側の括弧は省略される（$\equiv$ の結合は最弱）．
(4) 一般的規則：演算子の結合の強い順 $\neg, \wedge, \vee, \rightarrow, \equiv$ に従って適宜省略する．

例 **3.4** $\neg\neg q \rightarrow p \vee \neg p \wedge q$ を丁寧に書けば $((\neg(\neg q)) \rightarrow (p \vee ((\neg p) \wedge q)))$ ですが，$\neg(\neg q) \rightarrow (p \vee (\neg p \wedge q))$ くらいにしておくのが一番見やすいでしょう．

例題 3.1 次の表現は論理式と言えるか？
(1) $p \wedge (q \neg r)$ (2) $\neg(\neg(p \vee \bot))$ (3) $p \rightarrow (\vee q \rightarrow p)$

解答 (1) だめ．q と $\neg r$ が演算子無しに直接くっついているから．
(2) OK．詳しくいうと
  (i) $\bot$ は定義 3.1 の規則 (1) より論理式，p も規則 (2) より論理式
  (ii) よって $(p \vee \bot)$ は規則 (4) により論理式
  (iii) よって $(\neg(p \vee \bot))$ も規則 (3) により論理式
  (iv) よって $\neg(\neg(p \vee \bot))$ も規則 (3) により論理式
(3) だめ．演算子 $\vee$ の前に論理式が存在しないから． □

問題 3.1 次の表現は論理式といえるか？
 (1) $p \rightarrow (q \rightarrow \neg p)$ (2) $\neg(\neg(\neg p \wedge (q \rightarrow r)))$ (3) $\neg(p \wedge (\rightarrow p \wedge q))$

【**論理式の真理値**】 論理式の**真理値表**とは，それに含まれる各命題変数に真か偽かの値を与えたときの，論理式全体の真理値を一覧表にしたもののことでした．前節では，既に基本的な論理演算子についてその論理式としての真理値表を与えましたが，ここで，もっと複雑な論理式の真理値表を作ってみましょう．

例題 3.2 次の論理式の真理値表を作れ．
(1) $p \rightarrow (q \rightarrow p)$ (2) $(p \vee q) \wedge (\neg p \vee \neg q)$ (3) $(p \wedge q) \wedge r$

解答 最後の列が答で，その手前の列は，思考の補助のために付けた．
(1)

p	q	$q \rightarrow p$	$p \rightarrow (q \rightarrow p)$
0	0	1	1
0	1	0	1
1	0	1	1
1	1	1	1

(2)

p	q	$p \vee q$	$\neg p$	$\neg q$	$\neg p \vee \neg q$	$(p \vee q) \wedge (\neg p \vee \neg q)$
0	0	0	1	1	1	0
0	1	1	1	0	1	1
1	0	1	0	1	1	1
1	1	1	0	0	0	0

(3)

p	q	r	$p \wedge q$	$(p \wedge q) \wedge r$
0	0	0	0	0
0	0	1	0	0
0	1	0	0	0
0	1	1	0	0
1	0	0	0	0
1	0	1	0	0
1	1	0	1	0
1	1	1	1	1

🐁 p, q, r の真理値の組合せは取り残しが無いよう，3桁の二進数を小さい方から列挙したものとしている．

【論理式の意味木】 論理式に対して，真理値表を書く代わりに，各命題変数が真または偽のとき，論理式はどう簡約されるかを有向木の形に整理して書いたものをこの論理式の**意味木** (semantic tree) といいます．ここで**有向木**とはデータの表示法の一種で，ちょうど本物の木を逆さまに立てたように，ノード（節点，数学では頂点）と呼ばれるデータの配置を順に枝分かれする下向きの矢印（有向辺）で結んだものです．逆さなので，一番上のノードを**ルート**（根）といいます．また，それ以上枝が出ていない，終端のノードは**葉**と呼ばれます．例えば，例題 3.2 (2) の論理式については，以下のような意味木が描けます．ここで，矢印に付された p は $p = \top$ を，$\neg p$ は $p = \bot$ を直前の論理式に代入する意味です．最下段の定数を並べたものが真理値に相当するので，この図式が真理値表と同等であることは明かでしょう．真理値表と違い，途中で真偽が確定してしまうノードがあると，その下の枝を書かずに済み，その分の場合分けを省略できます．

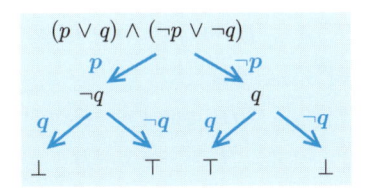

問題 **3.2** 次の論理式の真理値表を作れ．また意味木を描け．
(1) $q \to (q \to p)$. (2) $(p \vee q) \wedge (p \wedge \neg q)$. (3) $(p \vee q) \wedge r$.
(4) $\neg p \to q \wedge p$. (5) $(\neg p \to \neg q) \wedge r$.

【論理式の分類】 論理式は，真理値の取り方から見て次のように分類できます：

恒真式 (tautology)　論理式に含まれる各命題変数がどんな値を取っても，常に値が真となるもの．

充足可能 (satisfiable)　論理式に含まれる各命題変数の値をうまく選べば値が真となるもの．

充足不可能 (unsatisfiable)　論理式に含まれる各命題変数の値をどう取っても値が偽となるもの．

明らかに，
$$A \text{ が充足不可能} \iff \neg A \text{ が恒真式}$$
です．日常言語ではトートロジーは正しいことが当たり前のつまらない主張という意味で用いられることに注意しましょう．逆に数学の世界では，恒真式は公式として有難がられるので，その感じられ方にはずいぶん差がありますね．

【恒真式の例】 A, B 等を任意の論理式とするとき，以下は基本的な恒真式です：

(1) $A \wedge A \equiv A, \quad A \vee A \equiv A$ 　　　　（冪等律）

(2) $(A \wedge B) \wedge C \equiv A \wedge (B \wedge C),$
　　$(A \vee B) \vee C \equiv A \vee (B \vee C)$ 　　　　（結合律）

(3) $A \wedge B \equiv B \wedge A, \quad A \vee B \equiv B \vee A$ 　　（交換律）

(4) $A \wedge (A \vee B) \equiv A, \quad A \vee (A \wedge B) \equiv A$ 　（吸収律）

(5) $A \wedge (B \vee C) \equiv (A \wedge B) \vee (A \wedge C),$
　　$A \vee (B \wedge C) \equiv (A \vee B) \wedge (A \vee C)$ 　（分配律）

(6) $\neg \neg A \equiv A$ 　　　　（2 重否定律）

(7) $\neg (A \vee B) \equiv \neg A \wedge \neg B,$
　　$\neg (A \wedge B) \equiv \neg A \vee \neg B$ 　（ド・モルガンの法則）

(8) $A \to B \equiv \neg A \vee B$

(9) $A \wedge \neg A \equiv \bot, \quad A \vee \neg A \equiv \top$ 　　（排中律）

(10) $A \vee \bot \equiv A, \quad A \vee \top \equiv \top$

(11) $A \wedge \top \equiv A, \quad A \wedge \bot \equiv \bot$

これらは，恒真式なので，与えられた命題の真偽を判定するときに"定理"として使えます．空集合 $\emptyset$ を偽の定数 $\bot$，全体集合 X を真の定数 $\top$ に対応させ，

命題変数を X の部分集合に，$\cup, \cap$ を $\vee, \wedge$ に，補集合の演算 C を否定 $\neg$ に，そして $\subset$ を $\to$ に対応させると，これらの恒真式は，第 2 章で掲げた集合演算の基本的な規則ときれいに対応しています．すなわち，命題計算もブール代数となっているのです．

> **例題 3.3** 上の表の各論理式が恒真式であることを真理値表により確認せよ．

解答 真理値がすべて 1 となることを確かめる．例として (4), (7) をやってみよう．ここでも理解を助けるため，途中の部分論理式の真理値も示している．

(4)

A	B	$A \vee B$	$A \wedge (A \vee B)$	$A \wedge (A \vee B) \equiv A$
0	0	0	0	1
0	1	1	0	1
1	0	1	1	1
1	1	1	1	1

(7)

A	B	$A \vee B$	$\neg(A \vee B)$	$\neg A$	$\neg B$	$\neg A \wedge \neg B$	$\neg(A \vee B) \equiv \neg A \wedge \neg B$
0	0	0	1	1	1	1	1
0	1	1	0	1	0	0	1
1	0	1	0	0	1	0	1
1	1	1	0	0	0	0	1

真理値表がまだよく分からない人は，分かるようになるまでその他の式を自分で確認してみましょう！ □

3.4 論理式の計算と標準形

与えられた論理式が複雑なとき，それを意味を変えずに，より簡単なものに変形することができれば分かりやすくなります．このような論理式の同値変形を素朴な範囲で少し厳密に定式化しましょう．

【命題計算の定式化】 命題計算の基本となるのは次の概念です：

> **定義 3.3** 真理値が等しい二つの論理式 A, B は**同値**という．これを $A \sim B$ で表す．

この定義から直ちに，次のような計算法が従います：

系 3.1 (1) $A \sim B \iff A \equiv B$ が恒真式.

(2) 論理式 A_B の部分論理式 B をそれと同値な論理式 C で取り替えたもの A_C はもとの論理式と同値である：

$$B \sim C \implies A_B \sim A_C$$

【論理式の標準形】 命題計算を用いると，論理式をいろんな意味での標準形に変形できます．それには，論理演算子の種類の節約なども含まれます．例えば，ド・モルガンの法則を用いて $\wedge$ と $\vee$ のどちらかを無くし，$\vee$ と $\neg$ あるいは $\wedge$ と $\neg$ で任意の論理式を表現できます：

$$p \wedge q := \neg(\neg p \vee \neg q), \quad p \to q := \neg p \vee q, \quad \bot := p \wedge \neg p, \quad \ldots$$

ここで，記号 $:=$ はこの左辺のものを右辺により定義するという意味です．ここでそれを $\equiv$ の代わりに用いたのは，"左辺のものは基本演算として導入しなくても，その他の演算を用いて二次的に定義できるよ" という意味です．このような書き換えは，次章において，論理式を回路で実現するときなどに，基本素子の種類を減らせるという経済的効用があります．

逆に，$\to$ と $\neg$ だけで，あるいは，$\to$ と $\bot$ だけで，任意の論理式を表現できます．例えば後者を実現するには次のような置き換えを用います：

$$\neg p := p \to \bot, \quad p \vee q := \neg p \to q, \quad \ldots$$

こちらは，理論的な研究において，仮定を減らしたり証明をすっきりさせたりする目的で使われます．

問題 3.3 上に示した言い替えの妥当性を真理値表を用いて確認せよ．

このようにして，使う演算子の種類を限定したものは，一種の標準形ですが，この他にもいろんな標準形があります．その主なものを紹介しましょう．

定義 3.4 (1) 命題変数 p，あるいはそれに否定子がついたもの $\neg p$ の形の論理式を**単項論理式** (literal) と呼ぶ．

(2) **論理和標準形**，あるいは，**選言標準形**，**積和標準形** (disjunctive normal form) とは，$(\cdot \wedge \cdot \wedge \cdots) \vee (\cdot \wedge \cdot \wedge \cdots) \vee (\cdot \wedge \cdot \wedge \cdots) \vee \cdots$ の形の有限な表現のことをいう．ただし，ここで括弧内のドットは単項論理式を表す．

(3) **論理積標準形**，あるいは，**連言標準形**，**和積標準形** (conjunctive normal form) とは，$(\cdot \vee \cdot \vee \cdots) \wedge (\cdot \vee \cdot \vee \cdots) \wedge (\cdot \vee \cdot \vee \cdots) \wedge \cdots$ の形の有限な表

3.4 論理式の計算と標準形

現のことである，ここでも，括弧内のドットは単項論理式を表す．

例えば，$(p \wedge \neg q \wedge r) \vee (\neg p \wedge \neg r) \vee \neg r$ などは論理和標準形の例であり，$(p \vee \neg q \vee r) \wedge (\neg p \vee \neg r) \wedge \neg r$ などは論理積標準形の例です．これらの標準形は，論理式一般に対する何らかの主張を，論理式の "長さ" に関する帰納法で証明するときなどに用いられます．

【論理和標準形と論理積標準形の作り方】 次のように機械的にできます：
(1) まず $\to$ を無くす．すなわち，$A \to B$ を $\neg A \vee B$ と書き直す．
(2) 次にド・モルガンの法則を使い $\neg$ を中に入れて命題変数に直接くっつける．
(3) 最後に分配律を用いてどちらかを中に入れる．

なお，論理和標準形については，真理値表を用いた全く別の作り方が有ります．これについては第4章の論理回路のところで再論します．

例題 3.4 (1) 次の論理式を $\vee$ と $\neg$ だけで表せ．
$$p \wedge \neg(q \wedge r) \to r \wedge q$$
(2) 次の論理式を論理和標準形，および論理積標準形に書き直せ．
$$p \vee (q \wedge r) \to r \wedge q$$

解答 以下では式変形が見やすいように $\sim$ でなく $\iff$ を用いておく．
(1) $p \wedge \neg(q \wedge r) \to (r \wedge q) \iff \neg(p \wedge \neg(q \wedge r)) \vee (r \wedge q)$
$\iff \neg(p \wedge (\neg q \vee \neg r)) \vee (r \wedge q) \iff \neg p \vee \neg(\neg q \vee \neg r) \vee \neg(\neg r \vee \neg q)$

(2) $p \vee (q \wedge r) \to r \wedge q \iff \neg(p \vee (q \wedge r)) \vee (r \wedge q)$
$\iff (\neg p \wedge \neg(q \wedge r)) \vee (r \wedge q) \iff (\neg p \wedge (\neg q \vee \neg r)) \vee (r \wedge q)$
$\iff (\neg p \vee r \wedge q) \wedge (\neg q \vee \neg r \vee r \wedge q)$
$\iff (\neg p \vee r) \wedge (\neg p \vee q) \wedge (\neg q \vee \neg r \vee r) \wedge (\neg q \vee \neg r \vee q)$
$\iff (\neg p \vee r) \wedge (\neg p \vee q) \wedge (\neg q \vee \top) \wedge (\top \vee \neg r)$
$\iff (\neg p \vee r) \wedge (\neg p \vee q)$

で論理積標準形が得られた．論理和標準形は，これから分配法則で $\neg p$ を括り出せば，直ちに $\neg p \vee (q \wedge r)$ を得る．

別解
$$\begin{aligned} p \vee (q \wedge r) \to r \wedge q &\iff \neg(p \vee (q \wedge r)) \vee (q \wedge r) \\ &\iff (\neg p \wedge \neg(q \wedge r)) \vee (q \wedge r) \\ &\iff (\neg p \vee (q \wedge r)) \wedge (\neg(q \wedge r) \vee (q \wedge r)) \\ &\iff (\neg p \vee (q \wedge r)) \wedge \top \iff \neg p \vee (q \wedge r) \quad \square \end{aligned}$$

問題 3.4 次の論理式を $\vee$ と $\neg$ だけで表せ．また論理和標準形および論理積標準形に書き直せ．

(1) $p \to q \vee r$ 　　(2) $p \wedge \neg(q \wedge r) \to q \vee r$ 　　(3) $p \vee (q \to r) \to (r \to q)$

■ 3.5 恒真式の証明

与えられた論理式が恒真式かどうかの判定には，大別して次の二つのアプローチがあります：

(1) 論理式に含まれる各命題変数の真理値のすべての組合せについて，論理式の値が常に真（すなわち 1）であることを確かめる．

(2) 公理あるいは既知の恒真式から正当な推論あるいは式変形によって導かれることを確かめる．このやり方を証明と呼ぶ．

後者を本格的にやるには，何を公理とするか，許される推論は何か，を定めなければなりません．そのような厳密な証明論の紹介は後の第 11 章で行うことにし，ここではとりあえずは常識的に納得できる推論のことと理解しておきましょう．そのような推論の例としては，まず既知の恒真式から，系 3.1 (2) を用いた変形によるものがあり，これは例題 3.4 で推論記号 $\iff$ を用いて実践しました．この他に，$A \to B$ が恒真式のとき，$A \implies B$ という推論が使えます．これは，A が真なら B も真となることを意味します[10]が，真理値を考えればその正当性と同値性が分かるでしょう．このように意味を判断した証明法は，**意味論的** (semantical) な推論と呼ばれます．これに対して，機械的な計算による証明法は**統語論的** (syntactical) な推論と呼ばれます．

---

[10] この意味を表すのに，論理学では普通 $A \models B$ と書きますが，普通の数学書では使われることはないので，本書でも第 11 章まで使わずにおきます．実は，真理値を用いた意味論的証明と式変形による証明が本当に同等かどうかは，それほど明らかではありません．これは，第 11 章で紹介するゲーデルの完全性定理というもので保証されます．なお，先に注意したように，論理学の教科書では $\to$，$\implies$ の代わりに $\supset$，$\to$ を用いることが多いのですが，普通の数学の記述中では紛らわしい記号なので本書では用いません．

3.5 恒真式の証明

命題計算は集合論における集合の相等性の判定法とそっくりなことに注意しましょう．これは既に注意したように，どちらもブール代数となっていることから想像されることですが，後でその理由をより具体的に明らかにします．

例題 3.5 次の論理式は恒真式であることを上記二通りの方法で確かめよ．
(1) $A \to B \equiv \neg B \to \neg A$ （対偶法）
(2) $(A \to B) \land (B \to C) \to (A \to C)$ （三段論法）
(3) $A \land (A \to B) \to B$ （モーダスポネンス, modus ponens）
(4) $(A \land B) \lor A \equiv A,\ (A \lor B) \land A \equiv A$ （吸収律）

解答 (1) $A \to B \equiv \neg B \to \neg A$
$\iff ((A \to B) \to (\neg B \to \neg A)) \land ((\neg B \to \neg A) \to (A \to B))$

だから，$\land$ の両側の式がそれぞれ恒真式であることをいえばよい．

$$(A \to B) \to (\neg B \to \neg A) \iff \neg(A \to B) \lor (\neg B \to \neg A)$$
$$\iff \neg(\neg A \lor B) \lor (B \lor \neg A) \iff (A \land \neg B) \lor (B \lor \neg A)$$
$$\iff (A \lor B \lor \neg A) \land (\neg B \lor B \lor \neg A) \iff \top \land \top \iff \top$$

もう一つの方も同様．あるいは，今示した式において，A に $\neg B$，B に $\neg A$ を代入し，2重否定律を用いても導ける．

別解 $\neg A \lor B \equiv B \lor \neg A$ と書き直せば，$\lor$ が可換なことから明らか．（ここで一般に $A \equiv A$ は証明不要だろうが，$A \to A \iff \neg A \lor A \iff \top$ より，形式的にも導ける．）

真理値表による確認

A	B	$A \to B$	$\neg B$	$\neg A$	$\neg B \to \neg A$	$(A \to B) \equiv (\neg B \to \neg A)$
0	0	1	1	1	1	1
0	1	1	0	1	1	1
1	0	0	1	0	0	1
1	1	1	0	0	1	1

(2) $(A \to B) \land (B \to C) \to (A \to C)$
$\iff \neg((A \to B) \land (B \to C)) \lor (A \to C)$
$\iff \neg(\neg A \lor B) \lor \neg(\neg B \lor C) \lor (\neg A \lor C)$

$$\iff (A \land \neg B) \lor (B \land \neg C) \lor \neg A \lor C$$
$$\iff ((A \lor \neg A) \land (\neg B \lor \neg A)) \lor ((B \lor C) \land (C \lor \neg C))$$
$$\iff (\top \land (\neg B \lor \neg A)) \lor ((B \lor C) \land \top)$$
$$\iff (\neg B \lor \neg A) \lor (B \lor C)$$
$$\iff (B \lor \neg B) \lor \neg A \lor C \iff \top \lor \neg A \lor C \iff \top$$

別解 $(A \to B) \land (B \to C) \iff (\neg A \lor B) \land (\neg B \lor C)$
$$\iff \neg A \land (\neg B \lor C) \lor B \land (\neg B \lor C)$$
$$\iff \neg A \land (\neg B \lor C) \lor B \land \neg B \lor B \land C$$
$$\iff \neg A \land (\neg B \lor C) \lor \bot \lor B \land C$$
$$\iff (\neg A \land (\neg B \lor C)) \lor (B \land C) \Longrightarrow \neg A \lor C \iff A \to C$$

ここで,最終行の推論 $\Longrightarrow$ は,$A \land B \Longrightarrow A$ という一般的事実,および,$A \Longrightarrow B, C \Longrightarrow D$ なら $A \lor B \Longrightarrow C \lor D$ という一般的事実を組み合わせたものである.これより,"最初の式 → 最後の式" が恒真式であることが分かる.

真理値表による確認

A	B	C	$A \to B$	$B \to C$	$(A \to B)$ $\land (B \to C)$	$A \to C$	$(A \to B) \land (B \to C)$ $\to (A \to C)$
0	0	0	1	1	1	1	1
0	0	1	1	1	1	1	1
0	1	0	1	0	0	1	1
0	1	1	1	1	1	1	1
1	0	0	0	1	0	0	1
1	0	1	0	1	0	1	1
1	1	0	1	0	0	0	1
1	1	1	1	1	1	1	1

(3) $\quad A \land (A \to B) \to B \iff \neg(A \land (A \to B)) \lor B$
$$\iff \neg(A \land (\neg A \lor B)) \lor B$$
$$\iff \neg A \lor \neg(\neg A \lor B) \lor B$$
$$\iff (\neg A \lor B) \lor \neg(\neg A \lor B) \iff \top$$

🐱 最後のところでは,$\neg A \lor B$ という論理式を缶詰 🥫 に入れて 🥫 ∨ ¬🥫 = ⊤ を用いたのである.このように,恒真式かどうかの判定は常に単項論理式まで遡る必要はない.基本的な恒真式のリストを p, q, r などの命題変数ではなく,一般的な論理式を表す記号 A, B, C で表現したのも,このような使い方を考えてのことである.例えば $\neg(p \to q) \lor (p \to q)$ が恒真式であることは,$(p \to q)$ を A と置いてみれば分かる.

3.5 恒真式の証明

スペースを取るので真理値表は略す.

(4) $(A \wedge B) \vee A \equiv A \iff ((A \wedge B) \vee A \to A) \wedge (A \to (A \wedge B) \vee A)$
$\iff (\neg((A \wedge B) \vee A) \vee A) \wedge (\neg A \vee ((A \wedge B) \vee A))$
$\iff ((\neg(A \wedge B) \wedge \neg A) \vee A) \wedge ((\neg A \vee A) \vee (A \wedge B))$
$\iff (\neg(A \wedge B) \vee A) \wedge (\neg A \vee A) \wedge \top$
$\iff \neg A \vee \neg B \vee A \iff \top \vee \neg B \iff \top.$

$(A \vee B) \wedge A \equiv A \iff ((A \vee B) \wedge A \to A) \wedge (A \to (A \vee B) \wedge A)$
$\iff (\neg((A \vee B) \wedge A) \vee A) \wedge (\neg A \vee ((A \vee B) \wedge A))$
$\iff (\neg(A \vee B) \vee \neg A \vee A) \wedge (\neg A \vee A \vee B) \wedge (\neg A \vee A)$
$\iff \top \wedge \top \wedge \top \iff \top.$

これも真理値表は略す. □

🐰 上の (4) の証明法は長くて分かりにくい. $(A \wedge B) \vee A \equiv A$ なのだから, $(A \wedge B) \vee A$ を計算で変形して, A に帰着させることができればもっとすっきりするだろう. しかし単に分配律で展開するだけでは $A \wedge (A \vee B)$ と吸収律のもう片方が得られるだけで, もう一度やると元に戻ってしまい, 堂々巡りに陥る. これは, (なぜか (^^;) 次のように変形すると, 機械的にうまくゆく:

$(A \wedge B) \vee A \iff (A \wedge B) \vee A \vee \bot \iff (A \wedge B) \vee A \vee (A \wedge \neg A)$
$\iff ((A \wedge B) \vee (A \wedge \neg A)) \vee A$
$\iff (A \wedge (B \vee \neg A)) \vee A \iff (A \vee A) \wedge (B \vee \neg A \vee A)$
$\iff A \wedge \top \iff A.$

問題 3.5 $p \equiv q$ と $(p \wedge q) \vee (\neg p \wedge \neg q)$ の同等性を真理値と, 命題計算による変形の両方で確認せよ.

問題 3.6 次の論理式が恒真式であることを, 真理値を調べることにより, および既知の恒真式からの命題計算により確かめよ.

$(A \to B) \equiv ((A \to \neg B) \to \neg A)$ (帰謬律)

例題 3.6 (1) 命題『コネが有れば就職できる』の否定命題は, 『コネが無ければ就職できない』で良いか? [ヒント: $A \to B$ の否定は?]
(2) "おこづかいをもらえたら, ケーキを買って食べよう" の対偶は "ケーキを買って食べないとおこづかいをもらえない" で正しいか?

解答 (1) $A \to B$ の否定は $\neg A \to \neg B$ ではなくて, $\neg(A \to B) \equiv \neg(\neg A \lor B) \equiv A \land \neg B$ である. 従って, "コネが有ったのに就職できなかった", である.
(2) 正しくない. 真の対偶は, "あの子はケーキを食べていないところをみると, おこづかいをもらえなかったのだ" という感じになる. □

$\neg A \to \neg B$ は古典論理学でもとの主張 $A \to B$ の**裏**と呼ばれるものです. これは逆 $B \to A$ と対偶の関係に有り, その真偽はもとの命題とは必ずしも一致しないことを高校で習ったことでしょう.

問題 3.7 "叱られなければ勉強しない" という主張の逆, 裏, 対偶を日常の論理として最も妥当な表現となるように定式化せよ.

問題 3.8 (1) $f_1(x_1,\ldots,x_n),\ldots,f_m(x_1,\ldots,x_n)$ を実数係数の多項式とするとき, 実変数 $x_1,\ldots,x_n$ に対する条件

$$f_1(x_1,\ldots,x_n) = 0 \lor \cdots \lor f_m(x_1,\ldots,x_n) = 0$$

および

$$f_1(x_1,\ldots,x_n) = 0 \land \cdots \land f_m(x_1,\ldots,x_n) = 0$$

を, それぞれ一つの等式で表せ.
(2) $f_1(x_1,\ldots,x_n)$ を実数係数の多項式とするとき, 実変数 $x_1,\ldots,x_n$ に対する条件

$$f(x_1,\ldots,x_n) = 0 \land x_1 \neq 0 \land \cdots \land x_n \neq 0$$

を一つの等式で表現せよ. ただし変数を適宜増やしてもよい.
(3) 同じ問題 (1), (2) を整数係数で整数変数の多項式に対して解け. ［ヒント：任意の自然数が高々 4 個の平方数の和として表されること（ラグランジュの定理）を用いてよい.］

問題 3.9 "たとい天が落ちてくることがあろうとも, 私はあなたへの愛を失わない", と言われたら, どれくらいのことが期待できるか？ 単に "私はあなたへの愛を失わない" と言われたのと比較して論ぜよ.

問題 3.10 おとぎの国のある町に向かう途中の分かれ道に, アリス, ベティ, キャシーという 3 人の姉妹が住む家がありました. 彼女たちは皆, どちらが町に到る道か知っているけれど, アリスは常に正直に答え, ベティは常に嘘をつき, キャシーは気分に応じてどちらの答もするというのです. 彼女たちはそっくりで, 外見で区別することはできません. 以上の情報を持ってやってきた旅人が, 彼女たちにイエスかノーかで答える質問を 2 回行い, それぞれに対する 3 人の答から, 正しい道を判断するにはどうしたらいいでしょう？

問題 3.11 "春が来て, 木々が芽を吹いた" の否定命題は, "春が来たのに, 木々は芽を吹かない" で正しいか？

第4章

論理回路

この章では，論理式とコンピュータとの深い関係について説明し，前章までの計算が単なる抽象的学問の話ではないことを理解してもらいます．

■ 4.1 論理ゲート

論理式を電子回路で表現したものを**論理回路**と言います．その単位となる論理演算子の実現を**論理素子**または**論理ゲート**と呼びます．これらは種々の半導体を用いて作られます．論理ゲートを表す記号をまず学びましょう．

【論理素子の記号】 最もよく使われるのが次の **MIL** 記号 (military standard) です．このうち NAND と NOR については後ほど 4.2 節で解説します．

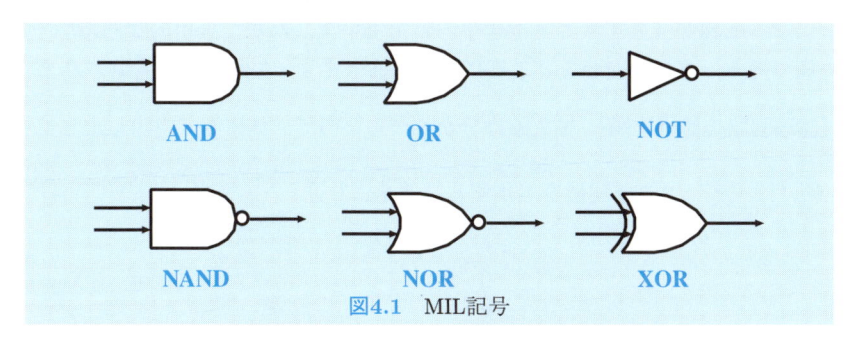

図4.1 MIL記号

他に，次のような JIS 記号もあり，実用設計で使われます．

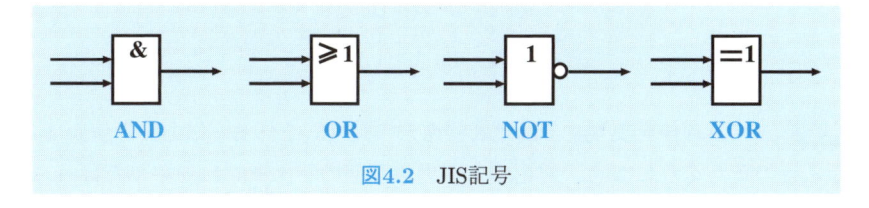

図4.2 JIS記号

第4章 論理回路

【論理回路の例】 実際に論理ゲートを組み合わせて表現される回路の例を見てみましょう．

例 4.1 （**半加算器**） 二進1桁の足し算 $x + y = 2c + s$ を表します．真理値表，論理式，その回路としての実現，の順に示します．

x	y	s	c
0	0	0	0
0	1	1	0
1	0	1	0
1	1	0	1

$s = (\neg x \wedge y) \vee (x \wedge \neg y),$
$c = x \wedge y$

c は**キャリービット**と呼ばれ，加算の桁上がりを表します．

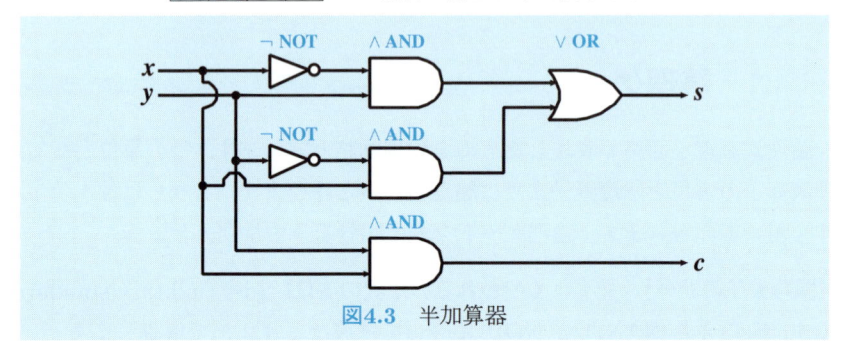

図4.3 半加算器

ここでは配線が交叉するところに半円弧を用いましたが，実用的な回路図では直線で描き，本当に交わるところに黒丸を描きます．矢印も普通省略されます．

【論理回路の設計手順】 抽象論は分かりづらいので，具体例で説明しましょう．

例題 4.1 次の真理値を実現する回路を作れ．

p	q	r	?
0	0	0	0
0	0	1	1
0	1	0	1
0	1	1	1
1	0	0	1
1	0	1	0
1	1	0	1
1	1	1	1

解答 まず真理値を実現する論理和標準形の論理式を作る．出力真理値が1となる行のそれぞれにつき，対応する入力真理値のパターンについてだけ1で，他に対しては0となるような論理積（基本積）を作り，それらの論理和を取る：

4.1 論理ゲート

$$s = \overbrace{(\neg p \wedge \neg q \wedge r)}^{\text{2行目}} \vee \overbrace{(\neg p \wedge q \wedge r)}^{\text{4行目}} \vee \overbrace{(p \wedge q \wedge \neg r)}^{\text{7行目}} \vee \overbrace{(p \wedge q \wedge r)}^{\text{8行目}}.$$

次に p, q, r を入力，s を出力として，これを回路で書き直す：

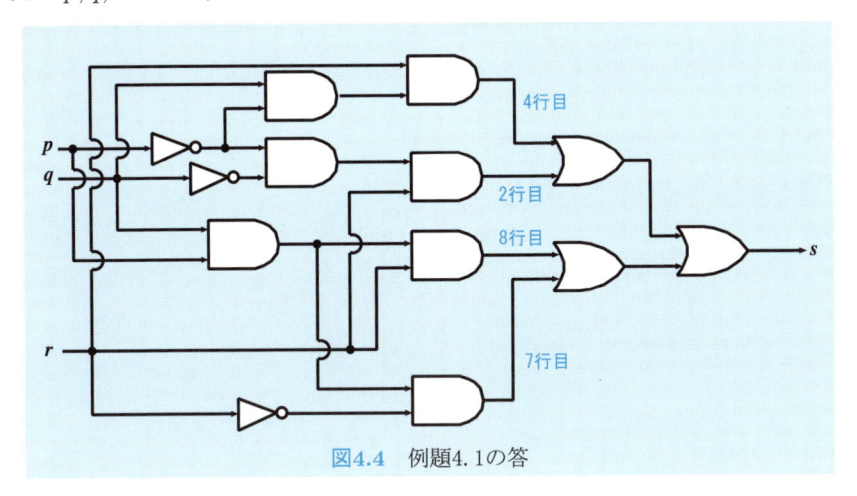

図4.4　例題4.1の答

これはまた大変な回路になってしまいました！しかし上の論理和標準形は多くの無駄を含んでいます．それを整理して再計算すると

$$\begin{aligned}
s &= (\neg p \wedge \neg q \wedge r) \vee (\neg p \wedge q \wedge r) \vee (p \wedge q \wedge \neg r) \vee (p \wedge q \wedge r) \\
&= ((\neg p \wedge r) \wedge \neg q) \vee ((\neg p \wedge r) \wedge q) \vee ((p \wedge q) \wedge \neg r) \vee ((p \wedge q) \wedge r) \\
&= ((\neg p \wedge r) \wedge (\neg q \vee q)) \vee ((p \wedge q) \wedge (\neg r \vee r)) \\
&= ((\neg p \wedge r) \wedge \top) \vee ((p \wedge q) \wedge \top) \\
&= (\neg p \wedge r) \vee (p \wedge q).
\end{aligned}$$

この最後の結果は，慣れた人には，与えられた真理値表を睨むと見えてきます．すなわち，まず一番下の 2 行は，"$p = q = 1$ なら r が何であっても全体は 1 となる"ことを示しているので，論理和標準形は因子 $p \wedge q$ を持つことが分かります．出力真理値が 1 である残りの 2 行，第 2, 4 行は，"$p = 0, r = 1$ なら，q が何であっても出力が 1 となる"ことを示しており，これから因子 $\neg p \wedge r$ の存在が分かります．

このように，論理和標準形は一意ではないので，なるべく簡単なものを選ぶのが，部品のゲートを節約でき，経済的にも有用です．実際，この形なら簡単に回路ができます：

図4.5　改良された答

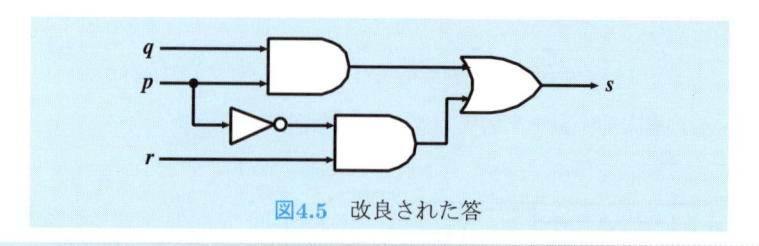

例題 4.2　次の真理値表を実現するなるべく簡単な論理回路を設計せよ．

p	q	r	?
0	0	0	0
0	0	1	0
0	1	0	0
0	1	1	1
1	0	0	0
1	0	1	1
1	1	0	1
1	1	1	1

これは 1 の個数が 2 以上のとき真となっています（**多数決関数**）．

解答　まず，形式的に作成した論理和標準形による実現を示す．(以下見やすくするため，論理式の定義では許されていない中括弧等を使う.)

$$(\neg p \wedge q \wedge r) \vee (p \wedge \neg q \wedge r) \vee (p \wedge q \wedge \neg r) \vee (p \wedge q \wedge r)$$
$$= [\{(\neg p \wedge q) \vee (p \wedge \neg q)\} \wedge r] \vee \{(p \wedge q) \wedge (\neg r \vee r)\}$$
$$= [\{(\neg p \wedge q) \vee (p \wedge \neg q)\} \wedge r] \vee (p \wedge q)$$
$$= \{(\neg p \wedge q) \vee (p \wedge \neg q) \vee (p \wedge q)\} \wedge \{r \vee (p \wedge q)\}$$
$$= \{(\neg p \wedge q) \vee (p \wedge (\neg q \vee q))\} \wedge \{(p \wedge q) \vee r\}$$
$$= \{(\neg p \wedge q) \vee p\} \wedge \{(p \wedge q) \vee r\}$$
$$= \{(\neg p \vee p) \wedge (q \vee p)\} \wedge \{(p \wedge q) \vee r\}$$
$$= (p \vee q) \wedge \{(p \wedge q) \vee r\}.$$

最後の式を実現した回路図は，

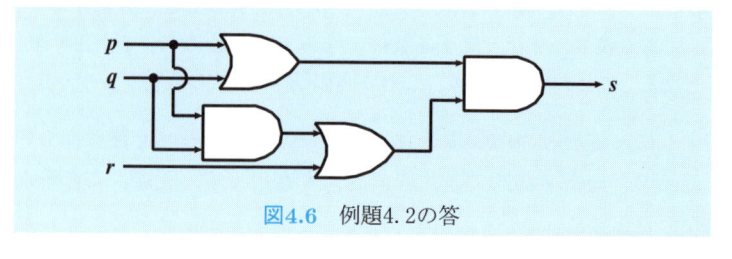

図4.6　例題4.2の答

別解 与式は p, q, r について対称だから，最後の結果もそうなるように変形してみると

$$= \{(p \vee q) \wedge r\} \vee \{(p \vee q) \wedge (p \wedge q)\}$$
$$= \{(p \vee q) \wedge r\} \vee (p \wedge q) \quad (意味を考えて縮約)$$
$$= (p \wedge r) \vee (q \wedge r) \vee (p \wedge q)$$

となり，確かに 3 者間の多数決を表している．この結果は，$\wedge$, $\vee$ の代わりに $\cap$, $\cup$ を用いて集合演算とみなし，ベン図で表すと，一目瞭然となる． □

問題 4.1 次の真理値を実現する回路を作れ．

(1)

p	q	r	?
0	0	0	0
0	0	1	1
0	1	0	0
0	1	1	1
1	0	0	1
1	0	1	0
1	1	0	0
1	1	1	1

(2)

p	q	r	?
0	0	0	1
0	0	1	0
0	1	0	0
0	1	1	0
1	0	0	0
1	0	1	1
1	1	0	1
1	1	1	0

(3)

p	q	r	?
0	0	0	1
0	0	1	1
0	1	0	1
0	1	1	1
1	0	0	1
1	0	1	0
1	1	0	0
1	1	1	0

問題 4.2 次のような動作をする論理回路を設計せよ．ただし，論理ゲートとして用いてよいものは AND, OR, NOT の三つだけで，各ゲートの入力線の数は標準的なものに限るものとする．
 (1) 入力線 2 本と出力線 1 本を持ち，二つの入力値が等しいとき 1 を，しからざるとき 0 を出力する．
 (2) 入力線 3 本と出力線 1 本を持ち，三つの入力値がすべて等しいとき 1 を，しからざるとき 0 を出力する．
 (3) 入力線 3 本と出力線 1 本を持ち，三つの入力値に含まれる 1 の個数が偶数のとき 0, 奇数のとき 1 を出力する (奇数パリティ回路，あるいは拡張 XOR 回路)．

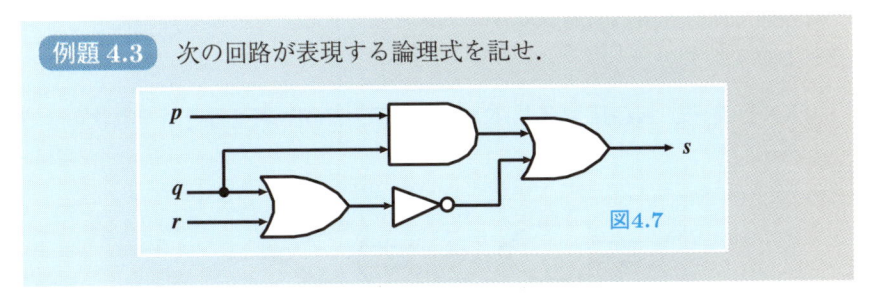

例題 4.3 次の回路が表現する論理式を記せ．

図4.7

解答 次図のように，各論理ゲートの出口に左から順に出力を表す論理式を書き込んでゆけば，自動的に最後の答 $p \wedge q \vee \neg(q \vee r)$ が分かる．

図4.8　例題4.3の説明図

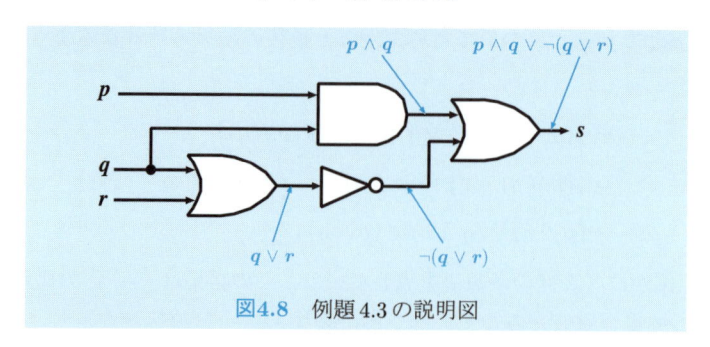

問題 4.3 次の論理回路の真理値表を書け．またそれが表現する論理式を与えよ．

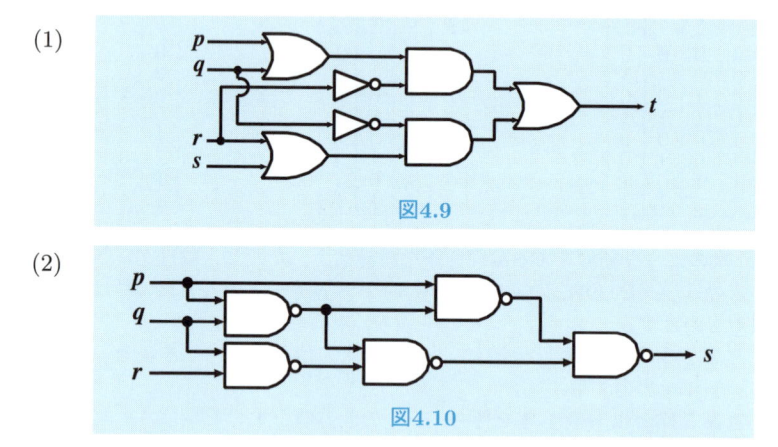

(1)

図4.9

(2)

図4.10

■ 4.2　NAND 素子，NOR 素子，負論理

この節では，実用に関連した特殊な論理ゲートと，対応する論理演算子を紹介しておきます．

【NAND 素子，NOR 素子】　NAND 素子，NOR 素子はそれぞれ次のようなものでした：

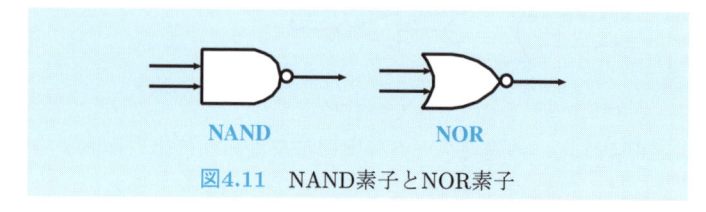

図4.11　NAND素子とNOR素子

4.2 NAND 素子，NOR 素子，負論理

尻尾の丸印は否定を表しており，NAND は NOT AND, NOR は NOT OR を縮めたものです．従って論理演算子による表現は，それぞれ次のようになります：

シェファーの縦棒演算 (Sheffer's stroke)　　　　パース[1]演算

$$p \mid q := \neg(p \land q)$$　　　　$$p \downarrow q := \neg(p \lor q)$$

$p\backslash q$	0	1
0	1	1
1	1	0

$p\backslash q$	0	1
0	1	0
1	0	0

補題 4.1 | だけですべての論理式が表せる．

証明 まず，次のように ¬ と ∧ がこれだけで表現できることに注意せよ：

$$\neg p \sim p \mid p, \quad p \land q \sim \neg(p \mid q) \sim (p \mid q) \mid (p \mid q).$$

しかるに ¬ と ∧ で何でも表現できるのであったから，これでどんな命題論理式も，| だけで表現できることが示された．　□

補題 4.2 ↓ だけですべての論理式が表せる．

証明 まず，¬ と ∨ がこれだけで表現できることを見る：

$$\neg p \sim p \downarrow p, \quad p \lor q \sim \neg(p \downarrow q) \sim (p \downarrow q) \downarrow (p \downarrow q).$$

¬ と ∨ でどんな論理式も表現できるので，これで示された．　□

結局，任意の論理回路は NAND だけの組合せで，または NOR だけの組合せで設計できるのです！ これは大量生産のコストを下げますが，論理式が長くなると，使われるゲートの数が増えて，逆にコスト増につながらないでしょうか？

例題 4.4 次の論理式を | だけ，および ↓ だけで表し，それぞれ NAND のみの回路（NAND 型回路），NOR のみの回路（NOR 型回路）で実現せよ．

$$p \land (q \lor \neg r)$$

解答 NAND 型回路：一つの入力を分岐させて同じゲートに入れるという技法で，回路が巨大化するのが防げます．

---

[1] 現代論理学の重要な先駆者の一人で，真理値表を導入した他，次章で出てくる限定子をフレーゲとは独立に導入し，いくつかの恒真式を発見した．

$$p \wedge (q \vee \neg r) = p \wedge \neg(\neg q \wedge r) = \neg(\neg(p \wedge \neg(\neg q \wedge r)))$$
$$= \neg(p \mid (\neg q \mid r)) = (p \mid (\neg q \mid r)) \mid (p \mid (\neg q \mid r))$$
$$= (p \mid ((q \mid q) \mid r)) \mid (p \mid ((q \mid q) \mid r)).$$

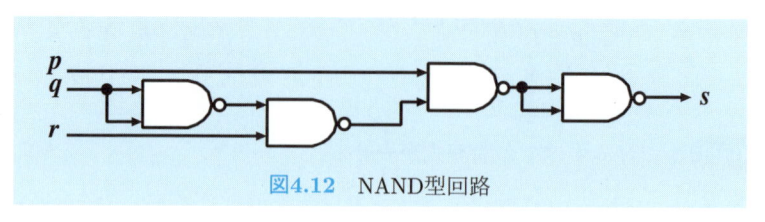

図4.12　NAND型回路

【別解】　$p \wedge (q \vee \neg r) = (p \wedge q) \vee (p \wedge \neg r) = \neg(\neg(p \wedge q) \wedge \neg(p \wedge \neg r)$
$$= \neg((p \mid q) \wedge (p \mid \neg r)) = ((p \mid q) \mid (p \mid (r \mid r))).$$

式はこちらの方が圧倒的に簡明ですが，回路図にすると次のようにほとんど変わらなくなるのが不思議ですね．

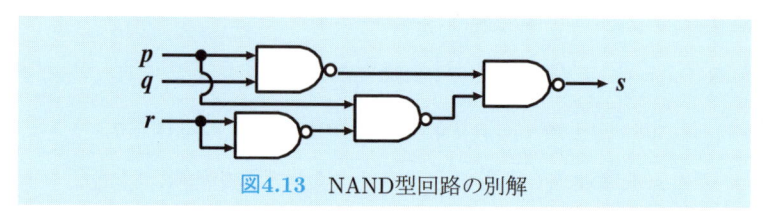

図4.13　NAND型回路の別解

NOR 型回路：　$p \wedge (q \vee \neg r) = \neg(\neg p \vee \neg(q \vee \neg r)) = \neg p \downarrow (q \downarrow \neg r)$
$$= (p \downarrow p) \downarrow (q \downarrow (r \downarrow r)).$$

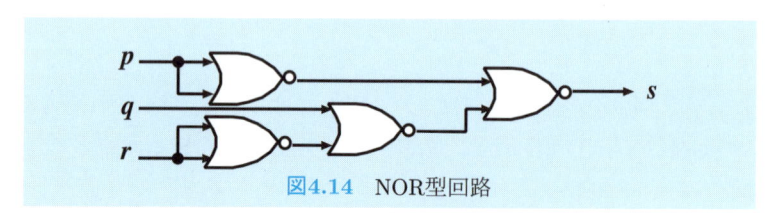

図4.14　NOR型回路

　上の結果は NAND 型回路も NOR 型回路も同数の素子になっていますが，これは，たまたまこの問題にそのような"対称性"が有ったからです．一般には必要な素子の数が両者で異なることは，例えば $\neg(p \wedge q)$ を考えれば分かります．いずれにせよ，論理式は長くなっても回路の長さはそれほどではないですね．

【負論理】　論理式のハードウェアによる実現は，普通は

4.2 NAND 素子，NOR 素子，負論理

$$1 = 高電圧, \quad 0 = 低電圧$$

のように，エネルギーの大小関係と $0, 1$ とが合っています．これを**正論理**と呼びます．パソコンでは信号の電位差として $3.3\,\mathrm{V}$ や $5\,\mathrm{V}$ や $12\,\mathrm{V}$ が使われています．これに対し，0 と 1 の対応が通常と逆のものを**負論理**の回路と呼びます．そのような回路で使われるゲートの例を示します．図の左側が専用の記号で，右側がそれと同等な既出の回路を表しています：

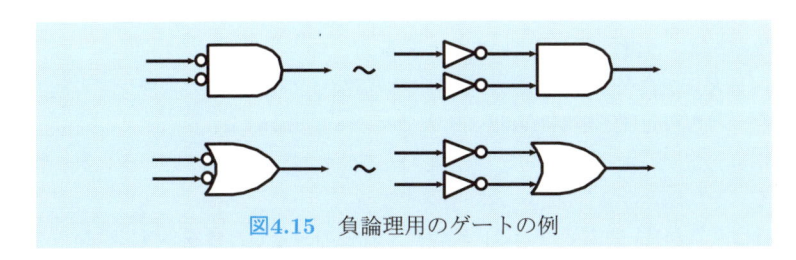

図4.15 負論理用のゲートの例

実際の回路では，正論理の入力信号に上付きバーを付けて負論理の入力信号要求を表します．理論的見地からは奇妙なものですが，負論理回路は半導体回路として作りやすいので，世の中では結構使われています．基本情報技術者試験にも出たことがあるので，受験する人は記号を見ても驚かないようにしておきましょう．

本書では回路を論理学の学習手段ととらえているので，演算子 $\wedge, \vee$ に相当する 2 入力線の AND, OR 素子だけを用いましたが，理論情報科学や実用設計では次のように複数の入力線を持つ素子も使われることを注意しておきます．

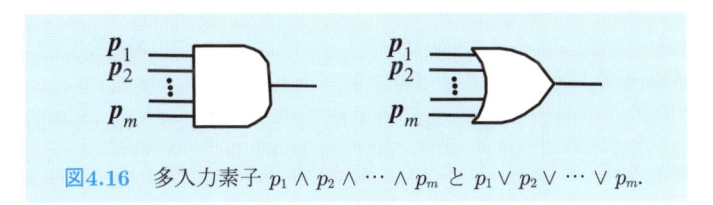

図4.16 多入力素子 $p_1 \wedge p_2 \wedge \cdots \wedge p_m$ と $p_1 \vee p_2 \vee \cdots \vee p_m$．

ただし，物理的には，$m = 8$ くらいが実現の限界だそうです．

問題 4.4 次の論理式を $|$（シェファーの縦棒）だけ，および $\downarrow$（パース演算）だけで表し，それぞれを NAND のみの回路，NOR のみの回路で実現せよ．

(1) $p \wedge (q \vee \neg r)$.　　(2) $p \to (q \wedge r)$.
(3) $p \to (q \to r)$.　　(4) $p \wedge q \to r$.

第4章 論理回路

問題 4.5 AND 1種類だけ，または OR 1種類だけでは，すべての論理式は表現できないことを証明せよ．［ヒント：AND のみから成る回路は，入力がすべて 1 のとき出力は何になるか？］

問題 4.6 二進 4 ビットの加法を実現する全加算器を設計せよ．

問題 4.7 次のようなキャロルの計画を表現する論理回路を設計せよ．ただし，入力線は，明日の天気，アリスの都合，ボブの都合の 3 本とし，出力線は四つの選択肢を 2 桁の二進数で表した結果の 2 本とする．"符号化"，すなわち，選択肢の二進数への割り当て方は，自由に決めてよいものとする．
 (1) 明日天気が良かったら，アリスとボブが暇なら，みんなでハイキングに行く．もし，どちらかに予定があれば，一人でバイトに出かける．
 (2) 明日天気が悪かったら，アリスの都合が良ければ，一緒にデパートに買い物に行く．それ以外の場合は，一人で宿題をやる．

("明日は天気が良い" というのは，現時点で真偽の確定した命題の例にはならないと第 3 章の始めに述べたが，明日になれば真偽どちらかに決まるので，このように一つの命題変数でそれを表現し，すべての可能性を議論しておくことは可能である．)

問題 4.8 (この問題は菅真紀子氏のお茶の水女子大学ホームカミングデーにおける講演から拝借しました．)
 (1) 三つの入力 p, q, r に対して三つの出力 $\neg p, \neg q, \neg r$ を与える論理回路を AND, OR, NOT 素子を用いて作れ．ただし，AND, OR はいくつ用いてもよいが，NOT は二つまでしか用いてはならない．［ヒント：$f(p,q,r) = p \land q \lor q \land r \lor r \land p$ と置くとき，$\neg f$ と $\neg(\neg f \land p \lor \neg f \land q \lor \neg f \land r \lor p \land q \land r)$ とからどんな式が作れるか調べよ．ベン図を用いると分かりやすい．］
 (2) 二つの入力 p, q に対して二つの出力 $\neg p, \neg q$ を与える論理回路を，同様に NOT 素子は一つだけで作ることが可能か？［ヒント：ただ一つの否定論理式は $\neg(p \lor q)$ でなければならないことをまず導け．］
 (3) (研究課題) 一般に $p_1, \ldots, p_n$ の入力に対して $\neg p_1, \ldots, \neg p_n$ を出力するような回路を作るには，NOT 素子は最低何個必要か？

問題 4.9 (研究課題) $p_1, \ldots, p_m$ の命題論理式が n 個の論理演算子を含むとき，これを NAND 型回路，あるいは NOR 型回路で実現するときに必要な素子の数を m, n を用いて評価せよ．

第5章

述語論理入門

述語論理については，後でやや本格的に1階の述語論理の解説をしますが，この章では，第3章の続きとして，大学において理系，特に数学や情報科学の初歩的な講義を普通に理解するとき必要となる程度の，述語論理の記号と議論の仕方をおさえておきます．

■ 5.1 素朴な述語論理の話

述語論理とは，述語を取り扱う論理学のことです．**述語** (predicate) とは，変数を含んだ命題のことを言い，$A(x)$ のように書かれます．命題論理の命題と異なり，そのままでは真偽が定まっていませんが，x の値を決めると，ただの命題となって真偽どちらかに定まります．x がどんな値を取るかにより，述語の真偽は変わり得ます．この意味で，述語とは，真偽（$\{0,1\}$）の2値のみを取る関数ともみなせます．

【**限定子 $\forall$ と $\exists$**】 述語を用いて論理式を作るときは，**限定子**（quantifier，束縛記号，量化記号などとも訳されます），すなわち，

　　全称記号 (universal quantifier) $\forall$，　　**存在記号** (existential quantifier) $\exists$

が新たに導入されます．これらの使い方は次の通りです：

☆ $p = \forall x\ A(x)$：すべての x に対して $A(x)$ である，すなわち，x をどのように選んでも $A(x)$ は真である，という主張です．

☆ $p = \exists x\ A(x)$：ある x に対して $A(x)$ となる，すなわち，x としてある適当な選び方をすると $A(x)$ は真となる，という主張です．そのような x が少なくとも一つ存在するとき，この命題全体は真となります．

上で p と置いたものを中まで分解せずに一まとまりとして扱えば，命題論理の命題変数となります．命題論理では命題変数の中身には言及しないと言いましたが，抽象的な命題変数を組み合わせているだけでは，その表現能力と適用

範囲には限界があります．しかし本格的に命題の中まで踏み込んでしまっては，論理学はあらゆる分野を相手にしなければならなくなってしまいます．述語論理は，変数と限定子の相互関連的な振舞に限って命題の中身に立ち入ることで，考察の対象と表現能力を増そうとするものです．**述語論理式** (logical formula) の正確な定義は第 9 章で与えますが，ここではとりあえず，述語と限定子の組合せで作られた論理式のことであるとしておきましょう．

【自由変数と束縛変数】 "$\forall x\, A(x, y)$" という述語論理式において，外側で限定された x は**束縛変数** (bound variable)，そうでない y は**自由変数** (free variable) と呼ばれます．

束縛変数にはどんな記号を用いても全体としての意味は変わりません．これはちょうど，和 $\sum_{k=0}^{n} f(n,k)$ が $\sum_{l=0}^{n} f(n,l)$ と全く差がなく，定積分 $\int_{0}^{x} f(t)dt$ において t の代わりにどんな変数記号を用いてもよいのと同じことです．

【述語論理式の例】 普通の数学で使われる，変数を含んだ命題を述語論理式として表す練習をしてみましょう．

例 5.1 (1) $A(x) =$ "$x < 2$"，$B(x) =$ "$x < 3$" と取ると，論理式

$$\forall x\, (A(x) \to B(x)) \tag{5.1}$$

は（少なくとも x が実数の集合を動くとき），これらに対しては正しい．しかし，両者の割当てを逆にすると正しくない命題となります．従って (5.1) は述語論理式としては真にも偽にもなり得るものです．

(2) 現れる変数は自然数のみを取りうるものとするとき，$\exists z\, (y = xz)$ は，x が y を割り切ること，あるいは x が y の因数であることを表しています．整数論では，これを $x \mid y$ という述語で略記します．更に，$\neg(x \mid y)$ を $x \nmid y$ と略記します．もとの式は，自然数の範囲でも x, y が指定されなければ真偽が定まらない論理式ですが，更に x, y, z を実数の範囲で動かしてしまうと，つまらない命題になってしまうという意味でも，有用性も定まっていない式と言えます．これを更に抽象化すれば，

$$\exists z\, A(x, y, z) \tag{5.2}$$

という論理式になるでしょう．

(3) $\forall \varepsilon > 0 \; \exists n_0 \quad \text{s.t.} \quad n \geq n_0 \implies |a_n - a| < \varepsilon$

これは，数学風に書いたコーシーによる数列の収束の定義です．ただし，n で始まる変数記号は自然数の値を取るものと暗黙に仮定しています．もっと述語論理式っぽく書き直せば，

$$\forall \varepsilon \; (\varepsilon > 0 \to \exists n_0 \; (\forall n \; (n \geq n_0 \to |a_n - a| < \varepsilon))).$$

非常に複雑ですが，一つ目の $\to$ の前件（左側）を $A(\varepsilon)$，後件（右側）を $B(\varepsilon)$ と略記すれば，大きな構造は (1) の論理式 (5.1) と同じになります．また，それぞれの中味をもう少し分析すれば，

$$\forall x \; (A(x) \to \exists y \; (\forall z \; (B(y,z) \to C(x,z)))) \tag{5.3}$$

という構造をしているともみなせます．これも真偽の定まらない述語論理式です．もとの主張も，数列 a_n が何かにより真にも偽にもなります．

(4) 同じく自然数に対して

$$(p \neq 1) \wedge (\forall n \; (n > 1 \wedge n < p \to n \nmid p))$$

は p が素数であることを表しています（第 1 章脚注の素数の定義参照）．

(5) 変数はすべて整数値を取るものとして，

$$\forall n, x, y, z \; (n \geq 3 \wedge xyz \neq 0 \; \to \; x^n + y^n \neq z^n).$$

ここで $\forall n, x, y, z$ は，数学でよく使われる $\forall n \forall x \forall y \forall z$ に対する略記法です．これは，$n \geq 3$ のとき $x^n + y^n = z^n$ が $y = 0$，$x = z$ のように自明なもの以外に整数解を持たないことを述べたものです（フェルマー予想またはワイルズの定理）．

🐰 上の例でも出てきましたが，論理式の表現としては $\forall x \; (A(x) \to B(x))$ のように書かねばならないところを，数学ではよく $\forall x$ s.t. $A(x) \; (B(x))$ のような書き方をします．$\forall n \in \boldsymbol{N}$ や $\forall \varepsilon > 0$ などは，これを状況に応じて更に簡略化したものとみなせます．このように，動く範囲に条件が付いている限定子は論理学でも使われ，**制限された限定子** (bounded quantifier) と呼ばれます．

一般に，整数係数の多項式を 0 と置いたものは**不定方程式**あるいは**ディオファントス方程式**と呼ばれ，$x^n + y^n = z^n$ はその最も有名な例です．例 5.1 (5) の主張は，1994 年にワイルズにより証明されるまでは，真偽が不明の命題でした．もし第 2 章の冒頭で述べたように，真か偽かのどちらかに定まっているものだけが命題だとすれば，これはこの年を境に論理学の命題の例として使えるようになったという訳です．しかし第 3 章で例示した "明日は雨である" と違い，この主張は，人間がその真偽を知ろうが知るまいが述語論理式としては意味があり，かつそれは真か偽のいずれかに決まっているはずじゃないでしょうか？ いやいや，次の例を見ると，本当にそう言えるのか不安になるでしょう．

例 5.2（マチヤセビッチ）パラメータ a を含むある n 変数の整数係数多項式 $P(a, x_1, \ldots, x_n)$ で，以下の性質を持つものが存在する：

> $x_1, \ldots, x_n$ の方程式 $P(a, x_1, \ldots, x_n) = 0$ が整数の解を持つかどうかを判定する有限ステップのアルゴリズムで，任意の入力値 a に対して答えられるようなものは存在しない．

これは，決定問題の例として有名な，"不定方程式の解法アルゴリズムを与えよ" という，ヒルベルトの第 10 問題に対して否定的解決を与えるものでした．フェルマーの問題は，n を 3，a を n とした場合の上の形の方程式の例となっている（自明解を排するための条件 $xyz \neq 0$ は第 3 章の問題 3.8 (p.46) の技法で方程式の本体と合併できる）ので，運が悪ければ，すべての n について永遠に解があるかないか調べ続けなければいけなかった可能性が有ったわけで，解決できたのは幸運だったとも言えます．

これらの例から分かるように，変数がどの範囲を動けるかによって，述語論理の表現力は大きく異なります．一般の数学を表現するには，変数は無限集合，ときには命題の集合の中を動かなければなりませんが，あまり無制限に動かすのは危険です．(いわゆるパラドックスに遭遇する恐れが有ります．)

古典述語論理学では変数の動く範囲を予め決められた集合（**対象領域**）の元に限るのが普通です．これを **1 階の述語論理**と呼びます．これに対して，変数の取る値が述語にもなり得るようなものは 2 階の述語論理と呼ばれる，もう 1 段高級な論理学になります．

問題 5.1　自然数 m, n が互いに素であることを述語論理式で表せ．［ヒント：答は一通りではない．］

問題 5.2　数学では，"条件 $A(x)$ を満たす x がただ一つ存在する" ことを，しばしば $\exists! x\, A(x)$ とか $\exists 1 x\, A(x)$ と書く．これを通常の限定子 $\exists, \forall$ を用いて表現してみよ．

5.2　述語論理式の否定

$\forall x\, A(x)$ の否定は，$\exists x\, \neg A(x)$ です．日常の言葉では，"すべての x について $A(x)$ である" の否定は

　　"ある x については $A(x)$ でない"，

または

　　"すべての x について $A(x)$ とは限らない"．

これを普通の自然言語の文法では，**部分否定** (partial negation) と呼びます．これをうっかり

　　"すべての x について $A(x)$ ではない"

と書くと，通常の日本語の解釈では $\forall x\, \neg A(x)$，すなわち全面否定となってしまうので，十分注意しなければなりません．特に，日本語には部分否定を表す確定した文法が存在しないので，表現には細心の注意が必要です．英語では not を使うと部分否定となる約束です：

　　All flowers are not beautiful.

は，普通の解釈では部分否定です．

　　Not all flowers are beautiful.

と同じで，後の方が部分否定であることははっきりします．本当にどの花も美しくない場合は，下に述べる全面否定の書き方を用いなければなりません．

$\exists x\, A(x)$ の否定は $\forall x\, \neg A(x)$，つまり**全面否定** (total negation) です．日本語では，

　　"x が何かによらず $A(x)$ とならない"

英語では no を使うと全面否定となります：

　　No flowers are beautiful.

🗨　日本人には奇異な感じがしますが，このように no，つまり空集合は複数形の名詞や動詞で受けるのが普通です．

一般の述語論理式の否定は，この二つの公式と，命題論理における論理式の否定の作り方を組み合わせれば得られます．

🐭　一般に制限された限定子の書き方による論理式 $\forall x$ s.t. $A(x)$ $(B(x))$ の否定は，$\exists x$ s.t. $A(x)$ $(\neg B(x))$ です．実際，普通の論理式の表現 $\forall x\ (A(x) \to B(x)) \equiv \forall x\ (\neg A(x) \vee B(x))$ に直して否定を取れば，$\exists x\ (A(x) \wedge \neg B(x))$ となりますが，これは，上の式の普通の論理式による表現と解釈されるものです．このことに注意すると，例えば，$\forall x > 0\ f(x) > 0$ の否定は，$\exists x > 0\ f(x) \leq 0$ のように機械的に作れます．ここで $f(x) \leq 0$ は，$\neg(f(x) > 0)$ を数学的に解釈して書き直したものです．

> **例題 5.1**　次の主張の否定を作れ：
> (1) $A \subset B$　（この否定は通常 $A \not\subset B$ と書かれますが，その意味を述語論理の記号を用いて詳しく書いてください．）
> (2) どんなに沢山勉強しても，必ず勉強した範囲では解けない問題が出る．
> (3) $\forall \varepsilon > 0\ \exists \delta > 0\ \forall x\ (|x-a| < \delta \to |f(x) - f(a)| < \varepsilon)$
> 　（これは関数 $f(x)$ が点 $x = a$ において連続であることを述べたものですが，微積分でこのような書き方，すなわち ε-δ 論法を学んでいなくても，内容を理解せずに形式的に解答できます．）

解答　(1) $A \subset B$ は $\forall x\,(x \in A\ \to\ x \in B)$ のことであったから，否定命題の作り方の処方により

$\exists x\ \neg((x \in A) \to (x \in B))$　　あるいは更に　　$\exists x\ ((x \in A) \wedge (x \notin B))$

となる．（$A \to B \equiv \neg A \vee B$ の否定は $A \wedge \neg B$ であったことを思い出そう．）
(2) ある程度（沢山）勉強すれば，出される問題は必ず勉強した範囲で解ける．これは日常的な推論でも分かるだろうが，あえて記号化すれば，次のようになるであろうか．学生の勉強量を表す変数 x に対して，それで解けるようになった問題の集合を $A(x)$，および，出題者の気分を表す変数を y とし，そのときの出題の集合を $B(y)$ で表すと，もとの命題は $\forall x\ \exists y\ B(y) \not\subset A(x)$ で表現される．よってその否定は $\exists x\ \forall y\ B(y) \subset A(x)$ となり，これを解釈すれば上述のようになる．意地悪な出題者が学生の勉強ぶりを見て出題を調整することも考えられるが，$\forall x\ \exists y$ の順序は，"y が x に依存して変化し得る" ことを含んでいるので，$B(y)$ を $B(x,y)$ とする必要はない．

(3) 制限された限定子付きの述語論理式の否定の作り方について上に述べた注意を用いると，$\exists \varepsilon > 0 \; \forall \delta > 0 \; \exists x \; (|x-a| < \delta \wedge |f(x) - f(a)| \geq \varepsilon)$ となる．この問題はこの主張の数学的な内容を知らなくても，否定の作り方を形式的に適用すればできる．（ただし，$|f(x) - f(a)| < \varepsilon$ の否定命題は数学的に解釈すると $|f(x) - f(a)| \geq \varepsilon$ となることだけは用いた．）微積分で ε-δ 論法を習っている人は，答を形式的に求めた後で，その意味するところの理解を試みるのは，論理的思考の良い訓練となるでしょう． □

5.3 述語論理式の意味付けと恒真式

【コネの問題再論】 例題 3.6 (1)（p.46）を再考してみます．命題論理として解釈した解答は次のようなものでした：『コネが有れば就職できる』の否定は，『コネが有るのに就職できない』．これを形式化すれば，$p \to q$ の否定が $p \wedge \neg q$ となるのでした．述語論理として解釈した解答は次の通りです：『どんな学生でもコネが有れば就職できる』の否定は，『学生によってはコネが有っても就職できないやつがいる』，となります．記号で書くと，$P(x)$ は "学生 x がコネを持つ"，$Q(x)$ は "学生 x が就職できる" という述語として，$\forall x \, (P(x) \to Q(x))$ の否定は，$\exists x \, (P(x) \wedge \neg Q(x))$．この方が真実に近いですね．

【述語論理式の意味付け】 以上に見てきたように，述語論理の表現力は命題論理のそれとは比較にならないほど豊かです．しかし，その豊かさの故に，述語論理の論理式の取扱いは，命題論理のそれに比べて格段に難しくなります．特に，述語に何を割り当てるかが無限の可能性を持つので，命題論理のときのように，恒真式かどうかを真理値表で調べるのは，有限回の操作では不可能になります．例えば，$(A(x) \to B(x)) \to \neg A(x)$ という述語論理式の $A(x)$ には，"$x > 1$" を割り当ててもよいし，"x は 3 角形である" を割り当ててもよいし，"x は就職できる" を割り当ててもよい訳で，このそれぞれについて，x が動く範囲は異なるものになります．このように真偽の判定ができるところまで具体化することを，述語論理式の**解釈**と呼びます．この概念の正確な定義は後に第 9 章で再論しますので，今は直観的に理解しておきましょう．

閉じた論理式，すなわち自由変数を含まない論理式については，解釈を一つ定めると命題論理の論理式に相当するものとなり，真偽の判定が可能になります．

ただし，A が自由変数を含むときは，A の閉包，すなわち，自由変数のすべてに $\forall$ をつけて A の前に置いたもの A^* の真偽をもって A の真偽と定めます．

🐱 これは数学における次のような慣習と整合しています：例えば，ある代数系 A における左分配律を表現するのに，$\forall a \in A\ \forall b \in A\ \forall c \in A\ \ a(b+c) = ab + ac$ と書かねばならないところを，普通は単に $a(b+c) = ab + ac$ だけで済ませています．

【基本的な恒真式】 命題論理のときと同様，任意の解釈に対して真となる論理式は，恒真式 (valid formula) と呼ばれます．以下に基本的な恒真式を列挙します．形式論理の体系によっては公理となるものも含まれています．なお，記号 $A[y/x]$ は A に含まれるすべての x を y で置き換える（x に y を代入する）操作を表しています（正確な議論は第 9 章参照）．また，以下の式において，$\forall x$ や $\exists x$ は，他の論理演算子よりも結び付きが強いので，例えば最初の式 $\forall x\, A \equiv A$ は $(\forall x\, A) \equiv A$ の意味であって，$\forall x\, (A \equiv A)$ の意味ではありません[1]．

(1) （無駄な限定子の除去）A が x を自由変数として含まないとき，
   $\forall x\, A \equiv A, \quad \exists x\, A \equiv A$.

(2) （束縛変数の取替え）y を A には現れない変数とするとき，
   $\forall x\, A \equiv \forall y\, A[y/x], \quad \exists x\, A \equiv \exists y\, A[y/x]$.

(3) （限定子の $\wedge$ の前への括り出し）A が x を自由変数として含まないとき，
   $A \wedge \forall x\, B \equiv \forall x\, (A \wedge B), \quad A \wedge \exists x\, B \equiv \exists x\, (A \wedge B)$.

(4) （限定子の $\vee$ の前への括り出し）A が x を自由変数として含まないとき，
   $A \vee \forall x\, B \equiv \forall x\, (A \vee B), \quad A \vee \exists x\, B \equiv \exists x\, (A \vee B)$.

(5) （限定子の $\wedge$ の前への括り出し）
   $\forall x\, A \wedge \forall x\, B \equiv \forall x\, (A \wedge B), \quad \exists x\, (A \wedge B) \to (\exists x\, A \wedge \exists x\, B)$.

(6) （限定子の $\vee$ の前への括り出し）
   $\forall x\, A \vee \forall x\, B \to \forall x\, (A \vee B), \quad \exists x\, A \vee \exists x\, B \equiv \exists x\, (A \vee B)$.

(7) （同種の限定子の順序交換）
   $\forall x\, \forall y\, A \equiv \forall y\, \forall x\, A, \quad \exists x\, \exists y\, A \equiv \exists y\, \exists x\, A$.

(8) $\exists x\, \forall y\, A \to \forall y\, \exists x\, A$.

---

[1] この慣習は数学における括弧の省略の仕方と少しずれていることがあるので注意しましょう．論理記号の結び付きの強さについては第 9 章で論理式の定義とともに厳密に与えます．

5.3 述語論理式の意味付けと恒真式

(9) $\forall x\, A \to \exists x\, A$.

(10) (**限定子と否定演算子の順序交換**)
$\neg \forall x\, A \equiv \exists x\, \neg A, \quad \neg \exists x\, A \equiv \forall x\, \neg A$.

(11) (**限定子の $\to$ の前への括り出し**) A が x を自由変数として含まないとき，
$A \to \forall x\, B \equiv \forall x\, (A \to B), \quad A \to \exists x\, B \equiv \exists x\, (A \to B)$.

(12) (**限定子の $\to$ の前への括り出し**) B が x を自由変数として含まないとき，
$\forall x\, A \to B \equiv \exists x\, (A \to B), \quad \exists x\, A \to B \equiv \forall x\, (A \to B)$.

(13) $\exists x\, (A \to B) \equiv \forall x\, A \to \exists x\, B$.

(14) $\forall x\, (A \to B) \to (\forall x\, A \to \forall x\, B)$.

(15) $\forall x\, (A \to B) \to (\exists x\, A \to \exists x\, B)$.

完全に形式的な論理学の証明の紹介は後回しにし，とりあえずはこれらの論理式の正しさを納得させるような，ナイーヴな証明の例を示しましょう：

〔(8) の確認〕 左辺が真のとき右辺も真となることを言えばよい．$\exists x \forall y\, A$ が真なら，これを真とする定数 $x = c$ を一つ選べば，A に含まれるすべての x に c を代入したもの $A[c/x]$ については $\forall y\, A[c/x]$ が真．従って $\forall y \exists x\, A$ は y が何であっても $x = c$ に対して A が真となるから，真．

🐭 逆は成立しない．$\forall y \exists x\, A$ が真でも，各 y に対して $\exists x\, A$ を真とする x は一般には y に依存し，一定の元 c には取れないからである．具体的な反例を作ってみよ．

〔(12) の一つ目の確認〕 左辺が真とすると $\forall x\, A$ が偽か，あるいは B が真である．$\forall x\, A$ が偽なら，$\exists x$ について A は偽，従ってこのような x に対して $A \to B$ は真となる．他方，B は x を含まないので，B が真なら $\forall x$ に対して $A \to B$ は真となる．以上により，左辺 $\to$ 右辺 は恒真．

逆に，右辺が真なら，$\exists x$ について $A \to B$ が成立．i.e. A が偽か，B が真．前者のときは $\forall x\, A$ が偽となるので，左辺は真．後者のときも左辺は真．以上により 右辺 $\to$ 左辺 は恒真．

例題 5.2 (5) と (6) を証明し，違いを述べよ．

解答 〔(5) の一つ目〕 左辺が真なら，$\forall x$ について A も B も真，従って右辺も真．逆も同様．

〔(5) の二つ目〕左辺が真なら，$\exists c$ に対し，$(A\wedge B)[c/x] = (A[c/x])\wedge(B[c/x])$ は真．従って $A[c/x]$ も $B[c/x]$ も真．すなわち $\exists x\,A$ も $\exists x\,B$ も真．

逆は必ずしも成り立たない．実際，$\exists x\,A$ と $\exists x\,B$ のそれぞれを真とする x が共通に取れるとは限らないので．右辺が真でも $\exists x(A\wedge B)$ とは言えないから．

〔(6) の一つ目〕左辺が真なら $\forall x\,A$ か $\forall x\,B$ のどちらかが真．前者が真なら，もちろん $\forall x(A\vee B)$ も真．後者でも同様．

この場合，逆は成り立たない．その理由は，右辺が真でも，各 x に対して真となるのが A の方なのか B の方なのか変化して一定ではない可能性があるので，$\forall x\,A$ も $\forall x\,B$ も成り立つとは限らない．

〔(6) の二つ目〕左辺が真なら，$\exists x\,A$ か $\exists x\,B$ のどちらかが真．前者が $x=c$ で真とすると，$A[c/x]$ が真より $(A\vee B)[c/x] = (A[c/x])\vee(B[c/x])$ も真となり，従って右辺は真．後者のときも同様．

逆に右辺が真なら，ある $x=c$ で $A\vee B$ が真，従ってこの c に対して A か B が真となり，左辺も真．　□

🐘 (15) $\forall x\,(A\to B)\to (\exists x\,A\to \exists x\,B)$ は 直前の (14) との対比で左辺も $\exists x$ にした方がきれいに見えるし，$\forall x(A\to B)\to \exists x\,(A\to B)$ なので，公式としてはこっちの方が基本的じゃないかと思う人が居るかもしれませんが，実はそう書き替えた式 $\exists x\,(A\to B)\to (\exists x\,A\to \exists x\,B)$ は恒真式ではありません．例えば，次のような反例があります：$A(x) = "x<3"$, $B(x) = "x+1<1"$, x は自然数を動くとすると，$\exists x\,(A\to B)$ は $x=3$ で $A\to B$ が真なので真だが，$\exists xA\to \exists xB$ は偽．

問題 5.3 次のナイーヴな述語論理的主張の否定を作れ．
(1) どんなに貢いでも，彼女は満足してくれない．
(2) 年をとれば，誰でも頭は白くなり，記憶力も衰えるものだ．
(3) $\forall x\in[0,1]\,\forall\varepsilon>0\,\exists\delta>0\,\forall y\in[0,1]\,(|x-y|<\delta\to|f(x)-f(y)|<\varepsilon)$
　　（関数 f が区間 $[0,1]$ の各点で連続）
(4) $\forall\varepsilon>0\,\exists\delta>0\,\forall x\in[0,1]\,\forall y\in[0,1]\,(|x-y|<\delta\to|f(x)-f(y)|<\varepsilon)$
　　（関数 f が区間 $[0,1]$ 上一様連続）
(5) $\forall x\in[0,1]\,\forall\varepsilon>0\,\exists n_0\in\boldsymbol{N}\,(n\geq n_0\to|f_n(x)-f(x)|<\varepsilon)$
　　（関数列 $f_n(x)$ が区間 $[0,1]$ の各点で $f(x)$ に収束）
(6) $\forall\varepsilon>0\,\exists n_0\in\boldsymbol{N}\,\forall x\in[0,1]\,(n\geq n_0\to|f_n(x)-f(x)|<\varepsilon)$
　　（関数列 f_n が区間 $[0,1]$ 上 $f(x)$ に一様収束）

問題 5.4 本節で示した恒真式のリスト中で，証明されなかったものの証明を試みよ．

第6章
冪集合・特性関数・2項演算

この章では，集合の取扱いに関して，これまでのものよりもう少し高級な概念と記号を学びます．これらの記法は普通の数学で使われるものですが，1階述語論理を厳密に展開するときにも必要となります．

■ 6.1 一般の添え字集合を持つ集合族

添え字付けされた集合の族 (indexed family of sets) については，今まで出てきたものは

$$X_1, X_2, \ldots, X_n$$

程度でした．これは，

$$X_j, \ j = 1, 2, \ldots, n \quad \text{あるいは更に} \quad X_j, \ j \in \{1, 2, \ldots, n\}$$

などと書くことができます．ここで，$\{1, 2, \ldots, n\}$ を **添え字集合** (index set) と呼びます．これはただちに次のように一般化することができます：

$$X_1, X_2, \ldots \quad \text{あるいは} \quad X_j, \ j = 1, 2, \ldots \quad \text{あるいは} \quad X_j, \ j \in \boldsymbol{N}$$

ここまで書き直すと，もはや $\boldsymbol{N}$ を更に一般の無限集合に換えるのは容易なことでしょう：

$$X_\lambda, \ \lambda \in \Lambda$$

【集合族に対する集合演算】 このような集合の族に対して，合併，共通部分，直積などの集合演算を拡張してみましょう．

(i) **集合の合併**：$A_j \subset X, j = 1, \ldots, n$ の **合併** は，高校では

$$A_1 \cup \cdots \cup A_n$$

と書いていたと思います．これを，ちょうど，和を $\sum$ 記号を用いて略記する要

領で

$$\bigcup_{j=1}^{n} A_j \quad \text{あるいは} \quad \bigcup_{j\in\{1,2,\ldots,n\}} A_j$$

と書くことができます．後者の書き方は，直ちに無限集合も許した添え字の集合 Λ に対応する集合族に一般化でき，X の部分集合の族 $A_\lambda \subset X$, $\lambda \in \Lambda$ の**和集合**，あるいは**合併**

$$\bigcup_{\lambda\in\Lambda} A_\lambda := \{x \in X \,;\, \exists \lambda \in \Lambda \text{ に対し } x \in A_\lambda\}$$

が定義されます．この右辺がこの左辺の記号で表された，和集合の厳密な定義です．

例 6.1 写像の像と逆像を，無限個の集合の和集合として表すと，

$$f(A) = \bigcup_{a\in A} \{f(a)\}, \qquad f^{-1}(B) = \bigcup_{b\in B} f^{-1}(b).$$

ここで $f^{-1}(b)$ は $f^{-1}(\{b\})$ の略記としています．従って，b の逆像がただ一つであるときも，それを集合として扱っています．これに対して，$f(a)$ は一つの元という解釈なので，集合にするために { } を付けています．なお，後者は互いに共通部分を持たないような部分集合への**分割**，あるいは**直和**(disjoint union) となっていますが，前者はそうではありません．

(ii) **集合の共通部分**： $A_j \subset X$, $j = 1, \ldots, n$ の共通部分についても同様で，

$$A_1 \cap \cdots \cap A_n \quad \text{は} \quad \bigcap_{j=1}^{n} A_j \quad \text{あるいは} \quad \bigcap_{j\in\{1,2,\ldots,n\}} A_j$$

と書くことができます．これは X の部分集合の族 $A_\lambda \subset X$, $\lambda \in \Lambda$ の**共通部分**

$$\bigcap_{\lambda\in\Lambda} A_\lambda := \{x \in X \,;\, \forall \lambda \in \Lambda \text{ に対し } x \in A_\lambda\}$$

に一般化できます．

例 6.2 (1) $\mathcal{E} = \{0 < \varepsilon < 1/2\}$ を添え字集合とする，実数直線上の閉区間 $I_\varepsilon := [\varepsilon, 1-\varepsilon]$ の族に対しては，

6.1 一般の添え字集合を持つ集合族

$$\bigcup_{\varepsilon \in \mathcal{E}} I_\varepsilon = \,]0,1[$$

となります．ここで，$]0,1[$ は開区間 $(0,1)$ を表すためにブールバキが導入した記号です．この奇妙な記号は，普通の記法 $(0,1)$ を直積集合の元と区別するために考え出されたもので，区間の両端は，それぞれその隣の区間に含まれていると思えば，角括弧が反対を向いている感じがつかめるでしょう．本書では，第11章までは開区間にこの記号を使い，第12章の位相空間論に入ったら，$(0,1)$ に戻すことにします．

(2) 同じ族に対して，

$$\bigcap_{\varepsilon \in \mathcal{E}} I_\varepsilon = \left\{\frac{1}{2}\right\} \qquad (1\,\text{点より成る集合})$$

例 6.3 平面内のあらゆる円板が成す族は，

$$C_{(a,b),r} := \{(x,y)\,;\,(x-a)^2 + (y-b)^2 < r^2\}, \qquad (a,b) \in \mathbf{R}^2,\ r > 0$$

と書けます．この場合の添え字集合は $\Lambda = \mathbf{R}^2 \times \mathbf{R}^+$ です．ここで，実は $r > 0$ を任意に固定し，(a,b) を有理点，すなわち，座標が有理数の点だけに限っても

$$\bigcup_{(a,b) \in \mathbf{Q}^2} C_{(a,b),r} = \mathbf{R}^2.$$

これは，(微積分で習った人も多いでしょうが) 第14章で定義を学ぶ有理点の"稠密性"を表現しています．

例題 6.1 次はどんな集合になるか？

(1) $\displaystyle\bigcup_{0 < a < 1} \,]0,a[$

(2) $\displaystyle\bigcap_{0 < a < 1} \,]0,a[$

(3) $\displaystyle\bigcup_{a > 0} \{(x,y) \in \mathbf{R}^2\,;\,(x-a)^2 + (y-a)^2 = a^2\}$

解答 (1) $]0,1[$ となる．実際，問題の集合が $]0,1[$ に含まれることは明らか．逆に，a 自身は 1 にはなり得ないが，$0 < \forall x < 1$ は $x < a < 1$ なる a を取れば $]0,a[$ に含まれるので，結局この集合は $]0,1[$ を含む．

(2) $\emptyset$ となる. 実際, $\forall x > 0$ に対し, $0 < a < x$ を取れば, $x \notin]0, a[$ なので, 結局この集合には何も含まれない.

(3) 第1象限に x 軸, y 軸の正の部分を合併したもの. (原点は含まれないことに注意.) これは, この集合の任意の点を通って, 問題の条件にあるような, すなわち, $y = x$ 上に中心を持ち, x 軸と y 軸に接するような, 円が必ず描けることから分かる. □

(iii) **直積（デカルト積）**: いくつかの集合 $X_j, j = 1, \ldots, n$ の**直積**, あるいは, **デカルト積**は,

$$X_1 \times \cdots \times X_n = \prod_{j=1}^{n} X_j := \{(x_1, \ldots, x_n) \,;\, x_1 \in X_1, \ldots, x_n \in X_n\}$$

と書かれ, 定義されます. これは第2章で学んだ $n = 2$ のときの直積の自然な拡張になっています. ここで, $\prod$ はギリシャ文字 π の大文字で, 積の英語である product の頭文字に由来する記号です. 普通の数の積に対しても, $x_1 \cdots x_n = \prod_{j=1}^{n} x_j$ のように用いられます. $X_j = X$ がすべて等しいときは, 上を X^n と記します. これも数の積と同様の記法です.

上は,

$$\prod_{j \in \{1, 2, \ldots, n\}} X_j$$

とも書くことができ, これは直ちに, 集合族 $X_\lambda, \lambda \in \Lambda$ の**直積**へと一般化されます:

$$\prod_{\lambda \in \Lambda} X_\lambda := \{(x_\lambda) \,;\, \forall \lambda \in \Lambda \text{ に対し } x_\lambda \in X_\lambda\}$$

$X_\lambda = X$ がすべて等しいときは上を X^Λ と記します. 冪乗の意味は今までの知識では説明できないものなので, 当座は有限集合族の場合の類推から出た単なる形式的な記号と思ってください. 最初に挙げた X^n は $\Lambda = \{1, 2, \ldots, n\}$ に対する X^Λ の略記とみなすので, 形式的には少し異なる記号法になっています. $n = 2$ のとき既に注意したように, デカルトが平面に座標を入れるときに, 平面を $\boldsymbol{R} \times \boldsymbol{R} = \boldsymbol{R}^2$ とみなしたのが, 集合の直積という概念の始まりです. なので, すべての因子が共通の集合の直積の方が歴史的には先に出て来たのです.

例 6.4 数ベクトル空間の記号 $\boldsymbol{R}^n$, $\boldsymbol{F}_2^n$ などはこの例です．数学では n を無限大にしたものも実際に使われます．

$X_\lambda, \lambda \in \Lambda$ を集合族，$A_\lambda \subset X_\lambda, \lambda \in \Lambda$ をその部分集合の族とするとき，明らかに

$$\prod_{\lambda \in \Lambda} A_\lambda \subset \prod_{\lambda \in \Lambda} X_\lambda$$

となります．これは，直積集合の部分集合の中で特別な形をしたものとなっており，**柱状集合** (cylindrical set) とも呼ばれます．

$B_\lambda \subset X_\lambda, \lambda \in \Lambda$ をもう一つの部分集合の族とするとき，直積同士の共通部分は $\prod_{\lambda \in \Lambda} A_\lambda \cap \prod_{\lambda \in \Lambda} B_\lambda = \prod_{\lambda \in \Lambda} (A_\lambda \cap B_\lambda)$ なので再び柱状集合となりますが，合併集合 $\prod_{\lambda \in \Lambda} A_\lambda \cup \prod_{\lambda \in \Lambda} B_\lambda$ はもはや柱状でない一般の部分集合です．その理由は既に $n = 2$ のときに明らかです（下図参照）．

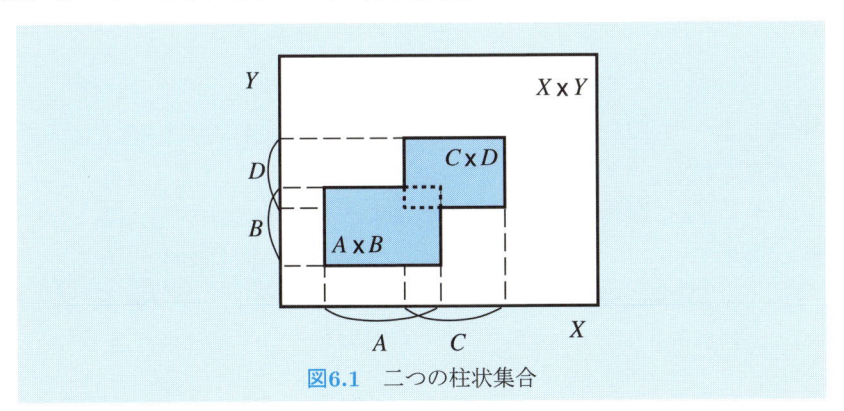

図6.1 二つの柱状集合

(**無限直積は難しい！**) $\Lambda = \{1, 2, \ldots, n\}$ のときは，$\prod_{\lambda \in \Lambda} A_\lambda = \emptyset \iff$ "$\exists \lambda \in \Lambda$ について $A_\lambda = \emptyset$" は明らかですが，添え字集合 Λ が無限のときは $\implies$ の向きは自明ではありません．すなわち，(対偶を取ると) 空でない集合の無限個の直積が空でないかどうかは自明ではないのです．通常，これは**選択公理** (axiom of choice) として仮定されます（無限集合論を扱った後出第 10 章を参照）．

問題 6.1 次の集合は何になるか？

(1) $\bigcup_{n \in \boldsymbol{Z}} [n, n+1]$ 　　(2) $\bigcap_{a>0, b>0} \{(x, y) \,;\, ax + by > 0\}$

問題 6.2 次の等式を示せ．
(1) $A \cap \bigcup_{\lambda \in \Lambda} A_\lambda = \bigcup_{\lambda \in \Lambda} (A \cap A_\lambda)$ (2) $\left(\bigcup_{\lambda \in \Lambda} A_\lambda \right) \times B = \bigcup_{\lambda \in \Lambda} (A_\lambda \times B)$

6.2 部分集合の特性関数

次に，写像に関連した集合のより高度な概念や性質を調べます．

【写像と直積の同等性】 X の各元 x に対して，その行き先 $f(x)$ を Y の元として指定すると，X を添え字集合として Y の元の族 $(f(x))_{x \in X}$ が一つ定まります．逆も明らかなので，結局 $X \to Y$ の写像を一つ与えることは，直積 Y^X の元 f を一つ与えることと同値です．この特別な場合として，次があります．

【部分集合と特性関数】 $A \subset X$ が部分集合のとき，その**特性関数**あるいは**定義関数** (characteristic function) $\chi_A : X \to \boldsymbol{F}_2 = \{0, 1\}$ を

$$\chi_A(x) = \begin{cases} 1, & x \in A \text{ のとき} \\ 0, & x \notin A \text{ のとき} \end{cases}$$

で定義します．情報科学っぽい言い方をすれば，集合 A の特性関数とは，x がこの集合に属すか？という問合せ（クエリー）に対してイエス ($= 1$) か，ノー ($= 0$) かを答える関数のことです．この意味で，特性関数は X 上定義された述語の一種です．

すると，X の部分集合を一つ与えることは，関数 $\chi : X \to \boldsymbol{F}_2$ を一つ与えることと同値になります．実際，逆に，特性関数 χ から部分集合 A が

$$A := \{x \in X \,;\, \chi(x) = 1\}$$

で復活します．

このとき，X の部分集合の全体と $\boldsymbol{F}_2^X$ は 1 対 1 に対応します．従って，X の部分集合の全体は直積 $\{0, 1\}^X$ と同一視できますが，これをしばしば 2^X と略記します．このような訳で，X の部分集合の全体が成す集合のことを，X の**冪集合**と呼びます．有限集合の場合，冪集合の元の個数は実際に冪 $2^{\#X}$ となるので，この記法は直感的で分かりやすいでしょう．ここで $\#X$ は X の元の総数（X の濃度）を表しています．

なお，数学では，F_2 を真理値でなく $\{0,1\} \subset \mathbf{R}$ とみなし，特性関数は実数値関数として扱うのが普通です．

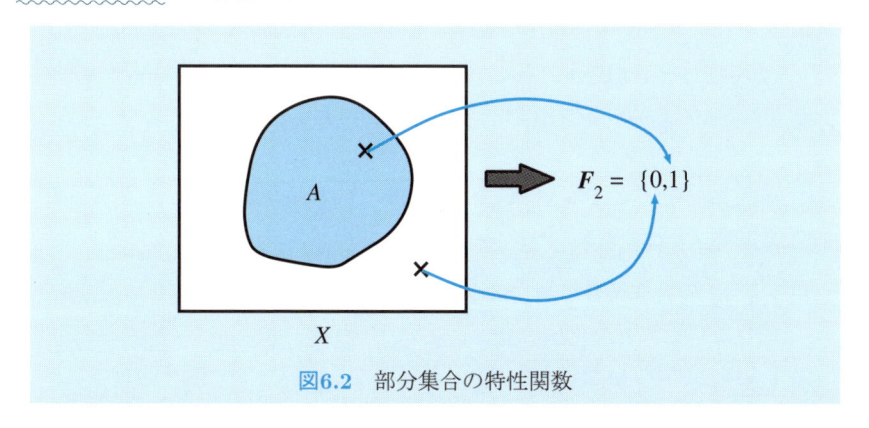

図6.2 部分集合の特性関数

> **例題 6.2** 次のような集合演算と特性関数との関係を調べよ：
> (1) $A \subset X$ の補集合 $\mathsf{C}A$ の特性関数を A の特性関数 χ_A で表せ．
> (2) 空集合 $\emptyset \subset X$，全体集合 X の特性関数は何か？
> (3) $A \cap B$, $A \cup B$ の特性関数を A, B の特性関数 χ_A, χ_B で表せ．
> (4) $A \subset X$, $B \subset Y$ の特性関数 χ_A, χ_B を用いて，直積集合 $A \times B \subset X \times Y$ の特性関数を表せ．
> (5) A, B の特性関数を用いて $A \setminus B$, $A \ominus B$ の特性関数を表せ．

解答 特性関数を実数値関数と見て計算するのだが，実数値に翻訳する前の意味を見るときは，真理値として扱う方が分かりやすいので，途中計算で併用することにする．そこで以下区別のため，真理値として解釈しているところでは，数の演算記号でなく論理演算の記号を使おう．

(1) $\chi_{\mathsf{C}A}(x) = \neg \chi_A(x) = 1 - \chi_A(x)$ （真理値の反転を実数演算で表現したもの）
(2) $\chi_\emptyset(x) \equiv 0$, $\chi_X(x) \equiv 1$ （定数値関数）
(3) $\chi_{A \cap B}(x) = \chi_A(x) \wedge \chi_B(x) = \chi_A(x) \chi_B(x)$
$\chi_{A \cup B}(x) = \chi_A(x) \vee \chi_B(x) = \neg(\neg \chi_A(x) \wedge \neg \chi_B(x))$
$= 1 - (1 - \chi_A(x))(1 - \chi_B(x))$ （(1) の結果により実数で表現)
$= \chi_A(x) + \chi_B(x) - \chi_A(x) \chi_B(x)$
特に，$A \cap B = \emptyset$ のときは，$\chi_{A \cup B}(x) = \chi_A(x) + \chi_B(x)$ となる．

(4) $\chi_{A\times B}(x,y) = \chi_A(x)\chi_B(y)$　　（意味を考えれば明らか）

(5) $\chi_{A\setminus B}(x) = \chi_{A\cap \complement B}(x) = \chi_A(x) \wedge \chi_{\complement B}(x) = \chi_A(x)(1-\chi_B(x))$.

よって (3) の最後に書いた注意により
$$\chi_{A\ominus B}(x) = \chi_{A\cap \complement B \cup B \cap \complement A}(x) = \chi_A(x)(1-\chi_B(x)) + \chi_B(x)(1-\chi_A(x))$$
$$= \chi_A(x) + \chi_B(x) - 2\chi_A(x)\chi_B(x) \qquad \square$$

例題 6.3　$X_1,\dots,X_n \subset X$ を有限集合 X の部分集合とし，各 X_j の特性関数を χ_j とする．

(1) $\bigcap_{j=1}^n X_j$ の特性関数は何か？

(2) $\bigcup_{j=1}^n X_j$ の特性関数は何か？　［ヒント：$\complement \bigcap_{j=1}^n \complement X_j$ と考えよ．］

(3) 集合の元の個数に関する次の公式（包除定理，inclusion-exclusion theorem）を特性関数を利用して示せ：
$$\#\bigcup_{j=1}^n X_j = \sum_{j=1}^n \#X_j - \sum_{1\leq j_1 < j_2 \leq n} \#(X_{j_1} \cap X_{j_2})$$
$$+ \sum_{1\leq j_1 < j_2 < j_3 \leq n} \#(X_{j_1} \cap X_{j_2} \cap X_{j_3}) + \cdots$$
$$+ (-1)^{n-1}\#\bigcap_{j=1}^n X_j$$

ここで，例えば和 $\sum_{1\leq j_1 < j_2 \leq n}$ は，二つの添え字 j_1, j_2 を $j_1 < j_2$ という関係を満たしつつ 1 から n まで動かすこと（従って $\{1,2,\dots,n\}$ から 2 個の元を選ぶすべての組合せについての和を取ること）を意味する．

解答　(1) $\bigcap_{j=1}^n X_j$ の特性関数は $x \in \bigcap_{j=1}^n X_j$ のときちょうど 1 となるような関数であるから，$\prod_{j=1}^n \chi_j(x)$ となる．これは例題 6.2 でやった $\chi_{A\cap B}(x) = \chi_A(x)\chi_B(x)$ のストレートな拡張なので，分からない人はそこから復習しよう．

(2) $\bigcup_{j=1}^n X_j = \complement \bigcap_{j=1}^n \complement X_j$ なので，この特性関数は (1) と補集合の特性関数の

6.2 部分集合の特性関数

形 $\chi_{\complement A} = 1 - \chi_A$ から

$$1 - \prod_{j=1}^{n}(1-\chi_j(x)) = \sum_{j=1}^{n}\chi_j(x) - \sum_{1\le j_1<j_2\le n}\chi_{j_1}(x)\chi_{j_2}(x)$$
$$+ \sum_{1\le j_1<j_2<j_3\le n}\chi_{j_1}(x)\chi_{j_2}(x)\chi_{j_3}(x) - + \cdots$$
$$+ (-1)^{n-1}\chi_1(x)\cdots\chi_n(x)$$

となる．これは 2 個の和集合の場合の例題 6.2 を特別な場合として含む．

(3) 全体集合が X のとき，その部分集合 A の元の個数は，特性関数の定義から $\sum_{x\in X}\chi_A(x)$ で与えられることは明らかである．よって $A = \bigcup_{j=1}^{n} X_j$ とすれば，求める値は $\#\bigcup_{j=1}^{n} X_j = \sum_{x\in X}\chi_A(x)$．ここで (2) で求めた $\chi_A(x)$ の表現を用いると

$$= \sum_{x\in X}\sum_{j=1}^{n}\chi_j(x) - \sum_{x\in X}\sum_{1\le j_1<j_2\le n}\chi_{j_1}(x)\chi_{j_2}(x)$$
$$+ \sum_{x\in X}\sum_{1\le j_1<j_2<j_3\le n}\chi_{j_1}(x)\chi_{j_2}(x)\chi_{j_3}(x) - + \cdots$$
$$+ (-1)^{n-1}\sum_{x\in X}\chi_1(x)\cdots\chi_n(x)$$
$$= \sum_{j=1}^{n}\sum_{x\in X}\chi_j(x) - \sum_{1\le j_1<j_2\le n}\sum_{x\in X}\chi_{j_1}(x)\chi_{j_2}(x)$$
$$+ \sum_{1\le j_1<j_2<j_3\le n}\sum_{x\in X}\chi_{j_1}(x)\chi_{j_2}(x)\chi_{j_3}(x) - + \cdots$$
$$+ (-1)^{n-1}\sum_{x\in X}\chi_1(x)\cdots\chi_n(x)$$

ここで，$\sum_{x\in X}\chi_j(x) = \#X_j$，また $\chi_{j_1}(x)\chi_{j_2}(x)$ は $X_{j_1}\cap X_{j_2}$ の特性関数なので $\sum_{x\in X}\chi_{j_1}(x)\chi_{j_2}(x) = \#(X_{j_1}\cap X_{j_2})$ 等々が成り立つことに注意すれば，

$$\#A = \sum_{j=1}^{n}\#X_j - \sum_{1\le j_1<j_2\le n}\#(X_{j_1}\cap X_{j_2})$$

$$+ \sum_{1 \leq j_1 < j_2 < j_3 \leq n} \#(X_{j_1} \cap X_{j_2} \cap X_{j_3}) - + \cdots + (-1)^{n-1} \# \bigcap_{j=1}^{n} X_j$$

この式は，次のように初等的にも説明できます：まず X_j の元の総和を計算すると，二つの集合が重なった部分で元を重複して数えてしまう．その分を引き算すると，今度は三つ重なったところで引きすぎてしまう．よってそれを戻して等々．しかしこの説明では集合の数が多いときに心配な人がいるでしょう．上のように定義関数という"飛び道具"を使うと，すっきり証明できるのです． □

【論理演算と数学演算の関係】 今まで，$\boldsymbol{F}_2$ のブール代数構造はあからさまには用いて来ませんでしたが，これは要するに，真 (1) と偽 (0) 二つの値の論理演算の規則です：

$$0 \wedge 0 = 0 \wedge 1 = 1 \wedge 0 = 0, \quad 1 \wedge 1 = 1,$$
$$0 \vee 0 = 0, \quad 0 \vee 1 = 1 \vee 0 = 1 \vee 1 = 1.$$

特性関数をブール代数 $\boldsymbol{F}_2$-値と見た場合，例題 6.2 の計算は次のように自明になってしまいます：

$$\chi_{CA}(x) = \neg \chi_A(x)$$
$$\chi_{A \cap B}(x) = \chi_A(x) \wedge \chi_B(x)$$
$$\chi_{A \cup B}(x) = \chi_A(x) \vee \chi_B(x)$$

特性関数の値を並べたものは，直積空間 $\boldsymbol{F}_2^X$ の元とみなせます．この直積空間には，成分毎の $\wedge$ や $\vee$ や $\neg$ の計算により，ブール代数の構造が入ります．上の式はまさにそのことを表しています．以上により，X の部分集合にその特性関数を対応させる写像が，2^X から $\boldsymbol{F}_2^X$ へのブール代数の同型となっている（すなわち，演算も込めた 1 対 1 対応が有る）ことが分かります：

X の部分集合が $\cup$ と $\cap$ と C に関して成すブール代数
$\cong$ $\boldsymbol{F}_2$ 上のベクトル空間 $\boldsymbol{F}_2^X$ のブール代数構造

特に，X が n 個の元より成る有限集合の場合は，X の元を $\{1, 2, \ldots, n\}$ と記すとき，同型写像は $A \subset X$ に対しその特性関数 $\chi_A(x)$ の n 個の値を並べて得られる $0, 1$ のベクトル $(\chi_A(1), \ldots, \chi_A(n)) \in \boldsymbol{F}_2^n$ を対応させることで上の同型が得られます．ブール代数の抽象的な取扱いについては，第 8 章で取り上げ

6.2 部分集合の特性関数

ますが，そこでは，一般の有限ブール代数に対してこの同型が示されています．

ここで，F_2 の体としての演算との関係に触れておきましょう．抽象ブール代数に対しては，$\wedge$ の代わりに $\times$ を，$\vee$ の代わりに $+$ を用いることが多いので，この差は認識しておく必要があります．まず，体 F_2 の四則演算を思い出しましょう．これは整数の mod 2 での演算に相当し，

$$0 \times 0 = 0 \times 1 = 1 \times 0 = 0, \ 1 \times 1 = 1,$$
$$0 + 0 = 1 + 1 = 0, \ 0 + 1 = 1 + 0 = 1$$

となります．これから，$\wedge$ と $\times$ は同等であることが分かります．しかし，$+$ は $\vee$ とは大分違いますね．これは，真理値演算では XOR に相当します．つまり，体 F_2 においては OR よりも XOR の方が基本的な演算となっているのです．$\vee$ を表す体の演算は，

$$x + y - xy$$

です．これを後付けの正当化でなく，発見的に導くには，まず，$\neg x$ が $1-x$ に相当する（ただし F_2 においては $1+x$ と書いても同じ）ことに注意し，ド・モルガンの法則 $x \vee y = \neg(\neg x \wedge \neg y)$ を使うと，

$$1 - (1-x)(1-y) = x + y - xy$$

と導けます．(ただし，これも F_2 においては $x+y+xy$ と書いても同じです．) ここに得られた式は，$\vee$ を $\wedge$ と XOR で表現する公式

$$x \vee y = x \text{ XOR } y \text{ XOR } (x \wedge y)$$

に相当します．次のことに注意しましょう：抽象ブール代数では，$a \vee x$ は普通 $a+x$ と書かれますが，そのとき $a+x=b$ を満たす x は一意に確定せず，$b-a$ という記号は意味がありません．これに対し，体としての F_2 では，この演算は加法の逆演算として確定します．上で用いた記号はその意味です．

特性関数を体 F_2-値と見ることは，いろんな意味で紛らわしいので，普通は用いません．しかし，最後に mod 2 を取れば，実数として計算したものと一致するはずなので，上手に使うと計算を簡明にできることがあります．

例題 6.4 X の部分集合 A, B, C から，式 $(A \cup B) \setminus \{B \cup (A \cap C)\}$ で定まる集合の特性関数を，A, B, C の特性関数 χ_A, χ_B, χ_C を用いて表せ．しかる後に，この集合の最も簡単と思われる表現を与えよ．

解答 特性関数は $\chi_A(x)^2 = \chi_A(x)$ という冪等 (idempotent) 性を持つことに注意すると，例題 6.2 の結果を機械的に当てはめることにより，

$$\chi_{(A \cup B) \setminus \{B \cup (A \cap C)\}} = \chi_{(A \cup B)}(1 - \chi_{\{B \cup (A \cap C)\}})$$
$$= \{1 - (1 - \chi_A)(1 - \chi_B)\}\{(1 - \chi_B)(1 - \chi_A \chi_C)\}$$
$$= (\chi_A + \chi_B - \chi_A \chi_B)(1 - \chi_B - \chi_A \chi_C + \chi_A \chi_B \chi_C)$$
$$= \chi_A + \chi_B - \chi_A \chi_B - \chi_A \chi_B - \chi_B + \chi_A \chi_B$$
$$\quad - (\chi_A \chi_C + \chi_A \chi_B \chi_C - \chi_A \chi_B \chi_C) + \chi_A \chi_B \chi_C + \chi_A \chi_B \chi_C - \chi_A \chi_B \chi_C$$
$$= \chi_A - \chi_A \chi_B - \chi_A \chi_C + \chi_A \chi_B \chi_C$$

これは，$\chi_A(1 - \chi_B - \chi_C + \chi_B \chi_C) = \chi_A(1 - \chi_B)(1 - \chi_C)$ と変形され，従って集合 $A \cap \complement B \cap \complement C$ あるいは $A \setminus (B \cup C)$ の定義関数であることが分かる．これは計算機向きで，人間にはベン図により予想する方が分かりやすい． □

問題 6.3 次の集合の特性関数を計算せよ．
(1) $A \cap B \cap C$　　(2) $A \cap (B \cup C)$　　(3) $A \cup (A \cap B \cup B \cap C)$
(4) $(A \setminus B) \setminus (A \setminus C)$　　(5) $(A \ominus B) \ominus C$

6.3　2項演算と写像

集合 X 上の **2 項演算** (binary operation) $\odot$ とは，$\forall x, y \in X$ に対して $x \odot y \in X$ が定まっているもののことを言います．これは $X \times X$ から X への写像とみなせます．従って，写像としてのそのグラフを考えると，2 項演算は直積集合 X^3 の特殊な部分集合とも解釈できます．

例 6.5 実数の和，積は，それぞれ次のような 2 変数関数です：

$$\begin{array}{ccc} \boldsymbol{R} \times \boldsymbol{R} & \to & \boldsymbol{R} \\ \cup & & \cup \\ (x, y) & \mapsto & x + y \end{array} \qquad \begin{array}{ccc} \boldsymbol{R} \times \boldsymbol{R} & \to & \boldsymbol{R} \\ \cup & & \cup \\ (x, y) & \mapsto & xy \end{array}$$

この他，ベクトル空間の加法も 2 項演算です．集合演算 $\cup, \cap$ や論理演算 $\vee$,

∧ も，それぞれ，部分集合の集合，与えられた命題変数より成る論理式の集合の上に働く 2 項演算です．これに対して，ベクトルのスカラー積

$$\begin{array}{ccc} \boldsymbol{R} \times V & \to & V \\ \cup & & \cup \\ (\lambda, \boldsymbol{x}) & \mapsto & \lambda \boldsymbol{x} \end{array}$$

は，二つの変数 $\lambda, \boldsymbol{x}$ が属する集合が異なるので，数学では**作用** (action) と呼んで 2 項演算と区別しています．この例では，スカラーの集合 $\boldsymbol{R}$ がベクトル空間 V に作用している訳です．

【**ポーランド記法**】 2 項演算 $x+y$ は結局 2 変数の関数なので，$+(x,y)$ と書くこともでき，この方がより関数らしく見えます．更に括弧も省いて $+xy$ にできます．このような記法はポーランド学派という論理学の研究者達の代表的存在であるウカシェビッチによって導入されたため，**ポーランド記法**と呼ばれ，理論情報科学の一部の分野や LISP などの計算機言語で用いられています．

上の順序を逆にして，$x+y$ を $xy+$ と表す流儀が**逆ポーランド記法**と呼ばれるもので，HP（ヒューレットパッカード）の関数電卓で採用された他，計算機言語としては Forth などで使われてきました．更に，Fortran などのコンパイラが生成する中間言語としても使われたことがあります．逆ポーランド記法の利点は，括弧無しですべての複合演算が表現でき，かつポーランド記法よりも記憶量が節約できることです．更に，この記法は完全に日本語向きなのです．実際，

☆ `1 2 +` は "1 に 2 を加える"
☆ `x 2 *` は "x に 2 を掛ける"，または "x の 2 倍"
☆ `x sin` は "x の正弦"

等々です．世の中の電卓は，括弧ボタンとメモリーの使用により，"普通の" 数式通りの入力を苦労して実現していますが，それでも `sin` などにはこの逆ポーランド記法が残っているのが普通ですね．

例題 6.5 次の式をポーランド記法と逆ポーランド記法により表せ．
$$(2+3) \times \{(15-9) \div 4\}$$

解答 まず逆ポーランド記法では，入力の区切り符号を空白で表すと，

$$2\ 3\ +\ 1\ 5\ 9\ -\ 4\ \div\ \times$$

2 に 3 を足し，それに 15 から 9 を引いて 4 で割ったものを掛ける．

従ってポーランド記法は，数と演算子の順序を（被演算数のペアは保ったまま）逆転すれば得られます：

$$\times\ +\ 2\ 3\ \div\ -\ 15\ 9\ 4$$

こちらの方は，演算子に出会ったら，それが要求する個数の被演算数が揃うまで待ってからその計算をします．このため未実行の演算子を記憶しておく必要が有り，相当記憶力の良い人でないと，先頭（左）から順に読んで計算するのは難しいでしょう．

問題 6.4 次の式をポーランド記法と逆ポーランド記法により表せ．

$$\{(2+3+4) \div 3\} \times \{(5-2-1) \div 2\}$$

【単項演算】 2 項演算があれば，一般に n 項演算もある訳です．2 項演算の性質としてよく出てくる結合律は，

$$X \times X \times X \to X \qquad X \times X \times X \to X$$
$$\cup \qquad\qquad \cup \qquad\qquad \cup \qquad\qquad \cup$$
$$(x, y, z) \mapsto (x \odot y) \odot z \qquad (x, y, z) \mapsto x \odot (y \odot z)$$

という二つの 3 項演算が一致するという条件だと解釈できます．特に $n = 1$ のときは**単項演算** (unary operation) と呼ばれます．集合 X 上の単項演算とは，要するに X からそれ自身への写像なので，取り立てて言うほどのことはないのですが，この言葉は情報科学ではよく出てきます．

例 6.6 実数の符号反転，零でない実数の逆数，複素数の共役などは単項演算の例です：

$$\mathbf{R} \to \mathbf{R} \qquad \mathbf{R}^{\times} \to \mathbf{R}^{\times} \qquad \mathbf{C} \to \mathbf{C}$$
$$\cup \qquad \cup \qquad \cup \qquad \cup \qquad \cup \qquad \cup$$
$$x \mapsto -x \qquad x \mapsto \frac{1}{x} \qquad z = x + iy \mapsto \bar{z} = x - iy$$

この他，集合演算 C，論理演算 ¬ なども単項演算の代表的な例です．以上に挙げた例は，どれも 2 回続けると元に戻り（すなわち，恒等写像になり）ます．このようなものは<ruby>対合<rt>たいごう</rt></ruby> (involution) と呼ばれます．もちろんこれは偶然で，平方演算 $x \mapsto x^2$ など，そうでない単項演算の例もたくさんあります．

第7章 写像・対応・2項関係

この章では，写像についてもう少し複雑な考察をし，その後で写像を一般化した対応と2項関係の概念を学びます．

■ 7.1 写像の合成

写像については第2章で一通り解説しましたが，大事な概念を一つ説明し残していました．

【写像の合成】 $f : X \to Y$, $g : Y \to Z$ をそれぞれの集合間の写像とするとき，これらの**合成写像** $g \circ f : X \to Z$ が $\forall x \in X$ に対し $(g \circ f)(x) := g(f(x)) \in Z$ を対応させるものとして定義されます[1]．また，写像の特別な例として，**恒等写像** (identity mapping) $\mathrm{id}_X : X \to X$ を定義しておきましょう．これは，$\forall x \in X$ に対して $f(x) = x$ により定まるもので，要するに何も変化させず，全単射の特別な例です．恒等写像のグラフは $X \times X$ の**対角線集合** (diagonal set) $\Delta_X := \{(x, x) ; x \in X\}$ となります．

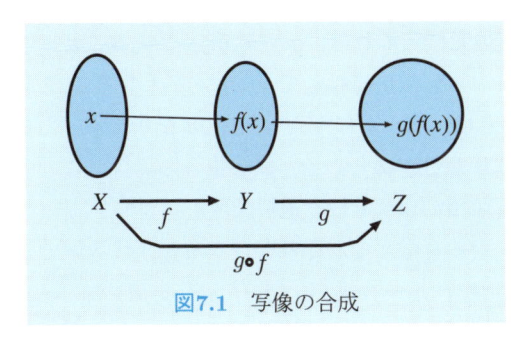

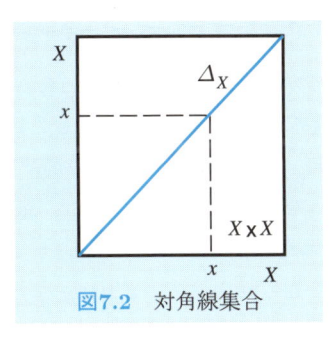

図7.1 写像の合成

図7.2 対角線集合

---

[1] 現在の高校数学では合成写像は出てきませんが，合成関数の自然な一般化なので理解は容易でしょう．合成写像の記号 $g \circ f$ における f, g の並び順が矢印の向きと逆ですが，これは $f(x)$ が "function of x" の記号化だからです．前章末で紹介した逆ポーランド記法に従い，日本語 "x の関数" の語順通りに xf と書いていたら，すっきりしたのですね．非常に少数派ですが，ヨーロッパでもこのように書く数学者が居ました．

補題 7.1 $F: X \to Y, G: Y \to Z$ を写像とする．このとき，F, G がともに単射なら $G \circ F$ も単射となる．また，F, G がともに全射なら $G \circ F$ も全射となる．

実際，前半は，$G(F(x)) = G(F(x')) \implies F(x) = F(x') \implies x = x'$ から分かります．後半は，$\forall z \in Z$ に対し $\exists y \in Y$ s.t. $z = G(y)$．ここで更に $\exists x \in X$ s.t. $y = F(x)$ なら，$z = G(F(x)) = (G \circ F)(x)$ となります．

補題 7.2 写像の合成は結合法則を満たす．すなわち，$f: X \to Y, g: Y \to Z, h: Z \to W$ とすれば，$h \circ (g \circ f) = (h \circ g) \circ f$．

これも，意味を考えれば，どちらの写像も $x \in X$ を $h(g(f(x))) \in W$ に写すことから明らかです．このように，写像の合成を積演算のように考えることができ，そこで恒等写像は単位元のように振舞います：$f \circ \mathrm{id}_X = f, \mathrm{id}_Y \circ f = f$．更に，次が成り立ちます：

補題 7.3 $f: X \to Y$ が単射なら，$g \circ f = \mathrm{id}_X$ を満たす写像 $g: Y \to X$ が存在する．これを f の<ruby>左逆<rt>ひだりぎゃく</rt></ruby>と呼ぶ．また，f が全射なら，$f \circ g = \mathrm{id}_Y$ を満たす写像 $g: Y \to X$ が存在する．これを f の<ruby>右逆<rt>みぎぎゃく</rt></ruby>と呼ぶ．左右の逆が存在すれば，それらは一致し，f の逆写像となる．すなわち，f の逆写像は，(存在するかどうかも込めて) $f \circ g = \mathrm{id}_Y, g \circ f = \mathrm{id}_X$ の二つの式を満たすような写像 $g: Y \to X$ として特徴付けられる．

実際，まず f が単射なら，g を $f(X)$ の各元 $y = f(x)$ に対しては $g(y) = x$ と定め，それ以外では適当な X の元に定めれば，$g \circ f = \mathrm{id}_X$ となることは明らかです．また f が全射だと，Y の各元 y に対して $f(x) = y$ となる x を勝手に一つ選んで $g(y) = x$ と定めれば，明らかに $f \circ g = \mathrm{id}_Y$ となります．(ただし，後者の場合は，x の選び方に任意性があるので，無限集合の場合にこのような g の存在を言うには，厳密には第 10 章で扱う選択公理が必要です．)

次に $g_1 \circ f = \mathrm{id}_X, f \circ g_2 = \mathrm{id}_Y$ なる写像がそれぞれ存在すると，代数学でよく知られた論法により，$g_1 = g_1 \circ \mathrm{id}_Y = g_1 \circ (f \circ g_2) = (g_1 \circ f) \circ g_2 = \mathrm{id}_X \circ g_2 = g_2$ となり，両者は一致します．逆写像がこれら二つの等式を満たすことは明らかですが，逆にこのような写像が有れば，f により X と Y が 1 対 1 に対応付けられることも明らかでしょう．一旦 f^{-1} の存在が言えれば，直前の議論で $g_1 = g, g_2 = f^{-1}$ と置いて，$g = f^{-1}$ が形式的に導かれます．この二つの等式

は，X と Y が同型であることの定義としてもよく用いられます．

実はもう少し詳しく，f が左逆を持てば f は単射，右逆を持てば全射なことが，別々に示せます．これらは次の例題で以下のように一般化して示しましょう．これは，ある意味で補題 7.1 の逆の主張です．

例題 7.1 次は正しいか？
(1) $G{\circ}F$ が単射なら F は単射．　　(1′) $G{\circ}F$ が単射なら G は単射．
(2) $G{\circ}F$ が全射なら F は全射．　　(2′) $G{\circ}F$ が全射なら G は全射．

解答 結論は下の図から明らかでしょう．すなわち，(1) は正しい，(1′) は必ずしも成り立たない，(2) は必ずしも成り立たない，(2′) は正しい，です．詳しい証明は以下の通りです：

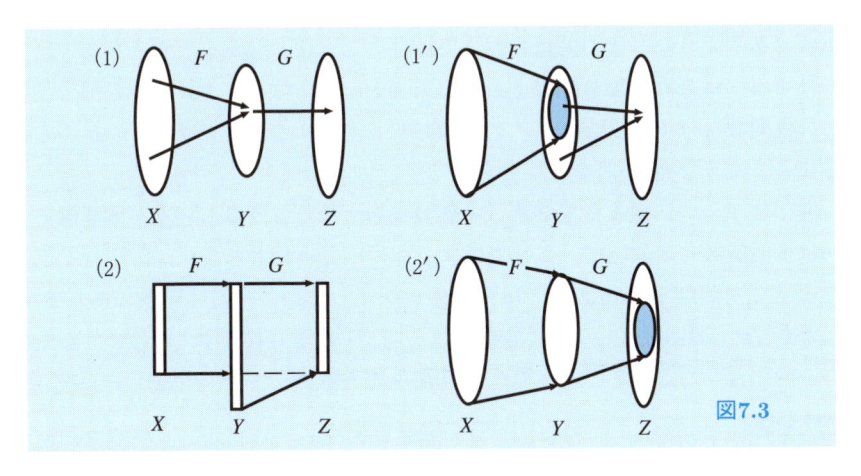

図7.3

(1) もし F が単射でないと，X の異なる2元 $x \neq y$ で $F(x) = F(y)$ となるものがあるが，このとき $G(F(x)) = G(F(y))$ となり $G{\circ}F$ も単射ではない．

(1′) 具体的な反例としては，$F(x) = e^x, G(x) = x^2$ という，いずれも $\boldsymbol{R}$ から $\boldsymbol{R}$ への写像を考えれば，$G{\circ}F = e^{2x}$ は単射だが G は単射でない．G は F の値域の上でだけ単射ならよいからである．

(2) 具体的な反例としては，$F(x) = \sin x$ に対して，

$$G(x) = \begin{cases} \dfrac{x}{1-x^2}, & |x| \neq 1 \text{ のとき}, \\ 0, & |x| = 1 \text{ のとき} \end{cases}$$

と取ればよい．このとき G は $-1 < x < 1$ の上ですでにあらゆる実数値を取るので，合成写像 $G \circ F$ は全射となる．しかし，F は明らかに全射でない．なお，$Z = \mathbf{R}$ でなく，$Z = \mathbf{R}^+$ などに取れば，反例を作るのはずっと容易になる．

$(2')$ $G \circ F$ が全射なら，$\forall z \in Z$ に対し $\exists x \in X$ s.t. $G(F(x)) = z$ となるが，このとき $y = F(x)$ は $G(y) = z$ を満たすので $z \in G(Y)$，従って G は全射となる．図7.3 $(2')$ の最後の図は，背理法で，もし G が全射でないと，F が精一杯頑張っても G の像からはずれた元には $G \circ F$ で行きようがないことを示している． □

■ 7.2　多価写像・対応

普通は写像といえば，定義域が始集合 X 全体で，行き先が一つに定まる（すなわち，1価な）ものを言います．その中で，終集合が数のものを，数学では関数と言うのでした．既に第2章で注意したように，定義域が始集合の真部分集合であるような写像や関数も数学ではけっこう使われることがあります．分野によってはこれを**部分関数** (partial function) と呼びます．二つの部分関数の合成関数 $g \circ f$ の定義域は，f の定義域に入り，かつ行き先 $f(x)$ が g の定義域に入るような元 x より成ります．

逆に値が一つに定まらず終集合の部分集合となるようなものを**多価写像**あるいは**多価関数**と名付けて，これも数学ではけっこう使われます．微積分で出てくる逆3角関数 $\arcsin x$ などは，主値を採用しないと，値は無限にあります．しかも $\mathbf{R}$ 上の関数としては，定義域は $[-1, 1]$ に限られます．このようなものの一般化として，対応という概念が定義されます．

定義 7.1　$F : X \to Y$ が**対応**とは，始集合の $\forall x \in X$ に対し，終集合の部分集合 $F(x) \subset Y$ が定まっていることを言う．このとき $F(x)$ の各元 y は F により x と対応していると言う．ここで $F(x) = \emptyset$ も許す．すなわち，x に対応する元が一つも無くてもよい．

$F(x) \neq \emptyset$ なる $x \in X$ の集合を F の**定義域** (domain) と呼ぶ．また $\{y \in Y \,;\, \exists x \in X \text{ s.t. } y \in F(x)\}$ を F の**値域** (range) と呼ぶ．

多価関数の場合には，値は無限個と言っても，それは"離散的"で，適当に制限すれば1価な普通の関数になるものしか扱いませんが，対応の場合は，値に相当するものがべったり連続的に有ってもよいのです．

7.2 多価写像・対応

対応 F が与えられたとき，写像と同様，

$$\Gamma_F := \{(x, y)\, ;\, x \in X, y \in F(x)\} \subset X \times Y$$

という集合が定義されます．これを対応 F の**グラフ**と呼びます．逆に，直積集合 $X \times Y$ の任意の部分集合 Γ に対し，$y \in F(x) \iff (x, y) \in \Gamma$ と定義することにより，対応 $F : X \to Y$ が定まります．

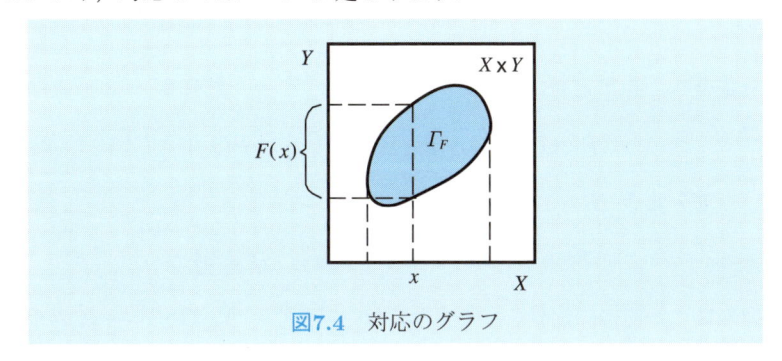

図7.4 対応のグラフ

F の**逆対応** $F^{-1} : Y \to X$ は，$F^{-1}(y) := \{x \in X\, ;\, y \in F(x)\}$ で定められる対応のことです．逆対応のグラフは，もとのグラフの縦と横を取り替えたものです．関数のグラフは対応のグラフの特別な場合であり，このとき上の意味での逆対応のグラフは，高校で学んだ逆関数のグラフの作り方と一致します．

【**対応の特別な場合**】 対応の特別な場合として，写像の場合を一般の対応の場合と対比して，まとめておきます．
(1) 値が一つに決まる対応が写像に他ならない．
(2) その中で行き先の集合（終集合）が数であるものが関数と呼ばれる．
(3) 写像の中で，逆対応も一価となるものを**単射** (one-to-one, injective) と呼ぶ．このときは逆対応を逆写像と呼ぶ．(ただし逆写像の定義域は終集合全体と限らない．)
(4) 値域が行き先の集合全体であるもの（i.e. 逆対応の定義域が全体となるもの）を**全射** (onto, surjective) と呼ぶ．
(5) 定義域が全体で，全射かつ単射な写像は**全単射** (bijective) と呼ばれる．これは別名，**1 対 1 対応** (one-to-one correspondence) と言われる．

🐚 "1 対 1" と "1 対 1 対応" の区別についてときどき質問が出るので確認しておきます．

- ★ 写像が "1 対 1 (one-to-one)" とは，単射 (injective) と同義で，全射の必要はありません．
- ★ 写像が "1 対 1 対応 (one-to-one correspondence)" を与えるとは，全単射 (bijective) なことで，集合の元の個数（濃度）も等しくなります．

紛らわしいですが，数学ではこれらの言い方は実際に並行して使われています．補題 7.3 で注意したように，$F: X \to Y$ が 1 対 1 対応 $\iff \exists G: Y \to X$ s.t. $G \circ F = \mathrm{id}_X$ かつ $F \circ G = \mathrm{id}_Y$ です．

【部分集合への作用と対応の合成】 対応に関しても，部分集合 $A \subset X$ の像，

$$F(A) := \{y \in Y \, ; \, \exists x \in A \ y \in F(x)\}$$

および，部分集合 $B \subset Y$ の逆像

$$F^{-1}(B) := \{x \in X \, ; \, F(x) \cap B \neq \emptyset\}$$

が写像のときと同様に定義されます．また，$F: X \to Y$, $G: Y \to Z$ がそれぞれ対応のとき，これらの**合成対応** $G \circ F$ が

$$(G \circ F)(x) := \{z \in Z \, ; \, \exists y \in Y, \, y \in F(x) \text{ かつ } z \in G(y)\}$$

により定義されます．これは写像の合成の概念を拡張したものです．

7.3　2 項関係

2 項関係とは，集合 X の二つの元の間の関係を定めたもので，対応の $X = Y$ という特別な場合とみなせます．直積集合 $X \times X$ の任意の部分集合 $\varGamma$ に対し，$x \, R \, y \iff (x, y) \in \varGamma$ と定義することにより 2 元の関係を定めます．このとき，$x \, R \, y$ とは x と y が関係 R で結ばれていること，また $x \, \not{R} \, y$, すなわち $(x, y) \notin \varGamma$ とは x と y が関係 R に関して無関係なことを意味します．$\varGamma$ を関係 R の**グラフ**と呼び，$\varGamma_R$ で表します．

2 項関係はまた，述語によっても表現されます．X 上の 2 変数の述語 $R(x, y)$ を $x \, R \, y$ のとき真 (1)，$x \, \not{R} \, y$ のとき偽 (0) と定めれば，述語 $R(x, y)$ は忠実に 2 項関係 R を表しています．述語 R はグラフ $\varGamma_R$ の特性関数に他なりません．

関係の定義としては，そのグラフ $\varGamma$ は $X \times X$ の任意の部分集合でよいのですが，役に立つ関係を構築するために，いろいろな付加的性質が考えられます：

7.3　2項関係

(i) **反射律**：$\forall x \in X$ に対して $x\,R\,x$ となることですが，これは，対角線 $y = x$ がこの2項関係のグラフ Γ_R に含まれることと同等です．

(ii) **対称律**：$\forall x, y \in X\ (x\,R\,y \to y\,R\,x)$ という条件ですが，これはグラフ Γ_R が対角線 $y = x$ に関して線対称なことと同等です．

(iii) **推移律**：$\forall x, y, z \in X\ (x\,R\,y, y\,R\,z \to x\,R\,z)$ という性質です．これは，$(x,y) \in \Gamma_R, (y,z) \in \Gamma_R$ なら，これらを対角頂点とする長方形の残りの頂点 $(x,z) \in \Gamma_R$ と言い替えられます．この条件はそれほど視覚的ではありませんが，2項関係 R を対応と見て，その合成 $R \circ R$ を考えると，推移律は $\Gamma_{R \circ R} \subset \Gamma_R$ とすっきり表せます．

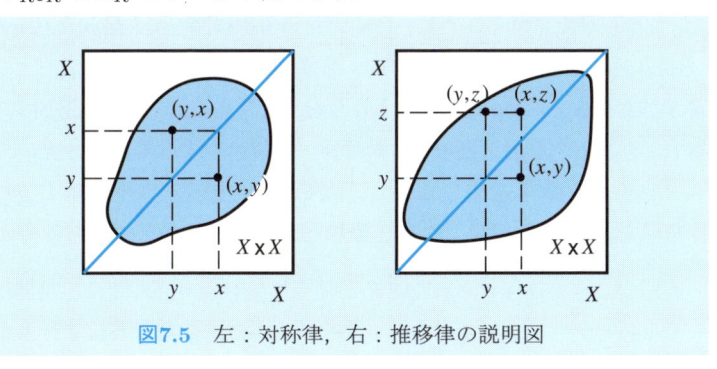

図7.5　左：対称律，右：推移律の説明図

問題 7.1 順序関係（p.17）を2項関係と見たときのグラフの特徴を示せ．（反射律，反対称律，推移律のグラフ上の意味を述べよ．）更に，全順序のグラフの特徴を述べよ．

例題 7.2 有限集合 $X = \{1, 2, 3, 4, 5\}$ 上の2項関係 R は反射律・対称律・推移律を満たし，かつ $1\,R\,2, 3\,R\,4, 5\,R\,2$ を満たすことが分かっているという．R のグラフは $X \times X$ の少なくともどの点を含まなければならないか，図中に ● を書き込んで示せ．

図7.6

解答 まず，反射律が成り立つように対角線上の元をすべて追加する（下図 (a)）：

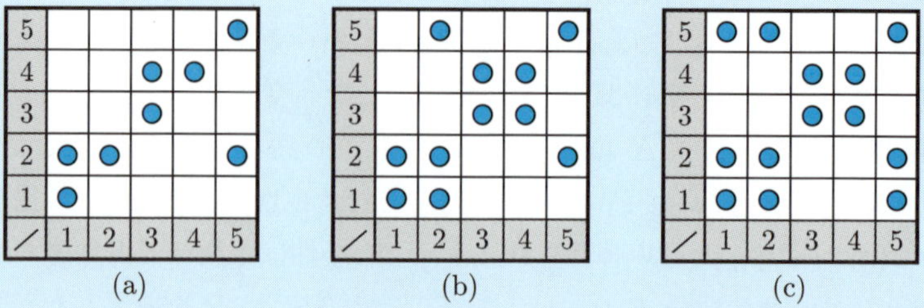

図7.7

次に，対称律が満たされるように，今描いた対角線に関して，最初から有った三つの●を折り返した位置に記入する (b)．推移律は一番面倒だが，$1\,R\,2$ と $2\,R\,5$ から $1\,R\,5$ が生ずる．よって対称律により $5\,R\,1$ も言える．これらを追加すると最終的な答 (c) を得る．なお，反射律・対称律・推移律をすべて満たすというだけなら，もっと多くの●を追加してもよい（例えば，すべての升に●を入れたものも条件を満たす (^^;) が，ここでは●の数が最小のものを求められている． □

この例題のように，与えられた 2 項関係を拡張したり，二つの 2 項関係を比較したりする必要がしばしば生じるので，そのための用語を導入しておきましょう．

定義 7.2 集合 X 上の二つの 2 項関係 R, S は，$\forall x, y \in X$ について，$x\,R\,y \implies x\,S\,y$ のとき，S が R の拡張になっている，あるいは単に $R \leq S$ と言う．これは対応するグラフの包含関係 $\Gamma_R \subset \Gamma_S$ と同等である．

問題 7.2 何か面白い 2 項関係を考え，定式化してみよ．（例えば，片想いや 3 角関係は 2 項関係の中でどう説明できるか？）

7.4 同値関係と商集合

【同値関係】 同値関係は，2 項関係の中でも最も重要なものの一つです．

定義 7.3 2 項関係が反射律，対称律，推移律の三つを満たすとき，**同値関係** (equivalence relation) と呼ぶ．

これは等号の性質を抽象化したものであり，数学では非常によく出てきます．同値関係は，普通，2 項関係の一般的記号 R の代わりに $\sim$ で表されます．

7.4 同値関係と商集合

例 7.1（写像により定まる同値関係） f が集合 X から Y への写像のとき，

$$P, Q \in X \text{ に対し} \quad P \sim Q \iff f(P) = f(Q)$$

で X に同値関係が定義される．3 条件を確かめてみよ．

問題 7.3 R は有限集合 $X = \{1, 2, 3, 4, 5\}$ 上の同値関係であり，かつ $1\,R\,2$, $1\,R\,3$, $5\,R\,2$ を満たすことが分かっているという．R のグラフは $X \times X$ の少なくともどの点を含まなければならないか，図中に ● を書き込んで示せ．

図7.8

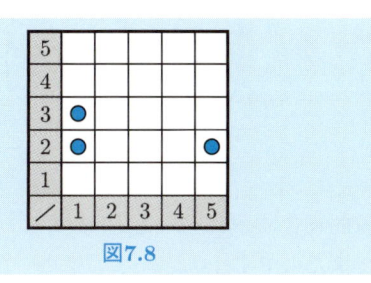

問題 7.4 前問の集合 X の上に定義できる同値関係は全部で何通りあるか？

例題 7.2 や上の問題 7.3 からも想像されるように，任意の 2 項関係は，それを含む最小の同値関係に拡張できます．このことは，すべてのペアを関係付けるものが同値関係の一つとなることと，二つの同値関係の共通部分が再び同値関係となることから容易に証明されます．これを "もとの 2 項関係から生成される同値関係" と呼びます．

【同値関係による商集合】 同値関係 $\sim$ があると，各 $x \in X$ に対し，$x \sim y$ なる関係にある y を集めて，集合 X をグループに分けることができます：

$$\overline{x} := \{y \in X \,;\, y \sim x\}$$

このグループのことを x の**同値類**または**剰余類**と呼びます．

補題 7.4 異なる同値類は互いに交わらず，従って X の分割を定める．

実際，もし $z \in \overline{x} \cap \overline{y}$ とすると，$z \sim x$ かつ $z \sim y$．故に同値関係の対称律により，$y \sim z$, $z \sim x$, 従って推移律により $y \sim x$ となる．このことから，実は $\forall z \in \overline{y}$ について，$z \sim y$, $y \sim x$ から $z \sim x$ となり，$\overline{y} \subset \overline{x}$. 逆向きの包含関係も同様に成り立つので，$\overline{x} = \overline{y}$ となってしまいます．

同値関係があると，同値類を要素として新しい集合ができます．

定義 7.4 同値関係 $\sim$ の同値類の集合
$$X/\sim := \{\overline{x} \,;\, \forall x, y \in \overline{x}\ (x \sim y)\} \subset 2^X$$
を，もとの集合 X の $\sim$ による**商集合** (quotient set) と呼ぶ．

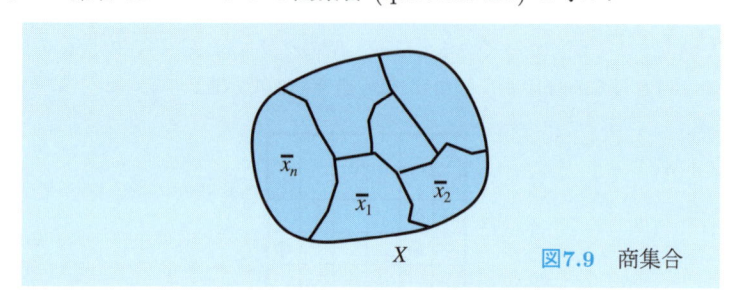

図7.9 商集合

同値関係による商集合はあまりにも自然なので，今までにもそのような例を気付かずに使って来たのです．

例 **7.2** (**商集合の例 1**) 高校 3 年の生徒全員は三つのクラス A, B, C に分かれている．クラスの集合 {A,B,C} は高 3 生徒全員の集合を，"同じクラスに属する" という同値関係で類別して得られる商集合である．

クラスの方が先にあるので，これではにわとりと卵ではないかと言われた場合は，次の例にしましょう：

例 **7.3** (**商集合の例 2**) クラスとは別に，受験のため，生物を履修する生徒と，物理を履修する生徒と，体育を履修する生徒に分けた（ただし重複履修はできないものとする）．これは受験グループの同値類である．

【**代表元**】各同値類から**代表元** (representative) を一つずつ取り，商集合 $X/\sim$ をそれら代表元の集合と同一視すれば，商集合を X の一つの部分集合と同一視できます．これは一見分かりやすいようですが，このみなし方は標準的 (canonical) ではありません．すなわち，無理にしているところがあります．例えば，クラスの代表として生徒会委員を選出したとします．生徒会委員の集合は，高 3 生徒の集合の部分集合となります．これは，クラスの集合と同一視できますが，完全に同じとはいえません．だからときどき委員がクラスの意見を無視して喧嘩が起きたりします (^^; (という説明は，論理的には正しくありませんが，商

7.4 同値関係と商集合

集合と代表元の集合の違いを感じ取るには良い例かもしれません.)

例 7.4 $\boldsymbol{Z}$ を整数の集合, $7\boldsymbol{Z}$ を 7 の倍数全体とし, $x, y \in \boldsymbol{Z}$ に対し $x \sim y \iff x - y \in 7\boldsymbol{Z} \iff x \equiv y \bmod 7$ (すなわち, 7 で割った余りが等しい) で 2 項関係 $\sim$ を定めると, $\sim$ は集合 $\boldsymbol{Z}$ の同値関係となる. この同値関係による商集合 $\boldsymbol{Z}/\sim$ を普通 $\boldsymbol{F}_7 := \boldsymbol{Z}/7\boldsymbol{Z}$ と記す. これは 7 で割った余りが, それぞれ $0, 1, \ldots, 6$ であるような整数の集合 $\overline{0}, \overline{1}, \ldots, \overline{6}$ より成る. (これは剰余類という言葉の起源となった例です.) この商集合を実際の余りの集合 $\{0, 1, \ldots, 6\} \subset \boldsymbol{Z}$ と同一視してもよいが, 上述のような注意が必要であり, 場合によっては別の代表元を取ってくる必要が生ずる.

この議論は 7 の代わりに任意の素数でよい. 特に $\boldsymbol{F}_2 = \boldsymbol{Z}/2\boldsymbol{Z}$ は, 偶数と奇数の集合であるが, 通常は 0 と 1 の 2 元より成る集合と同一視する. ただし, そうすると, 奇数 + 奇数 = 偶数, に相当する式は $1 + 1 = 2$ でなく, $1 + 1 = 0$ となる. 0 と 2 はどちらも偶数の集合の代表元である.

例 7.5 円周上の点を中心角 θ で表すと, 角 θ の点と角 $\theta + 2\pi$ の点を同一視しなければならない. すなわち, 円周は $\boldsymbol{R}/2\pi\boldsymbol{Z}$ である. (ここでも $/2\pi\boldsymbol{Z}$ は $x \sim y \iff x - y \in 2\pi\boldsymbol{Z}$ という同値関係による商集合を表す.) このことは結構生徒を悩ませる. 角度を $0 \leq \theta < 2\pi$ に限れば対応は一意になるが, $\theta = 0$ のところで連続でなくなり, そこでは負の角度も用いた方がより自然である.

問題 7.5 (1) $X = \boldsymbol{R}^\times = \boldsymbol{R} \setminus \{0\}, Y = \boldsymbol{R}$ とする. 写像 $f : X \to Y$ を $f(x) = x/|x|$ で定義する (いわゆる符号関数 $\operatorname{sgn} x$). この f から例 7.1 で定まる X の同値関係による商集合 X/f をなるべく分かりやすい形で記述せよ.

(2) $X = \boldsymbol{Z}, Y = \boldsymbol{Z}$ とし, 写像 $f : X \to Y$ を $f(x) = x^2 \bmod 7$ で定義するとき, f により定まる同値関係の商集合 X/f はどうなるか?

【商集合への標準写像】 商集合と元の集合との写像による関係は非常に重要です. これは次のような概念で与えられます:

定義 7.5 X を集合, $\sim$ をその上の同値関係, $X/\sim$ をそれによる商集合とするとき, $x \in X$ にそれが属する同値類 $\overline{x}$ を対応させることにより, 全射な写像

$$\rho : X \to X/\sim$$

が定まる. これを商集合への**標準写像** (canonical mapping) と呼ぶ.

この概念により，任意の同値関係はある写像により例 7.1 のようにして定まることも分かります．しかも全射なら，あるいは，行き先を像集合に限れば，それが同値関係のすべてです．

【参考：部分群による剰余類】 代数的構造から得られる商集合では，同値類はすべて同じ個数の元より成り，従って有限集合の場合には，

"商集合の元の個数"

= "もとの集合の元の個数 ÷ 一つの同値類に含まれる元の個数"

となります．このような代表的例として，有限群 G の部分群 H による左剰余類があります．(以下の記述は，群論を未習の読者は飛ばしてもいいですが，**群**とは，結合律を満たす 2 項演算を持つ集合で，単位元があり，かつ任意の元に逆元が存在するようなもの，また**部分群**とは，同じ 2 項演算により群となるような部分集合のこと，とだけ承知していれば足りるでしょう．) これは，

$$x, y \in G \text{ に対し } x \sim y \iff x^{-1}y \in H$$

で定義される同値関係による同値類のことです．これが同値関係となることは
(1) **反射律**：$x^{-1}x = e \in H$ は H が部分群で単位元を必ず含むので成立．
(2) **対称律**：$x^{-1}y \in H \Longrightarrow y^{-1}x = (x^{-1}y)^{-1} \in H$ は，H が部分群だから逆元を必ず含むことより成立．
(3) **推移律**：$x^{-1}y \in H, y^{-1}z \in H \Longrightarrow x^{-1}z = x^{-1}y \cdot y^{-1}z \in H$ は，H が部分群だから積について閉じていることより成立．

から分かります．左剰余類は $xH := \{xy \, ; \, y \in H\}$ の形をしており，すべて H と同数の元より成ります．これより**ラグランジュの定理**：

$$\text{群 } G \text{ の元の個数 } = H \text{ の元の個数 } \times \text{ 左剰余類の個数}$$

が導かれます．(ちなみに，群の元の個数は群の**位数**と呼ばれます．)

問題 **7.6** 集合 X からそれ自身への全単射な写像の全体は，写像の合成を積演算として，群となることを確かめよ．(X が有限集合のとき，これは X のすべての置換が成す**対称群**に他ならない．)

第 8 章

ブール代数

　ブール代数は，命題演算や集合論の演算を抽象化したものです．まだ論理学が厳密に定式化されていなかった時代に，現代論理学の創始者の一人ブールにより，論理学を代数的に定式化する目的で導入され，パースやシュレーダーにより完成されました．ブール代数は，集合 B と演算子 $+, \cdot, '$ と B の特殊元（定数）$0, 1$ の三つ組で定義されます．ここで $+, \cdot$ は 2 項演算子，$'$ は単項演算子です．これらの言葉は既に第 6 章で出てきましたが，要するに，それぞれ，B の元二つあるいは一つから B の新たな元を作り出す操作のことです．

■ 8.1　ブール代数の公理

まずブール代数を抽象的に定義しましょう．

定義 8.1　三つ組 $(B; +, \cdot, '; 0, 1)$ がブール代数を成すとは，以下の公理が満たされることを言う：a, b, c を B の勝手な要素とするとき

(i)　　$a + a = a, \quad a \cdot a = a$　　　　　　　　　　　　　　（反射律）
(ii)　 $(a + b) + c = a + (b + c), \quad (a \cdot b) \cdot c = a \cdot (b \cdot c)$　　（結合律）
(iii)　$a + b = b + a, \quad a \cdot b = b \cdot a$　　　　　　　　　　（可換律）
(iv)　 $a \cdot (a + b) = a, \quad a + (a \cdot b) = a$　　　　　　　　　（吸収律）
(v)　　$a \cdot (b + c) = (a \cdot b) + (a \cdot c), \quad a + (b \cdot c) = (a + b) \cdot (a + c)$　（分配律）
(vi)　 $a \cdot a' = 0, \quad a + a' = 1$
(vii)　$a + 0 = a, \quad a + 1 = 1$

　公理の選び方はいろいろあります．ここで採用したものは細井先生の教科書とは少し異なります．
　演算を $+$ と $\cdot$ で表すのは普通の数学と非常に紛らわしいですね．いやな人は $+$ と $\cdot$ の代わりに $\vee$ と $\wedge$，あるいは $\cup$ と $\cap$ を用いてもよいでしょう．世の中にはそのような記号を用いている参考書も結構あります．そういう書物で

は $x+y$ がここでの $+$ ではなく XOR を表していることがあるので注意しましょう．その場合は $x \vee y = x + y + x \wedge y$ となります．

【ブール代数の例】 これまでもブール代数の例をいろいろ挙げてきましたが，ここでまとめておきましょう．

例 8.1 (1) $B =$ "有限集合 X の部分集合の全体"．演算は $+$ が $\cup$, $\cdot$ が $\cap$, 定数は 0 が $\emptyset$, 1 が X に割り当てられる．

(2) $B =$ "命題変数 $p_1, \ldots, p_n$ より成る論理式の全体"．演算は $+$ が $\vee$, $\cdot$ が $\wedge$, 定数は 0 が $\bot$, 1 が $\top$ となる．

(3) $B = \{0, 1\}$ は真理値の集合，演算は $+$ が $\vee$, $\cdot$ が $\wedge$, 定数は $0, 1$.

(4) より一般に，$\boldsymbol{F}_2^n := \{(\varepsilon_1, \ldots, \varepsilon_n) ; \varepsilon_j = 0 \text{ または } 1\}$, $+$ はビット毎の $\vee$, $\cdot$ はビット毎の $\wedge$, 定数は 0 が $\underbrace{(0, \ldots, 0)}_{n個}$, 1 が $\underbrace{(1, \ldots, 1)}_{n個}$ と定めたもの．

(1) と (4) が同型なことは既に第 6 章 (p.76) で特性関数を用いて説明しました．(2) は無限集合を成しますが，真理値が一致する論理式を同一視すれば (1) や (4) と同型になることが，真理値表の数え上げから容易に分かります．更に，有限個の元より成るブール代数はすべてこれらと同型になることが後で分かるのです．なので，抽象的議論が苦手な人は (1) とか (2) のような具体例で推論を確かめた後で，それを抽象的な記号に翻訳すればよいでしょう．例えば，抽象的な記号のままで次のような間違いを犯さぬように注意しましょう：

$$a + b = a + c \implies b = c$$

これは，例えば集合演算で $A \cup B = A \cup C \implies B = C$ と書いてみれば，誤りなことがすぐ分かるでしょう．

【ブール代数における証明例】 まだまだいろいろ成り立ちそうな性質が残っていると感じられるでしょうが，それらはすべて上の公理から証明可能です．

系 8.1 $a \in B$ が何であっても $a \cdot 0 = 0$.

証明 順に，公理の (vi), (ii), (i), (vi) を使って，

$$a \cdot 0 = a \cdot (a \cdot a') = (a \cdot a) \cdot a' = a \cdot a' = 0.$$ □

系 8.2 $a \in B$ が何であっても $a \cdot 1 = a$.

証明 同様に,公理の (vi), (v), (i) と (vi), (vii) を順に使って

$$a \cdot 1 = a \cdot (a + a') = (a \cdot a) + (a \cdot a') = a + 0 = a. \qquad \square$$

系 8.3 $b = a' \iff a + b = 1$ かつ $a \cdot b = 0$. すなわち,この 2 条件は a' の特徴付けを与える.

証明 a' がこの二つを満たすことは公理である.逆にこのような b が有れば,

$$a' = a' \cdot 1 = a' \cdot (a + b) = (a' \cdot a) + (a' \cdot b) = 0 + (a' \cdot b) = a' \cdot b$$

よって

$$a' = a' + 0 = (a' \cdot b) + (a \cdot b) = (a' + a) \cdot b = 1 \cdot b = b. \qquad \square$$

系 8.4 $(a')' = a$, $0' = 1$, $1' = 0$.

証明 公理と可換律より $a' + a = 1, a' \cdot a = 0$. よって系 8.3 より $a = (a')'$. 同様に $0 + 1 = 1$, $0 \cdot 1 = 0$ より,系 8.3 から $0' = 1$. よって最初に示した公式で $a = 0$ とすることにより $1' = (0')' = 0$ が従う. $\square$

8.2 束の構造

ブール代数 B において,$a, b \in B$ に対し

$$a \leq b \iff a + b = b$$

と定義すると,$\leq$ は次の順序の公理を満たします.この公理は,包含記号 $\subset$ に特化して既に第 2 章で紹介したものです.

順序の公理

(1) $a \leq a$ (反射律)

(2) $a \leq b$ かつ $b \leq a \Longrightarrow a = b$ (反対称律)

(3) $a \leq b$ かつ $b \leq c \Longrightarrow a \leq c$ (推移律)

その証明 (1) $a+a=a$ より明らか．

(2) $a+b=b$ かつ $b+a=a$ より $a=b+a=a+b=b$．

(3) $a+b=b$ かつ $b+c=c$ より

$$a+c=a+(b+c)=(a+b)+c=b+c=c.$$

従って $a\leq c$． □

上で用いた順序の定義に加え，更に次も成り立ちます（従って，どちらを順序の定義としてもよいのです）：

(4) $a\leq b \iff a\cdot b=a$

なぜなら，

$$a\cdot b=a \implies a+b=(a\cdot b)+b=b$$

（最後の等号は吸収律の公理による．）逆に

$$a+b=b \implies a\cdot b=a\cdot(a+b)=a$$

（この最後の等号も吸収律による．）

(5) どんな a に対しても $0\leq a\leq 1$．

実際，$a+1=1$ より $a\leq 1$．また $a+0=a$ より $0\leq a$．

(6) $a\cdot b\leq a$, $b\leq a+b$ [1]．更に，$c\leq a,b$ なら $c\leq a\cdot b$，また，$a,b\leq c$ なら $a+b\leq c$．すなわち，$a\cdot b$ は a,b より小さな元の中で最大のもの（下限 $\inf\{a,b\}$），$a+b$ は a,b より大きな元の中で最小のもの（上限 $\sup\{a,b\}$）となっている．

実際，吸収律 $a\cdot b+a=a$ より $a\cdot b\leq a$．同様に $a\cdot b\leq b$．同じく $a\cdot(a+b)=a$ より $a\leq a+b$．同様に $b\leq a+b$．

もし $c\leq a,b$ とすると $c\cdot a=c$, かつ $c\cdot b=c$ より

$$c\cdot(a\cdot b)=(c\cdot a)\cdot b=c\cdot b=c$$

---

[1] これは，$a\cdot b\leq a\leq a+b$ と $a\cdot b\leq b\leq a+b$ をまとめて書いたものです．紛らわしいかもしれませんが，数学ではしばしば使われる略記法です．情報科学なら $a\cdot b\leq\{a,\ b\}\leq a+b$ と書くところでしょうか．

よって $c \leq a \cdot b$. 同様に，もし $c \geq a, b$ なら $c + a = c$, かつ $c + b = c$ より

$$c + (a + b) = (c + a) + b = c + b = c$$

よって $c \geq a + b$.

以上により，ブール代数は，以下に述べる定義の意味で 0 を最小元，1 を最大元とする相補分配束を成すことが分かります：

定義 8.2 束 (lattice) とは，順序集合であって，任意の二元に上限および下限が存在するようなもののことを言う．すなわち，

 (i) $a \leq a$　　　　　　　　　　　　　　　（反射律）
 (ii) $a \leq b$ かつ $b \leq a$ ならば $a = b$　　（反対称律）
 (iii) $a \leq b$ かつ $b \leq c$ ならば $a \leq c$　　（推移律）
 (iv) 任意の a, b に対し，これらの下限 $a \wedge b$ および上限 $a \vee b$ が存在する．

束が更に

 (v) $a \wedge (b \vee c) = (a \wedge b) \vee (a \wedge c), \quad a \vee (b \wedge c) = (a \vee b) \wedge (a \vee c)$

を満たすとき，**分配束** (distributive lattice) と呼ばれる．

また束が，最大元 1 と最小元 0 を持ち，

 (vi) $a \wedge a' = 0, \quad a \vee a' = 1$

を満たす単項演算 $'$ を持つとき，**相補束** (complemented lattice) と呼ばれる．

束の公理 (i) - (iv) はブール代数の公理のうちの (i) - (iv) と同等です．ブール代数の公理では $a \wedge b$ は $a \cdot b$, $a \vee b$ は $a + b$ と書かれていました．(v) はブール代数の公理の (v) と同等です．(vi) はブール代数の公理の (vi) - (vii) と同等です．このように，ブール代数は束の特別なものという位置付けですが，歴史的には，ここで述べたような順に，ブール代数から一般の束の理論が生まれてきたのです．

ブール代数の順序関係について，もう少し性質調べを続けましょう．以下，$a \leq b$ かつ $a \neq b$ のとき $a < b$ と書くことにします．また，$a \leq b$ を $b \geq a$ とも書くことにします．これは数学で通常使われている約束です．普通は $a < b$ が先に定義されて，それから $a \leq b$ を "$a < b$ または $a = b$" として定義するのだと思っている人は，このような定義の仕方も覚えておきましょう．

(7) $a \cdot b = 1 \implies a = b = 1$

なぜなら，このとき $a \geq a \cdot b = 1$ となりますが，他方 1 は最大元ですから，$a \leq 1$，よって $a = 1$. $b = 1$ も同様です（または，対称性により成り立つと言ってもよいでしょう.）

(7′) $a + b = 0 \implies a = b = 0$

なぜなら，このとき $a \leq a + b = 0$, 他方 0 は最小元だから，$a \geq 0$ よって $a = 0$. 同様に $b = 0$.

(8) $a \leq b \implies a + c \leq b + c, \ a \cdot c \leq b \cdot c$

実際，
$$a \leq b \iff a = a \cdot b$$
$$\implies a \cdot c = (a \cdot b) \cdot c = (a \cdot b) \cdot c \cdot c = (a \cdot c) \cdot (b \cdot c)$$
$$\iff a \cdot c \leq b \cdot c$$

もう一方も同様です.

(9) $a \leq b \iff a' \geq b'$

なぜなら，不等号の定義と分配法則などから

$$a \leq b \iff a \cdot b = a$$
$$\implies 0 = a \cdot 0 = a \cdot (b \cdot b') = (a \cdot b) \cdot b' = a \cdot b'$$
$$\implies a' = a' + 0 = a' + a \cdot b' = (a' + a) \cdot (a' + b') \quad \text{（分配法則）}$$
$$= 1 \cdot (a' + b') = a' + b'$$
$$\iff a' \geq b'$$

よって $b' \leq a' \implies (b')' \geq (a')' \iff a \leq b$.

(10) （ド・モルガンの法則） $(a + b)' = a' \cdot b', \quad (a \cdot b)' = a' + b'$

実際，$a + b \geq a$ より $(a + b)' \leq a'$ 同様に $(a + b)' \leq b'$. 故に

$$(a + b)' \leq a' \cdot b' \tag{8.1}$$

他方, $a \cdot b \leq a$ より $(a \cdot b)' \geq a'$, 同様に $(a \cdot b)' \geq b'$. よって $(a \cdot b)' \geq a' + b'$. 故に $a \cdot b \leq (a' + b')'$. ここで a, b の代わりに a', b' を代入すれば, $(a')' = a$ 等より

$$a' \cdot b' \leq (a+b)' \tag{8.2}$$

(8.1), (8.2) より $(a+b)' = a' \cdot b'$ となり, 第 1 の等式が得られました.

得られた式の両辺の $'$ を取ると $a + b = (a' \cdot b')'$. 再び a, b の代わりに a', b' と置けば, $a' + b' = (a \cdot b)'$ となり, 第 2 の等式も得られました.

以上の結果から導かれる次の重要な考察を記憶にとどめましょう:

自己双対性

★ 演算 $'$ により $+$ と $\cdot$ が交替する. また, $\leq$ と $\geq$ が交替する.
★ あらゆる等式は $+$ と $\cdot$ を, 0 と 1 を取り替えても再び成立する.
★ あらゆる不等式は $\leq$ と $\geq$ を, $+$ と $\cdot$ を, 0 と 1 を取り替えても再び成立する.

問題 8.1 ブール代数における次の式をド・モルガンの法則を用いて $'$ が項に直接付く形に変形せよ.

(1) $(a + b + c + abc)'$ (2) $(a + b + c + ab + bc + ca)'$
(3) $\{(a' + b')(b' + c')(a' + c')\}'$

問題 8.2 ブール代数における次の式をなるべく簡単な形に変形せよ.

(1) $a + ab$ (2) $ab' + bc' + ca' + abc$
(3) $a' + b' + abc$ (4) $ab + bc + ca + abc$

8.3 有限ブール代数の構造

この節では, 有限個の元より成る任意のブール代数は $0, 1$ のベクトルの集合

$$\boldsymbol{F}_2^n := \{(\varepsilon_1, \ldots, \varepsilon_n) \, ; \, \varepsilon_j = 0 \text{ または } 1\}$$

と同一視できる (従って, 元の総数は 2^n の形となる) ことを示します. この集合の最小元は $(0, \ldots, 0)$, 最大元は $(1, \ldots, 1)$ であり, 演算 $+$ はビット毎の $\vee$, 演算 $\cdot$ はビット毎の $\wedge$ で定められるのでした.

演算の例 $(1, 0, 0, 1, 0) + (1, 1, 0, 0, 1) = (1, 1, 0, 1, 1),$
$(1, 0, 0, 1, 0) \cdot (1, 1, 0, 0, 1) = (1, 0, 0, 0, 0)$

このようなものがブール代数になることは明らかです．実際，$\boldsymbol{F}_2 = \{0,1\}$ だけでブール代数となることは既に注意しましたが，上で定めた演算は成分毎に独立なので，公理はほぼ自動的に満たされます．

逆に，有限個の元より成るブール代数 B が有ったとき，最小元 0 よりは大きいが，それ以外に自分より小さい元が無いような元（正の極小元，あるいは 0 の直後の元と呼ばれます）を $p_1, \ldots, p_n$ とすると，

$$\varepsilon_1 \cdot p_1 + \cdots + \varepsilon_n \cdot p_n, \qquad \varepsilon_j = 0 \text{ または } 1$$

は B の元であって，以下で証明するように，これらはすべて異なり，また，逆に B の任意の元はこの形に表されることが示せるのです．こうして B の元に上の表現の係数ベクトルを対応させることにより $B \cong \boldsymbol{F}_2^n$ となります．

【構造定理の証明】 まず "直交関係"

$$i \neq j \implies p_i \cdot p_j = 0$$

を言いましょう．$p_i \cdot p_j \leq p_i, p_j$．$p_i \neq p_j$ だから，どちらかでは $<$ が成り立ちます．すると p_j たちの極小性により $p_i \cdot p_j = 0$ でなければなりません．

次に

$$\varepsilon_1 \cdot p_1 + \cdots + \varepsilon_n \cdot p_n = \varepsilon'_1 \cdot p_1 + \cdots + \varepsilon'_n \cdot p_n$$

とすると，両辺に $p_j\cdot$ という演算を施して分配律と直交関係を使えば，

$$\varepsilon_j \cdot p_j = \varepsilon'_j \cdot p_j.$$

$p_j \neq 0$ なので，これより $\varepsilon_j = \varepsilon'_j$ でなければなりません．j は任意ですから，これからすべての係数が一致することが言えます．

最後に，B の任意の元はこの形に表されることを見ましょう．$a \in B$ に対し，$a \cdot p_j \leq p_j$ より，$a \cdot p_j = 0$ または $a \cdot p_j = p_j$ です．よって前者のとき $\varepsilon_j = 0$，後者のとき $\varepsilon_j = 1$ と置けば，

$$b = \varepsilon_1 \cdot p_1 + \cdots + \varepsilon_n \cdot p_n \in B$$

という元が得られ，各 j について $b \cdot p_j = a \cdot p_j$ となります．このことから $a = b$ を言いましょう．

8.3 有限ブール代数の構造

〔$b=0$ ならば $a=0$〕 (i.e. $\forall j\ a \cdot p_j = 0 \implies a=0$)

なぜなら，もし $a \neq 0$ なら，a 自身が極小元の一つであるか，そうでなければ，a と 0 の間に極小元が存在するので，どちらにしてもある p_j について $a \geq p_j$. すると，両辺に p_j を掛ければ，性質 (8) より $a \cdot p_j \geq p_j$ となり $a \cdot p_j = 0$ と矛盾します．

〔一般の場合〕 分配律により

$$a \cdot b = a \cdot (\varepsilon_1 \cdot p_1 + \cdots + \varepsilon_n \cdot p_n) = \varepsilon_1 \cdot a \cdot p_1 + \cdots + \varepsilon_n \cdot a \cdot p_n$$
$$= \varepsilon_1 \cdot \varepsilon_1 \cdot p_1 + \cdots + \varepsilon_n \cdot \varepsilon_n \cdot p_n = \varepsilon_1 \cdot p_1 + \cdots + \varepsilon_n \cdot p_n = b$$

従って $b \leq a$. よって $b' \geq a'$, 従って $b' + a \geq a' + a = 1$, すなわち $b' + a = 1$ となります．故に $b' \cdot a = 0$ を示せば，二つを合わせると a' の特徴付けにより，$b' = a'$ すなわち $b = a$ が言えます．

ド・モルガンの法則より

$$b' = (\varepsilon_1 \cdot p_1)' \cdots (\varepsilon_n \cdot p_n)'$$

従って，各 p_j に対して

$$(b' \cdot a) \cdot p_j = b' \cdot (a \cdot p_j) = b' \cdot (\varepsilon_j \cdot p_j)$$
$$= \{(\varepsilon_1 \cdot p_1)' \cdots (\varepsilon_n \cdot p_n)'\} \cdot (\varepsilon_j \cdot p_j)$$
$$= (\varepsilon_1 \cdot p_1)' \cdots \{(\varepsilon_j \cdot p_j)' \cdot (\varepsilon_j \cdot p_j)\} \cdots (\varepsilon_n \cdot p_n)' = 0$$

よって前半の結果より $b' \cdot a = 0$. □

🐰 ブール代数は元の個数が無限のものもあります．これは，無限集合 X の部分集合の全体が成すブール代数を考えれば明らかです．この例については，第 6 章で特性関数を用いた議論により，F_2^X と同型になることが分かります．しかし一般の無限ブール代数の構造は複雑です[2]．平面は無限集合なので，高校生もやっている初等的な集合演算が上の構造定理の適用外になってしまうのは，残念だと思う人がいるかもし

---

[2] 任意のブール代数は，ある F_2^X の部分ブール代数として実現できることがストーンにより示されていますが，F_2^X の部分ブール代数で，正の極小元を持たないものも沢山あり，必ずしも F_2^X と同型になるとは限りません．実際，例えば，実数の部分集合で，$a < x \leq b$ または $x \leq a$ または $x > a$ の形 ($\forall a, b \in \boldsymbol{R}$) をしたものの有限和より成るものは，$F_2^{\boldsymbol{R}}$ の部分ブール代数となることが容易に分かりますが，これは正の極小元を持たないので，F_2^X 型のブール代数とは同型にはなりません．なお，無限ブール代数のときは，位相構造も入れたものを考えるのが普通です．

れませんが，そのような演算では，現れる部分集合の種類が有限個なので，それらから集合演算を繰り返しても，必要な部分集合の種類は有限個に限られ，従って構造定理はちゃんと通用します．第 2 章で紹介したブールの図 2.7 の区画の数が，有限ブール代数の元の個数 2^4 になっていたのも，このことの一つの裏付けです．

問題 8.3 命題論理の計算をブール代数とみなしたとき，三段論法が順序の公理の推移律となることを確かめよ．

【ハッセ図式】（Hasse diagram） 順序集合の構造を一目で分かるように表した折れ線図のことです．上方に大きな元を，下方に小さな元を頂点として記し，大小関係が定まっている 2 元を辺で結ぶことでこの図を描きます．（大小関係を有向辺で表す代わりに，上下関係で表しているので，逆さにすると意味が変わってしまい，厳密な意味ではグラフではありません．）有限個の元より成る束の構造は，この図を描くことにより完全に表現できます．

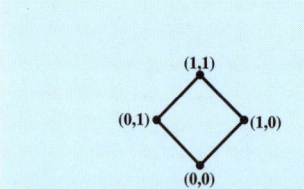

図 8.1 $\boldsymbol{F}_2^2$ に対するハッセ図式 $(0,1)$ と $(1,0)$ の間には大小関係はない

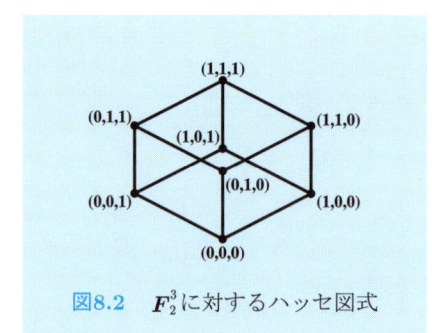

図 8.2 $\boldsymbol{F}_2^3$ に対するハッセ図式

ここで，図を描くにあたり，

$$(\varepsilon_1, \ldots, \varepsilon_n) \leq (\varepsilon_1', \ldots, \varepsilon_n') \iff \varepsilon_1 \leq \varepsilon_1', \ldots, \varepsilon_n \leq \varepsilon_n'$$

を用いました．この証明は，

$(\varepsilon_1, \ldots, \varepsilon_n) \leq (\varepsilon_1', \ldots, \varepsilon_n')$
$\iff (\varepsilon_1, \ldots, \varepsilon_n) = (\varepsilon_1, \ldots, \varepsilon_n) \cdot (\varepsilon_1', \ldots, \varepsilon_n') = (\varepsilon_1 \cdot \varepsilon_1', \ldots, \varepsilon_n \cdot \varepsilon_n')$
$\iff \varepsilon_1 = \varepsilon_1 \cdot \varepsilon_1', \ldots, \varepsilon_n = \varepsilon_n \cdot \varepsilon_n'$
$\iff \varepsilon_1 \leq \varepsilon_1', \ldots, \varepsilon_n \leq \varepsilon_n'$

これから特に，基本単位ベクトル達 $(0,\ldots,0,1,0,\ldots,0)$ が極小元の集合をなすことも分かります．

問題 8.4 ブール代数 $\boldsymbol{F}_2^4$ に対するハッセ図式を描け．

8.4 ブール代数の準同型と真理値の抽象化

論理式の真理値を考えることは，各命題変数に $0,1$ のいずれかの値を与えて，それらで構成される論理式のおのおのに論理演算と整合するように $0,1$ の値を付与することでした．これをブール代数の目で見直すと，論理式の集合の成すブール代数 L から $\boldsymbol{F}_2$ への写像

$$v: L \longrightarrow \boldsymbol{F}_2$$

で

$$v(A \wedge B) = v(A) \wedge v(B), \quad v(A \vee B) = v(A) \vee v(B),$$
$$v(\neg A) = \neg v(A), \quad v(\bot) = 0, \quad v(\top) = 1$$

を満たすようなものを一つ定めることと解釈できます．このような写像 v を **付値** (assignment) と呼びます．このとき，

$$A \in L \text{ が恒真式} \iff \forall v \text{ に対し } v(A) = 1.$$

であることが定義から明らかです．ここで，写像を一般のブール代数の間のものに拡張し，付値の条件における演算を抽象ブール代数のものに合わせ，また $\bot,0$，および $\top,1$ をそれぞれのブール代数の最小元，最大元と解釈すれば，ブール代数の（より一般には相補束の）**準同型写像** $\varphi: B_1 \longrightarrow B_2$ の定義が得られます：

$$\begin{aligned}&\varphi(A \cdot B) = \varphi(A) \cdot \varphi(B), \quad \varphi(A + B) = \varphi(A) + \varphi(B),\\ &\varphi(A') = \varphi(A)', \quad \varphi(0) = 0, \quad \varphi(1) = 1\end{aligned} \tag{8.3}$$

このようにして，v の値域を $\boldsymbol{F}_2$ 以外のブール代数に取ることで，新しい論理を定式化することができます．ただし，有限な命題論理の世界では，この拡張は本質的には新しい論理学は生み出さないことが知られています[3]．しかし，

---

[3] これは第 3 章でちょっと紹介した非古典的な論理学，例えば真理値を $\{0,1/2,1\}$ に取るウカシェビッチの 3 値論理などの**多値論理**や，真理値を $[0,1]$ 間の任意の実数に取る**ファジー論理**などは，ブール代数値ではありません．

スコットとソロベイは，第 11 章で紹介される無限集合論の形式理論 ZF に無限ブール代数値の論理学を適用して，第 10 章で紹介されるコーエンによる選択公理や連続体仮説の独立性の証明のアイデア "強制法" を解明するための新理論を展開し，その有効性を示しました．

第 6 章（p.76）で一足先に使ったブール代数の同型を与える 1 対 1 対応は，もちろんブール代数の準同型写像の特別な場合です．また，例 8.1 (2) において，論理式にその真理値表を対応させるのは，B から $\boldsymbol{F}_2^n$ への全射な準同型です．最後に，ブール代数の準同型写像の性質を一つ示しておきましょう．

定理 8.5 ブール代数の準同型写像 $\varphi : B_1 \to B_2$ は順序を保つ．すなわち，

$$x \leq y \quad \Longrightarrow \quad \varphi(x) \leq \varphi(y). \tag{8.4}$$

証明 $x \leq y \iff x + y = y$ なので，準同型の仮定より

$$\varphi(x) + \varphi(y) = \varphi(x + y) = \varphi(y).$$

従って $\varphi(x) \leq \varphi(y)$． □

問題 8.5 準同型の定義 (8.3) において，最後の条件 $\varphi(0) = 0$, $\varphi(1) = 1$ は仮定しなくても他の条件から導けることを示せ．［ヒント：$A + A' = 1$ の φ による行き先を考えよ．］

問題 8.6 ブール代数 B の部分集合 I で，

$$\forall a, b \in I \text{ に対し } a + b \in I, \quad \forall a \in I, \forall b \in B \text{ に対し } a \cdot b \in I$$

の 2 条件を満たすものを，B の**イデアル**と呼ぶ．
(1) $\exists a \in B$ に対して $I = \{x \in B \,;\, x \leq a\}$ の形をしたものは B のイデアルとなることを確かめよ．この a を I の生成元と呼ぶ．
(2) 有限ブール代数の任意のイデアルは，必ず (1) で述べた形をしていることを示せ．［ヒント：イデアルの極大元がただ一つであることをまず確かめよ．］
(3) ブール代数の準同型写像 $\varphi : B_1 \to B_2$ において，B_2 の最小元の逆像は B_1 のイデアルとなることを確かめよ．
(4) $v : L \to \boldsymbol{F}_2$ を付値とするとき，$v^{-1}(0)$ に含まれる論理式とそのイデアルとしての生成元の間には，どういう論理学的関係があるか？

第9章

1階述語論理

この章では，述語論理をもう少し深く調べます．人工知能などで使われている，恒真式の検証の実用的な計算法も紹介します．

■ 9.1　1階述語論理の厳密な定義

まず，これまで常識的に用いていた，述語論理を記述するための記号と，関連する用語に対して厳密な定義を与えます．既に第5章でも，論理式の例の中に関数記号などいろいろなものが使われていましたが，抽象論においても，述語論理式だけでは表現能力が乏しいので，普通は次のようなものを扱います：

定義 9.1（**述語論理の言語**）　述語論理の**言語** (language) とは，使用される記号の集まりのことで，以下のものより成る：

(0) **対称領域** D
(1) **論理演算子**　（論理結合子）$\land, \lor, \to, \lnot$
(2) **限定子**　（束縛記号，量化記号）$\forall, \exists$
(3) **対象変数**　(individual variable，個体変数とも訳す)　$x, y, z, \ldots$
(4) **対象定数**　(individual constant，個体定数とも訳す)　$c, d, \ldots$
(5) **関数記号**　$f, g, \ldots$
(6) **述語記号**　$P, Q, \ldots$
(7) **区切り記号**　句読点 "," と括弧 ( )

🐭　日常世界の言語は，論理学では自然言語と呼ばれますが，それは何語であっても，記号列から成っています．文字を持つ言語についてはこのことは納得しやすいでしょうが，音声だけの言語でも，それは基本的な信号の組合せの時系列で，人間や動物はこれをある意味でデジタルな情報に変換して解釈しています．上の定義は，計算論のように言語をアルファベットにまで分解するのではなく，単語や句読点などの記号で分類したものに近いと言えるでしょう．

(5) の関数は，変数に対象領域の元を代入すると，再び対象領域の元が得られるようなもので，集合論で扱った関数とほぼ同じです．(6) の述語は，その変数に対象領域の元を代入すると，真か偽かが確定する命題となるものです．述語論理学では，これらは単なる抽象的記号で，実際に数学などの具体的な分野に当てはめるときは，どんな理論を記述するか，すなわち，対象領域をどのように選ぶかで，表現するものが変わってきます．最も標準的なものが次です：

例 9.1 自然数の理論を述語論理で記述するときの言語 $\mathcal{L}$ においては，論理演算子と限定子，対象変数の記号や区切り記号は共通のものとして，

対象定数： $0, 1, \ldots$
関数記号： $S(x)\ (:= x+1), +, \times, \div, \ldots$
述語記号： $=, <, \leq, |, \ldots$

ここで，$x \mid y$ は第 5 章の例 5.1 (2) で紹介した，x が y を割り切るということを表す記号です．その他の記号は知らない人は居ないと思いますが，実はこんなに沢山定義しなくても，自然数論は，例えば

$$\vee,\ \neg,\ \forall,\ 0,\ S,\ =$$

だけで記述できます．述語論理の記号については，$\vee, \neg, \forall$ だけで他の記号が表せることは先に注意した通りですが，その他のものについては，後に自然数の公理のところで検討しましょう．普通の数学を展開するときは，読みやすいようにどんどん記号を追加すればよいのですが，基礎的なことを論ずるときは，逆になるべく少ない記号で記述した方が見通しがよくなることもあります．

次に，述語論理で使われる二つの基本的な用語の定義をします．

定義 9.2 項 (term) とは，以下のように帰納的に定義されるもののことである：
(1) 対象変数，対象定数は項である．
(2) f が m 変数の関数記号であり，$t_1, \ldots, t_m$ が項なら，$f(t_1, \ldots, t_m)$ もまた項である．

例 9.2 上例の自然数の言語 $\mathcal{L}$ においては，$x,\ 0,\ S(x)+1 \times S((S(y))),\ S(x+y) \times S(z)$ などは項である．

定義 9.3 1 階述語論理の**論理式**は次のように帰納的に定義される：

9.1　1階述語論理の厳密な定義

(1) P が n 変数の述語記号で，$t_1, \ldots, t_n$ が項なら，$P(t_1, \ldots, t_n)$ は論理式である．これらを**原始論理式** (atomic formula) あるいは**素式** (prime formula) と呼ぶ．

(2) A, B がともに論理式なら，$(A \wedge B), (A \vee B), (A \to B), (\neg A)$ はいずれも論理式である．

(3) A が論理式で x が対象変数なら，$(\forall x\, A), (\exists x\, A)$ はいずれも論理式である．

また，読みやすくするため必要に応じて括弧は増やしてもよいものとする[1]．

例 9.3 上例の自然数の言語 $\mathcal{L}$ においては，次のものはみな論理式である：
(1) $x > 0$　(2) $x + y < z$　(3) $((\forall x\, (\forall y\, xy > 0)) \to (x+y)^2 > x^2 + y^2)$

命題論理の論理式と同様，誤解の恐れが無い限り括弧を省略できます．結合の強さの順は次のように定められます：

$$\boxed{\text{関数記号, 述語記号}} \;;\; \boxed{\forall, \exists} \;;\; \boxed{\neg, \wedge, \vee, \to}$$

すなわち，理論の具体的（数学的）内容に関わるものが最も結び付きが強く，論理記号や論理演算はそれよりも弱く，それぞれの間では数学や論理学での習慣により順序が付けられます．例えば，

$$\exists x\, x < y \wedge x > z \to \forall x\, z < y + 2x^2$$

は，論理式の定義に従って機械的に構成すると，

$$(((\exists x\, x < y) \wedge x > z) \to (\forall x\, z < (y + 2x^2)))$$

と一意に解釈されます．もう少し分かりやすく括弧を増やしたり省略したりすると，

$$(\exists x\, (x < y)) \wedge (x > z) \to (\forall x\, (z < (y + 2x^2)))$$

の意味です．数学では，この前提部分を $\exists x\, ((x < y) \wedge (x > z))$ の略記としてしまうこともあるので，注意しましょう．

> **例題 9.1**　次は上述の自然数の言語 $\mathcal{L}$ 上の述語論理の論理式と言えるか？ただし，x, y は対象変数，f, S は関数記号とする．

---
[1] $A, B \Longrightarrow (A) \wedge (B)$ や $A \Longrightarrow \neg(A)$ のように，外側でなく内側に括弧を付ける帰納的定義を採用する書物もあります．

(1) $\forall x\, \forall y\, (x + S(y) = S(x + y))$ (2) $\exists x\, \exists y\ \ x + y$
(3) $\forall (x \times y)\, (f(x \times y) > 0)$

解答 (1) 論理式である．実際，$S(y)$ は項，従って $x + S(y)$ も項，同様に $S(x+y)$ も項．従って $x + S(y) = S(x+y)$ は述語だから（原始）論理式．よって $\forall y\, (x + S(y) = S(x + y))$ は論理式．従って $\forall x\, (\forall y\, (x + S(y) = S(x + y)))$ は論理式．

(2) 論理式ではない．なぜなら，これが論理式であるためには $x + y$ が論理式でなければならないが，これは項であって述語ではないので，論理式ではない．

(3) これも $x \times y$ が項ではあるものの対象変数ではないので，$\forall$ が付くことはできず，論理式ではない． □

🐱 通常の数学では最後の書き方くらいは許してしまうことが多い．

【自由変数への代入】 外側に $\forall x, \exists x$ が付いているような変数 x を束縛変数，そうでないものを自由変数と呼ぶのでした（第5章 p.58）．自由変数へは他の項を代入することができました（同 p.64）．この操作の定義を厳密化しましょう：

定義 9.4 論理式 A に現れる自由変数 x をすべて項 t で置き換えたものを $A[t/x]$ で表し，x への t の**代入**，あるいは x の t による**置換**と呼ぶ．厳密には，これを次の帰納法により定義する：

(1) s を項とするとき，s におけるすべての x の出現を t で置き換えることにより得られる項を $s[t/x]$ とする．
(2) A が原始論理式 $P(s_1, \ldots, s_n)$ のとき，$A[t/x] = P(s_1[t/x], \ldots, s_n[t/x])$ とする．
(3) A が $\neg B$ の形なら，$A[t/x] = \neg(B[t/x])$ とする．A が $B * C$，ここに $*$ は $\land, \lor, \rightarrow$ のいずれか，の形なら，$A[t/x] = B[t/x] * C[t/x]$ とする．
(4) A が $\forall z B$ あるいは $\exists z B$ なら，
  (i) $z = x$ のときは $A[t/x] = A$ （そのまま）とする．
  (ii) $z \neq x$ のときは，
    ☆ z が t に出現しなければ，それぞれ $A[t/x] = \forall z\, (B[t/x])$ あるいは $\exists z\, (B[t/x])$ とする．
    ☆ z が t に出現するときは，予め A の中の z を A にも t にも現れな

い対象変数 u で書き換えて，それぞれ $\forall u\,((B[u/z])[t/x])$ あるいは $\exists u\,((B[u/z])[t/x])$ とする．

帰納的定義は最初はとっつきにくいでしょうが，よく読めば，やっていることは常識的でしょう．

🐰 細井先生の教科書では代入を "$A(x)$ から $A(t)$ を作る操作" と記しています．この書き方は分かりやすいので，本書でも併用しますが，使うときは，論理式 A には変数として x しか含まれないものと誤解しないよう注意することが大切です．

定義 9.5 論理式 A に自由変数 x, y が含まれるとき，これら二つの自由変数を一気にそれぞれ s, t で置き換える操作を**同時代入**と呼び，$A[s/x, t/y]$ で表す．

これは，もし項 s が y を含んでいなければ，逐次代入 $A[s/x][t/y]$ と一致しますが，そうでなければ，必ずしも一致しません．

例 9.4 $\mathcal{L}$ において，$A = (x+y > 0), s = x+y, t = y^2$ のとき $A[s/x, t/y] = ((x+y) + y^2 > 0)$，また $A[s/x][t/y] = ((x+y) + y > 0)[t/y] = (x + 2y^2 > 0)$．

この違いは，連立の漸化式
$$\begin{cases} x_{n+1} = ax_n + by_n, \\ y_{n+1} = cx_n + dy_n \end{cases}$$
をプログラミングするとき，（* は計算機言語における掛け算記号として）

正しくは
```
dummy=a*x+b*y,
y=c*x+d*y,
x=dummy
```
だが，よく間違えて
```
x=a*x+b*y,
y=c*x+d*y
```
とする

というのと状況が似ていますね．右の方は逐次代入になってしまっています．

問題 9.1 自然数の言語 $\mathcal{L}$ 上の次の表現のうち，論理式となっているものはどれか？

(1) $\forall x\, \forall y\, \exists z\, (z > x - y)$ 　　　(2) $\forall z\, (x > \exists y)\, z = x - y$

(3) $(x + y) \to \forall z\, (x > y)$ 　　　(4) $\forall x \forall y\, (xy > z \to z < 0)$

問題 9.2 次の代入を計算せよ．

(1) $(x + y > z)[x/y][t/x][(x+y)/z]$ 　　(2) $(x + y > z)[x/y, t/x, (x+y)/z]$

(3) $(\forall z\, \exists x\, (f(x+y) = z) \land \exists z\, (f(x-y) = z))[t/x][x/y]$

■ 9.2 述語論理式の標準形

以下，人工知能などで用いられる，コンピュータによる述語論理式の恒真性の検証の話を触りの部分だけ紹介します．すべての解釈に対して真かどうかを

調べることはコンピュータにはできないので，これには有限的な証明のアルゴリズムがどうしても必要となります．そのため，まず証明すべき式を都合のよい形に書き直すことが重要です．

【**冠頭標準形**】 限定子が頭にすべて括り出された形の論理式を**冠頭(かんとう)論理式** (prenex formula)，あるいは**冠形式**と呼びます．

定理 9.1 任意の論理式に対しそれと同値な冠頭論理式が存在する．これをもとの論理式の**冠頭標準形**と呼ぶ．

実際，第 5 章 5.3 節（p.64）でリストアップした基本的な恒真式のうち (3), (4), (10), (11), (12) を用いて，次々に限定子を括り出してゆけばよろしい．ただし移動の際に同じ名前の変数を追い越してしまう場合は，束縛変数を適当に取り替えてから上を実行する必要があります．

例題 9.2 論理式 $(\exists y\, P(y) \lor Q(x)) \to \exists x\, R(x)$ を冠頭標準形に改めよ．（対象変数は，示された箇所以外には含まれていないものとする．）

解答 以下，変形の際に用いた規則を第 5 章 5.3 節の恒真式リストの番号で各行の右方に注記する．

$$
\begin{aligned}
&(\exists y\, P(y) \lor Q(x)) \to \exists x\, R(x) \\
&\iff \exists y\, (P(y) \lor Q(x)) \to \exists x\, R(x) \quad ((4) \text{ の右}) \\
&\iff \forall y\, (P(y) \lor Q(x) \to \exists x\, R(x)) \quad ((12) \text{ の右}) \\
&\iff \forall y\, (P(y) \lor Q(x) \to \exists z\, R(z)) \quad (\text{束縛変数の取替え}) \\
&\iff \forall y\, \exists z\, (P(y) \lor Q(x) \to R(z)) \quad ((11) \text{ の右})
\end{aligned}
$$
□

必ずしも冠頭標準形にした方が見やすくなる訳ではありません．また，標準形は一つには決まらないことに注意しましょう．

例題 9.3 次の論理式の冠頭標準形を作れ．
(1) $P(x) \to (\forall x\, Q(x)) \lor (\exists x\, R(x))$
(2) $\exists x\, R(x, y) \to \forall y\, (P(y) \land \neg \forall z\, Q(z))$

解答 注記の意味は上と同様とする．

9.2 述語論理式の標準形

(1) y, z はどの述語にも現れない変数として，

$$P(x) \to (\forall x\, Q(x)) \vee (\exists x\, R(x))$$
$$\iff P(x) \to (\forall y\, Q(y)) \vee (\exists z\, R(z)) \quad \text{(束縛変数の取替え)}$$
$$\iff P(x) \to \forall y\,(Q(y) \vee \exists z\, R(z)) \quad \text{((4)の左)}$$
$$\iff P(x) \to \forall y\, \exists z\,(Q(y) \vee R(z)) \quad \text{((4)の右)}$$
$$\iff \forall y\,(P(x) \to \exists z\,(Q(y) \vee R(z))) \quad \text{((11)の左)}$$
$$\iff \forall y\,(\exists z\,(P(x) \to (Q(y) \vee R(z)))) \quad \text{((11)の右)}$$

この問題では $\forall y$ と $\exists z$ の順序を交換しても意味は変わらない．実際にも後者を先に前に出すと逆順の答を得る．

(2) u をどの述語にも含まれない変数として

$$\exists x\, R(x, y) \to \forall y\,(P(y) \wedge \neg \forall z\, Q(z))$$
$$\iff \exists x\, R(x, y) \to \forall u\,(P(u) \wedge \neg \forall z\, Q(z)) \quad \text{(束縛変数の取替え)}$$
$$\iff \exists x\, R(x, y) \to \forall u\,(P(u) \wedge \exists z\, \neg Q(z)) \quad \text{((10)の左)}$$
$$\iff \exists x\, R(x, y) \to \forall u\, \exists z\,(P(u) \wedge \neg Q(z)) \quad \text{((3)の右)}$$
$$\iff \forall x\,(R(x, y) \to \forall u\, \exists z\,(P(u) \wedge \neg Q(z))) \quad \text{((12)の右)}$$
$$\iff \forall x\, \forall u\,(R(x, y) \to \exists z\,(P(u) \wedge \neg Q(z))) \quad \text{((11)の左)}$$
$$\iff \forall x\, \forall u\, \exists z\,(R(x, y) \to (P(u) \wedge \neg Q(z))) \quad \text{((11)の右)}$$

これも，冠頭部分の順序は任意である． □

問題 9.3 上の例題の (2) で Q が $Q(y, z)$ のように，最初の束縛変数 y を含むと，限定子の順序に制約が付く．どのような制約が付くか考えてみよ． [ヒント：$\forall u\, \exists z$ の順序が入れ替えられなくなる．]

問題 9.4 次の論理式を冠形式に変換せよ．ただし，各述語は括弧内に示された変数のみを含むと仮定してよい．
(1) $A(x) \wedge (\forall x\, B(x) \to C(y))$ (2) $Q(x, y) \to (\forall x\, A(x) \vee B(x))$

【節形式】 これは，命題論理のところで論理積標準形と呼んでいたものに相当するものですが，関連する言葉とともに厳密に再定義しましょう：
(1) 素式または素式の否定を**リテラル** (literal) と言う．
(2) リテラルを選言 $\vee$ で結んだものを**節** (clause) と言う．
(3) 節を連言 $\wedge$ で結んだものの外側に限定子を付けたものを**節形式** (clause form) という．すなわち，次の形の論理式のことである：

$$\forall\!\!\!\exists x_1 \forall\!\!\!\exists x_2 \cdots \forall\!\!\!\exists x_m \, (C_1 \land C_2 \land \cdots \land C_n)$$

（ここに，各 C_j は節，$\forall\!\!\!\exists$ は "$\forall$ または $\exists$" を表すここだけの記号である．）

(4) 限定子を含まない $C_1 \land C_2 \land \cdots \land C_n$ の部分を**母式**(ぼしき)と言う．

節形式への変換法 次の手順で機械的にできます：

① $\equiv, \to$ を $\land, \lor, \neg$ で書き直す（命題論理式のときの計算と同じ）．
② 否定記号 $\neg$ を素式の直前に移動する（$\forall$ と $\exists$ を交替させる以外は命題論理式のときの計算と同じ）．
③ 束縛変数名を付け替え，重複が無いようにする．
例えば，$\forall x\, A(x) \lor \forall x\, B(x)$ は $\forall x_1\, A(x_1) \lor \forall x_2\, B(x_2)$ に書き換える．
④ 限定子を式の前に移動させ冠頭形に変換する．
⑤ 母式の部分を論理積標準形に変換する（命題論理式のときの計算と同じ）．

問題 9.5 次の述語論理式を節形式に変換せよ．

$$\neg((\forall x \exists y\, A(x,y) \land \exists x \forall y \forall z\, (A(x,z) \to B(y,z))) \to \forall x \exists y\, Q(x,y))$$

【述語論理式のスコーレム標準形】 $\forall x\, P(x)$ の形の述語論理式の恒真性は，無限に多くの x について調べなければならないので，コンピュータには不可能です．しかし，恒偽性は，ある a について命題論理式 $P(a)$ が恒偽なことが分かれば，証明できます．

例 9.5 $\forall x\, (P(x) \land \neg P(a))$ は $x = a$ としたとき $P(a) \land \neg P(a)$ が恒偽式なので，どんな解釈を持ってきても $\forall x\, (P(x) \land \neg P(a))$ は偽と分かる．

そこで，恒真性を証明したい述語論理式の否定を作り，その恒偽性を示すという方針が使えないでしょうか？ こうして作った否定が $\forall x\, P(x)$ の形でないと，上の議論は当てはまりません．しかし，

$$\forall x_1 \forall x_2 \cdots \forall x_n \exists y\, P(x_1, x_2, \ldots, x_n, y) \tag{9.1}$$

の形のときは，これを真とするような y はその前の限定子の変数 $x_1, x_2, \ldots, x_n$ に依存して決まるはずなので，この依存関係を未知の関数 f で表し，上を

$$\forall x_1 \forall x_2 \cdots \forall x_n\, P(x_1, x_2, \ldots, x_n, f(x_1, x_2, \ldots, x_n)) \tag{9.2}$$

の形に書き直すことはできます．ただし，$n = 0$ のとき，あるいは $\exists y$ が先頭

9.2 述語論理式の標準形

にあるときは $f(x_1, x_2, \ldots, x_n)$ は定数関数とします．この形の述語論理式を**スコーレム標準形**と言い，この書換えに用いる f を**スコーレム関数**と呼びます．

このとき，(9.1) と (9.2) は同値ではありませんが，恒偽かどうかは同等です．実際，(9.1) は恒真でも，(9.2) の方は f の選び方によっては偽となり得ます．しかし，(9.1) が恒偽なら f をどう選んでも (9.2) も恒偽です．また，(9.1) が充足可能なら，そのモデルとなる対応 $x_1, \ldots, x_n \mapsto y$ で関数 f を定義すれば，それに対して (9.2) も充足可能となります．よって対偶を取れば，(9.2) が恒偽なら (9.1) も恒偽です．

例 9.6 スコーレム標準形への変換アルゴリズムを実例で示す[2]．

$$\forall x\,[P(x) \to \exists y\,Q(x,y)] \lor \forall x\,\exists y\,Q(y,x) \lor \neg(\forall x\,\exists y\,[P(x) \to R(x,y)])$$

$\Downarrow$ ① $\to$ の除去

$$\forall x\,[\neg P(x) \lor \exists y\,Q(x,y)] \lor \forall x\,\exists y\,Q(y,x) \lor \neg(\forall x\,\exists y\,[\neg P(x) \lor R(x,y)])$$

$\Downarrow$ ② $\neg$ を中に入れる

$$\forall x\,[\neg P(x) \lor \exists y\,Q(x,y)] \lor \forall x\,\exists y\,Q(y,x) \lor \exists x\,\forall y\,[P(x) \land \neg R(x,y)]$$

$\Downarrow$ ③ スコーレム関数により $\exists$ を消去

$$\forall x\,[\neg P(x) \lor Q(x,f(x))] \lor \forall x\,Q(g(x),x) \lor \forall y\,[P(a) \land \neg R(a,y)]$$

$\Downarrow$ ④ 束縛変数の差別化

$$\forall x\,[\neg P(x) \lor Q(x,f(x))] \lor \forall z\,Q(g(z),z) \lor \forall y\,[P(a) \land \neg R(a,y)]$$

$\Downarrow$ ⑤ 冠頭形に変換

$$\forall x\,\forall y\,\forall z\,[\neg P(x) \lor Q(x,f(x)) \lor Q(g(z),z) \lor P(a) \land \neg R(a,y)]$$

$\Downarrow$ ⑥ 母式を論理積標準形に変換

$$\forall x\,\forall y\,\forall z\,[(\neg P(x) \lor Q(x,f(x)) \lor Q(g(z),z) \lor P(a))$$
$$\land\,(\neg P(x) \lor Q(x,f(x)) \lor Q(g(z),z) \lor \neg R(a,y))]$$

【述語論理式の恒真性の証明法】 以上を用いて，与えられた述語論理式 P の恒真性に対する次のような証明手順が考えられます：

① 否定論理式 $\neg P$ を作る．

② それをスコーレム標準形 $\forall x_1 \cdots \forall x_m\,[C_1 \land \cdots \land C_n]$ に変換する．このとき $C = \{C_1, \ldots, C_n\}$ を**節集合**と言う．

---

[2] 先に述べた節形式への変換手順に従えば，限定子 $\exists$ をすべて冠頭に移動してからスコーレム関数を導入すべきですが，以下のように途中で $\exists$ を消去しても結局同じことになります．なお，以下見やすくするため，限定子の及ぶ範囲を示すのに角括弧 [ ] を併用します．

③ 対象領域 D をどのように選んでも，節集合 C のすべての要素を同時には真としないような変数の割当てが必ず存在することを示す．このような節集合 C は充足不可能と言う．

ここで，各節に含まれる束縛変数には，共通なものは無いと仮定できます．実際，$\forall x\,[C_1(x) \land C_2(x)] \iff \forall x\,C_1(x) \land \forall x\,C_2(x) \iff \forall x_1\,C_1(x_1) \land \forall x_2\,C_2(x_2)$ という書き換えで実現できます．

例 9.7 例 9.6 の結論の式の二つの節は，変数 x, z を共有しているが，これらは別にできる：

$$\forall x_1 \forall x_2 \forall z_1 \forall z_2 \forall y\,[(\neg P(x_1) \lor Q(x_1, f(x_1)) \lor Q(g(z_1), z_1) \lor P(a)) \\ \land (\neg P(x_2) \lor Q(x_2, f(x_2)) \lor Q(g(z_2), z_2) \lor \neg R(a, y))]$$

最後に，自由変数が残っていたら，束縛変数と同様に扱います．既に第 5 章で述べたように，自由変数を含む述語論理式の真偽は，その変数に限定子 $\forall$ を付けて解釈するのが普通なので，この措置はそれと矛盾しません．

問題 9.6 次の述語論理式をスコーレム標準形に変換せよ．
(1) $\forall x\,\exists y\,\forall z\,(P(x, z) \to Q(y, z) \land R(x))$　　(2) $\exists x\,\forall y\,(P(x, y) \to \exists z\,Q(y, z))$
(3) $\forall x\,\exists y\,[P(x, y) \to Q(x)] \land \neg(\forall x\,\exists y\,[(P(x, y) \to \neg R(y)) \land \forall z R(z)])$

■ 9.3 エルブランの定理

ここまで準備しても，節集合の充足不可能性を，実際に無限に存在する対象領域のすべてで試すことはできません．ではどうしましょう？その答はエルブラン[3]により与えられました．

【エルブラン領域】 節集合 $C = \{C_1, \ldots, C_n\}$ に含まれる全定数 $\mathcal{C}$（有限個，もし一つも無ければ人為的に一つ補う），およびそれらに，C に含まれる全関数 $\mathcal{F}$（有限個）を，任意回適用して得られるものの全体を C の**エルブラン領域**

---

[3] フランスの数学者．論理学と代数的整数論で素晴らしい業績を残しましたが，若くして山岳事故で死亡．充足不可能性に関するエルブランの仕事は彼が 21 歳で提出した博士論文の中で成されました．昔東大にも山で夭折した大天才が居ました．その名は塚本隆．著者が学生時代に所属したインカレサークル『都数』の大先輩でもありました．修士 1 年のとき山で遭難死．残念ながら，研究を始める前だったので，今では知る人も少なくなりました．エルブランの最初の論文は 17 歳で書かれたので，もし彼がフランスに生まれていたら仕事を残していたかもしれませんね．

9.3 エルブランの定理

(Herbrand universe) と呼び，$H(C)$ で表します．これは正確には次のように帰納的に定義されます：

$H_0 = \mathcal{C} := \{a_1, a_2, \ldots, a_N\}$ （C に含まれる定数の全体）．
$H_1 = H_0 \cup \{f(a_{i_1}, a_{i_2}, \ldots) \,;\, f \in \mathcal{F}, a_{i_j} \in \mathcal{C}\}$
 （C に含まれる各関数を各定数に 1 回だけ適用したものを追加）．
・・・・・・・・
$H_{i+1} = H_i \cup \{h(t_1, \ldots, t_k) \mid h \in \mathcal{F}, t_1, \ldots, t_k \in H_i\}$ （帰納的に定義）．
・・・・・・・・
$H_\infty = H(C) := \bigcup_{i=0}^{\infty} H_i$ （これらすべての合併）．

エルブランの定理

節集合 $\{C_1, \ldots, C_n\}$ が充足不能
$\iff$ ある H_k において既に充足不能，すなわち，
どれかの C_i を偽とするような H_k 上の変数割当てが存在する．

従って，充足不能の場合は，計算機で検証可能になります．ただし，充足不能でないと，計算は停止しなくなるので，計算が止まらないうちは，本当に止まらないのか，それとも時間がかかっているだけなのか判定できません．

エルブラン領域は，どんな対象領域を選んでも，その中に必ず含まれる変数割当て法の一つとなっています．このことから定理の $\Longleftarrow$ の向きは自明です：一つでも破綻するものが有ればよいからです．(抽象的な定数記号のままで偽となれば，その後の定数の解釈によらず偽だからです．) これに対して，$\Longrightarrow$ の向きは，偽となるどんな解釈もエルブラン領域上のある解釈での矛盾で実現できることを主張しており，証明はそう自明ではありません．この向きは実用上は不要なので，人工知能の教科書では証明が省かれていることが多いのですが，理論的にはこちらの方がエルブランの仕事の本質なので，第 11 章で再論します．

【基礎例とエルブラン基底】 C に現れる素式の対象変数にエルブラン領域の元を代入して得られる命題論理式の各々のことを**基礎例**と呼びます．

すべての基礎例の集合を，**エルブラン基底**と呼び，$HB(C)$ で表します．

例 **9.8** 節集合 $C = \{P(x, a), Q(b, f(y))\}$ に対しては，エルブラン領域は

$$H(C) = \{a, b, f(a), f(b), f(f(a)), f(f(b)), f(f(f(a))), \ldots\}.$$

(このように，関数が一つでも有ると $H(C)$ は無限集合となる．) またエルブラン基底は

$$HB(C) = \{P(a,a), Q(b,f(a)), P(b,a), Q(b,f(b)), P(f(a),a), Q(b,f(f(a))),$$
$$P(f(b),a), Q(b,f(f(b))), P(f(f(a)),a), Q(b,f(f(f(a)))),\ldots\}.$$

例 **9.9** 節集合 $C = \{P(x,f(x)), Q(g(y))\}$ に対しては，定数 a を補って
$H(C) = \{a, f(a), g(a), f(f(a)), g(f(a)), f(g(a)), g(g(a)), f(f(f(a))),\ldots\}$,
$HB(C) = \{P(a,f(a)), Q(g(a)), P(f(a), f(f(a))), Q(g(f(a))),$
$\qquad P(g(a), f(g(a))), Q(g(g(a))),$
$\qquad P(f(f(a)), f(f(f(a)))), Q(g(f(f(a)))),\ldots\}.$

例 **9.10** 節集合 $C = \{\neg P(x) \lor Q(y), P(a), \neg Q(b), R(z)\}$ に対しては，関数が無いのでエルブラン領域は有限集合となる：

$$H(C) = \{a, b\}.$$

含まれる素式は $P(x), Q(y), R(z)$ の三つで，エルブラン基底も有限：

$$HB(C) = \{P(a), Q(a), R(a), P(b), Q(b), R(b)\}.$$

【エルブラン解釈】 エルブラン基底の各素式に真理値を割り当てることを**エルブラン解釈**と言います．エルブラン基底が有限集合 $\#HB(C) = N$ なら 2^N 通りの解釈があります．一般にはエルブラン基底は可算無限個，すなわち自然数 N と同じだけ存在するので，解釈は 2^N 存在します．これは次章で調べるように連続無限個，すなわち，実数と同じくらい沢山になりますが，基底の途中までしか使わなければ有限個で済みます．

エルブランの定理は，次のことを主張していることになります：

エルブランの定理の言い替え

節集合 C が充足不能
$\quad \iff$ いかなるエルブラン解釈に対しても，偽となる節が必ず存在する

節集合 C の節 C_i の対象変数にエルブラン基底の元を代入して得られる命題論理式 C'_i を**基礎節**と呼びます．エルブラン解釈を第 3 章 3.3 節で述べた意味木で表現すると一般には無限木になりますが，エルブランの定理によれば C が充足不能のときは，すべての枝は必ず有限のところで少なくとも一つ偽の基礎節

9.3 エルブランの定理

を生じて止まります．最初に偽の基礎節を生ずるノードを破綻ノード (failure node) と呼びます．破綻ノードで偽となった基礎節を集めたもの C' は命題論理の集合として充足不能，すなわち，すべてを真とするような解釈は存在しません．逆に，このような基礎節の集合が有れば，もとの節集合 C は充足不能です．

例 9.11 節集合 $C = \{\neg P(x) \lor Q(f(x)), P(a), \neg Q(y)\}$ に対しては，エルブラン領域は

$$H(C) = \{a, f(a), f(f(a)), \ldots\}$$

含まれる素式は $P(x), Q(y), Q(f(x))$ なので，重複を省くとエルブラン基底は，

$$HB(C) = \{P(a), Q(a), P(f(a)), Q(f(a)), P(f(f(a))), Q(f(f(a))), \ldots\}$$

この順序で先頭から真偽を割り当てると，次のような意味木を得る．（ここでは，先頭のノードにすべてのエルブラン基底を代入してしまったものを置く代わりに，変数を残したものを書いておき，途中で破綻するようにそれらの変数を適当なエルブラン基底の元で置き換えながら木を構成している．）

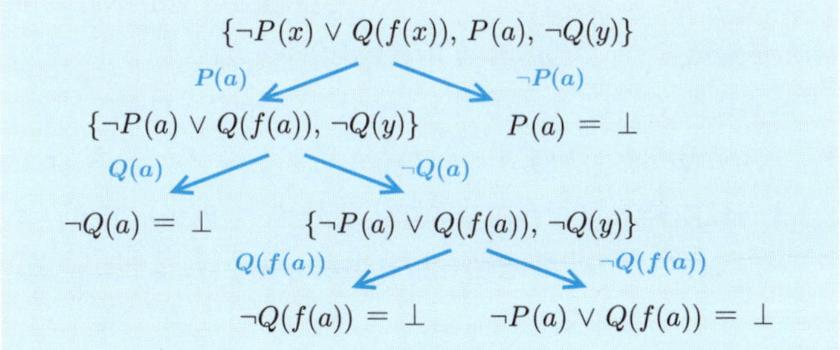

図9.1

従って，(順序を少し変更して)

$$C' = \{P(a), \neg Q(a), \neg Q(f(a)), \neg P(a) \lor Q(f(a))\}$$

が破綻する基礎節の集合となる．しかしここで $\neg Q(a)$ は明らかに余分で，

$$C'' = \{P(a), \neg Q(f(a)), \neg P(a) \lor Q(f(a))\}$$

だけですでに破綻している．これは，エルブラン基底から，基礎例を $P(a), Q(f(a))$ の順で取れば直接得られる：

```
                {¬P(x) ∨ Q(f(x)), P(a), ¬Q(y)}
                    P(a)          ¬P(a)
        {¬P(a) ∨ Q(f(a)), ¬Q(y)}      P(a) = ⊥
            Q(f(a))        ¬Q(f(a))
        ¬Q(f(a)) = ⊥       ¬P(a) ∨ Q(f(a)) = ⊥
                      図9.2
```

問題 9.7 次の節集合のエルブラン領域とエルブラン基底を示せ.
(1) $\{P(x,y) \lor R(z), Q(x,y), Q(x,a) \lor R(f(x))\}$
(2) $\{P(x), Q(y), R(f(x),y)\}$

■ 9.4 導出原理

ここで，破綻する基礎節の集合を直接算出する実用的な方法を紹介します．

【導出】 節集合 C が充足不能のとき，エルブラン基底に対する意味木はすべての枝で破綻します．破綻するときはあるノード N で，その二つの子ノードが偽の基礎節を持ちます．このようなノード N を**推論節点** (inference node) と呼びます．ある推論節点 N で基礎例 A の真偽を解釈したとします．その子ノードで，それぞれ基礎節 C'_i, C'_j が破綻するとすれば，それらは必ず $C'_i = C''_i \lor A$, $C'_j = C''_j \lor \neg A$ の形をしています．しかも C''_i, C''_j はノード N までに既に偽となるか，または**空節**（すなわち空の節，記号 □ で表す）です．よって，節 $C'_{ij} = C''_i \lor C''_j$ は，ノード N までに既に破綻します．

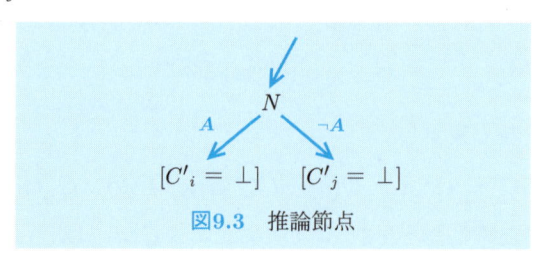

```
              N
          A ↙   ↘ ¬A
      [C'_i = ⊥]  [C'_j = ⊥]
          図9.3 推論節点
```

よって C を $C \cup \{C'_{ij}\}$ で取り換えると，意味木を短くできます．これを繰り返すと遂にはルートだけにできます．この原理をアルゴリズムにしたものが**導出** (resolution) です．すなわち，p と $\neg p$ は明示された場所にしか現れないとすれば，次が導出の基本手順となります：

9.4 導出原理

$$\begin{array}{ll}
\text{親節} & C_i = p \vee q_1 \vee \cdots \vee q_m \qquad C_j = \neg p \vee r_1 \vee \cdots \vee r_n \\
\\
\text{導出節} & C_{ij} = q_1 \vee \cdots \vee q_m \vee r_1 \vee \cdots \vee r_n
\end{array}$$

図9.4　導出の基本手順

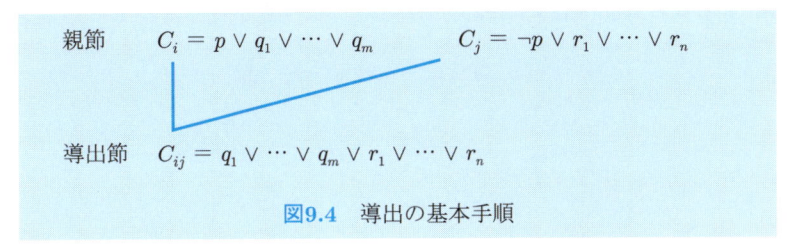

導出は健全な推論です．すなわち，これにより導かれる結果は常に正しいのです．実際，導出とは $p \vee Q, \neg p \vee R \implies Q \vee R$ という推論ですが，これは，$\neg p \to Q, p \to R \implies \neg Q \to R$ と書き直せ，対偶法と 2 重否定律により，最初のものから $\neg Q \to p$ が得られるので，上は，三段論法に帰着します．

導出原理 (resolution principle)

節集合 C より適当な節 C_i, C_j を選び，これらを親節として導出節 C_{ij} を作り C に加えて新たな節集合 $C \cup \{C_{ij}\}$ を作るという操作を繰り返すと，C が充足不能のときかつそのときに限り，有限ステップで空節が得られる．

導出原理の適用例を下に示します．

例題 9.4　$p \wedge q \to r, p \to q, p \implies q \wedge r$ を導出原理を用いて証明せよ．

[解答]　$(p \wedge q \to r) \wedge (p \to q) \wedge p \wedge \neg(q \wedge r)$ が充足不能であることを示せばよい．（人間はこんな風に変形するとかえって分からなくなるが，機械的証明には向いている．反人間的というべきか？）この問題は述語を含まないので，エルブラン解釈は不要で，そのまま節形式に直せばよい：

$$\begin{aligned}
\text{上の式} &\iff (\neg(p \wedge q) \vee r) \wedge (\neg p \vee q) \wedge p \wedge (\neg q \vee \neg r) \\
&\iff (\neg p \vee \neg q \vee r) \wedge (\neg p \vee q) \wedge p \wedge (\neg q \vee \neg r)
\end{aligned}$$

これに導出原理を適用すると，次ページの図 9.5 のように空節が得られる．　□

このように導出の過程を図示したものを**導出グラフ** (resolution graph) と呼びます．特にルートが空節で終わるものは，**導出反駁木** (refutation tree) と呼ばれます．意味木と違い，この木は根っこから普通に上向きに生えていますね．しかし実は，上の例のように，一つのノードを 2 回使ってもよく，また，二つ以上前の段のノードとの組み合わせも許されるので，閉路が存在することがあり，

必ずしも木にはなりません．

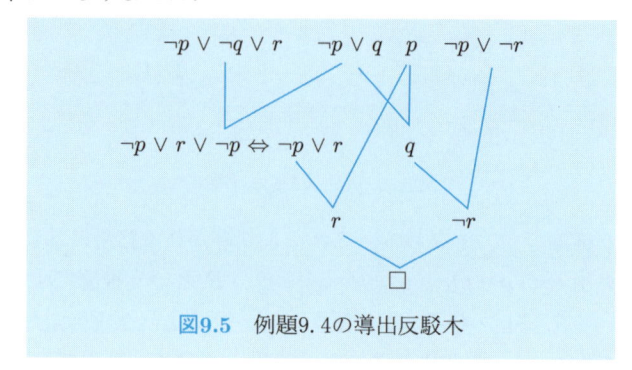

図9.5 例題9.4の導出反駁木

【述語論理の節集合に対する導出原理】 述語論理式に導出原理を適用するには，原理的には各素式に基礎例を割り当てて命題論理式にしたものに適用すればよいのです．しかし，基礎例は一般に無限に存在するので，無限個の命題論理式について導出原理を適用しなければなりません．(充足不可能なら，結局は有限個で済むのですが．) これを効率良く行うには，対象変数の割当てを最初から行うのでなく，対象変数を含んだまま導出を行い，必要に応じて対象変数の特殊化を行うとよい．この手法は，述語論理式の節集合から意味木を作ったとき既に用いたものです．

導出原理の基本は，二つの論理式から共通の素式を見出すことです．よって，変数を含んだ二つの素式を，変数の適当な割当てにより一致させられるかどうか（単一化の問題）が導出成功の鍵となります．

例 9.12 節集合 $C = \{\ldots, P(x, f(y)) \vee Q, \ldots, \neg P(a, z) \vee R, \ldots\}$ に対しては，このままでは導出原理を適用できる節のペアは見えないが，$x \leftarrow a, z \leftarrow f(y)$ という置換を行うと，

$$C' = \{\ldots, P(a, f(y)) \vee Q, \ldots, \neg P(a, f(y)) \vee R, \ldots\}$$

となり，$Q \vee R$ という節の導出が可能となる．(ここでは y は何でも良いので，まだ特定しない．後の処理のため保留しておく．)

【単一化置換】(unifier) 置換（代入）$s = \{t_1/x_1, t_2/x_2, \ldots, t_n/x_n\}$ とは，9.2節で述べた同時代入のことで，各対象変数 x_i を一斉に対応する項 t_i で置き換える操作です．上の例 9.12 で用いたのは $s = \{a/x, f(y)/z$

9.4 導出原理

という置換で，置換の適用は，以前と同様，$P(x, f(y))[a/x] = P(a, f(y))$，$P(a, z)[f(y)/z] = P(a, f(y))$ のように記します．

述語論理の素式の集合 $\{P_1, \ldots, P_m\}$ に対して，置換 s を施したら，$P_1[s] = \cdots = P_m[s]$ となるとき，s をこの素式集合の**単一化置換**と呼びます．上の例は $\{P(x, f(y)), P(a, f(y))\}$ に対する単一化置換というわけです．

二つの置換 $s = \{t_1/x_1, \ldots, t_n/x_n\}$ と $s' = \{u_1/y_1, \ldots, u_m/y_m\}$ の合成 $s \circ s'$ は左から順に適用します： $P[s \circ s'] = (P[s])[s']$．合成置換は結局，

$$s \circ s' = \{t_1[s']/x_1, \ldots, t_n[s']/x_n, u_1/y_1, \ldots, u_m/y_m\}$$

となります．ただし，$t_i[s'] = x_i$ となる t_i/x_i，および，y_j が x_i のどれかに一致するような u_j/y_j は（無駄なので）このリストから省きます．

🐰 一斉置換 $\{s, s'\}$ と合成置換 $s \circ s'$ は一般には結果が異なります．これは同時代入のところで注意したのと同じ理由です．

【最汎単一化置換】(most general unifier)　上の例では，$\{a/x, c/y, f(c)/z\}$ も $\{P(x, f(y)), P(a, z)\}$ の単一化を達成します．しかし明らかに c/y は余分です．素式の集合を単一化するのに必要最小限の置換を**最汎単一化置換**と言います．これは正確には，"任意の単一化置換がそれからの置換として得られるようなもの" と定義され，手間の問題だけでなく，後に自由度をなるべく多く残すためにも大切なものです．

与えられた素式集合 $\{P, Q\}$ の最汎単一化置換 s の求め方
① $s \leftarrow \emptyset$（何もしない置換）とする．
② $P[s], Q[s]$ の**不一致集合** D を求める．すなわち，これらを文字列と見て先頭から探索し，最初に見付かった不一致点に有るそれぞれの項を取り出して D とする．
③ $D = \emptyset$ なら s を最汎単一化置換として終了する．$D \neq \emptyset$ ならば，
　(i) D の中に対象変数 x と項 t があり，x が t に含まれなければ，$s \leftarrow s \circ \{t/x\}$ として ② に戻る．
　(ii) D の中にこのようなペアが無ければ，単一化不可能と判断して停止する．

🐇 このアルゴリズムで，$P(x, f(g(y)))$ と $P(x, f(z))$ は $P(x, f(g(y)))$ に単一化できるが，$P(x, f(y))$ と $P(x, g(z))$ は単一化できない．$f(h(z)) = g(z)$ という関数 h が知られている場合でも，予め $g(z)$ がこれで書き換えられていなければ上のアルゴリズムは適用できない．

例 9.13 (**最汎単一化アルゴリズムの実行例**)　$\{P(x, a, f(z)), P(g(y), y, w)\}$ 素式のペアという最汎単一化置換を上の方法で求める．

$$P(x, a, f(z)), P(g(y), y, w)$$
$$\{g(y)/x\} \Downarrow \quad D = \{x, g(y)\}$$
$$P(g(y), a, f(z)), P(g(y), y, w)$$
$$\{a/y\} \Downarrow \quad D = \{a, y\}$$
$$P(g(a), a, f(z)), P(g(a), a, w)$$
$$\{f(z)/w\} \Downarrow \quad D = \{f(z), w\}$$
$$P(g(a), a, f(z)), P(g(a), a, f(z))$$
$$D = \emptyset$$

以上により，最汎単一化置換は，

$$\{g(y)/x\} \circ \{a/y\} \circ \{f(z)/w\} = \{g(a)/x, a/y, f(z)/w\}$$

となる．

例 9.14 (**最汎単一化を伴った導出の実行例**)　次の二つの節を親節として導出を行う：

$$C_1 = P(x, g(a)) \lor P(f(a), g(a)) \lor Q(x),$$
$$C_2 = \neg P(f(y), g(y)) \lor R(y, h(y)).$$

まず $P(x, g(a)), P(f(y), g(y))$ の最汎単一化置換を求めると，

$$s = \{f(y)/x\} \circ \{a/y\} = \{f(a)/x, a/y\}.$$

この置換を実行すると，

$$C_1[s] = P(f(a), g(a)) \lor P(f(a), g(a)) \lor Q(f(a))$$
$$= P(f(a), g(a)) \lor Q(f(a)),$$
$$C_2[s] = \neg P(f(a), g(a)) \lor R(a, h(a)).$$

9.4 導出原理

これより $P(f(a), g(a))$ が縮約できて，導出節 $Q(f(a)) \lor R(a, h(a))$ を得る．

🐰 人間が見ると，C_1 の第 2 因子 $P(f(a), g(a))$ と $P(f(y), g(y))$ を縮約した方が簡単に思えます：この場合の最汎単一化置換は $\{a/y\}$ で，$P(f(a), g(a))$ を縮約して得られる導出節は $P(x, g(a)) \lor Q(x) \lor R(a, h(a))$ となり，逆に上のものよりもややこしくなります．しかし，これで後から置換 $\{f(a)/x\}$ が適用になっても，特に不都合はありません．その段階で先頭に生じる $P(f(a), g(a))$ を昔の $C_2[f(a)/x]$ と縮訳して，同じ導出節に到達できるからです．

抽象的な計算だけでは面白くないでしょうから，興味を持った人は人工知能の参考書 [7] などを見てください．具体例だけでなく，もっと効率的な計算法や，犯人探しへの発展なども書かれています．

問題 9.8 次の節のペアから単一化可能なものを見出し，最汎単一化を示せ．
(1) $\{P(x, f(x), g(y)), P(a, f(y), g(a))\}$ (2) $\{P(f(x, y), z), P(z, a)\}$
(3) $\{P(f(x), g(y), h(z)), P(y, z, x)\}$

問題 9.9 以下のような状況を考える：
① どんな動物をも愛する人は，必ず誰かに愛される．
② 一匹でも動物を殺す人は，誰にも愛されない．
③ 太郎はすべての動物を愛する．
④ ここにタマという名の猫がいる．
⑤ 猫は動物である．
⑥ タマは太郎か好奇心かによって殺された．
以上から，猫は好奇心によって殺された[4]ことを，通常の背理法で証明してみよ．次にこれを以下の手順で機械的に推論せよ．
 (1) $\mathrm{Animal}(x)$ (x は動物である)，$\mathrm{Cat}(x)$ (x は猫である)，$\mathrm{Love}(x, y)$ (x は y を愛する)，$\mathrm{Kill}(x, y)$ (x は y を殺す) という述語を用い，適当な定数を導入して，上を述語論理式の集合として表せ．
 (2) これに証明すべき主張の否定を追加し，これらすべてを論理積標準形に書き直せ．
 (3) こうして得られた節集合に単一化を伴う導出原理を適用して，空節を導け．

---

[4] "Curiosity killed the cat." は英語の有名なことわざです．この問題は文献 [18] から拝借しました．

第 10 章

無限集合論

この章ではまず無限集合の有限集合との違いを認識することから始めます．次いで，無限集合の大きさ（元の個数）を比較するための濃度の概念を導入します．続いて自然数に対するペアノの公理系を紹介し，最後にそれを拡張して，一般の無限集合を一列に並べるときのラベルの役目を持つ順序数の概念を導入します．この章の記述も，無限集合が加わっただけで，分類としては素朴集合論です．

10.1 有限集合と無限集合

無限集合になっても第 2 章（p.17）でやった集合論の演算規則はそのまま使えます．では，無限集合になると何が違うのでしょうか？

【有限集合に対する反省】 まず，有限集合の厳密な定義を与えましょう．

定義 10.1 集合 X が**有限集合**であるとは，$\exists n \in \boldsymbol{N}$ に対して全単射な写像 $F: \{1, 2, \ldots, n\} \to X$ が存在することを言う．このときの n を X の元の個数，あるいは，**濃度**，**基数** (cardinal number) と言い $\#X$ で表す．

これからは，無限集合でも通用するように，元の個数のことを濃度と言うことにしましょう．

定理 10.1 有限集合の濃度は一意に定まる．

証明 もし $\#X = n$ かつ $\#X = m, m < n$ とすると，

$$\{1, 2, \ldots, n\} \xrightarrow[\cong]{F} X \xleftarrow[\cong]{G} \{1, 2, \ldots, m\}.$$

ここで，$\cong$ は集合の同型，すなわち 1 対 1 対応を表す．よってこれらを繋いで

$$H: \{1, 2, \ldots, n\} \xrightarrow{\cong} \{1, 2, \ldots, m\}$$

という 1 対 1 対応が存在することになる．ここで $H(n) \neq m$ なら，n の行き

先と $H^{-1}(m)$ の行き先 m を交換して，$H(n) = m$ を満たすような 1 対 1 対応に修正できる．よって n と m を同時に消し去ると，1 対 1 対応

$$H : \{1, 2, \ldots, n-1\} \xrightarrow{\cong} \{1, 2, \ldots, m-1\}$$

が存在することになる．この操作を繰り返すと，ついに，1 対 1 対応 $H : \{1, 2, \ldots, n-m\} \to \emptyset$ が存在することになる．これは不合理．（空集合への写像は一つも存在しない．） □

上の証明は，小学校の運動会で紅白の玉入れの勝負を判定したときのやり方にそっくりですね．以下，空集合 $\emptyset$ も有限集合の仲間に入れます．その濃度は 0 と定義します．これは自然ですね．

補題 10.2 有限集合の濃度は加法性を持つ．すなわち，$X = Y \cup Z, Y \cap Z = \emptyset$ なら $\#X = \#Y + \#Z$．

証明 $\#Y = m, \#Z = d$ とすると，1 対 1 対応

$$G : Y \to \{1, 2, \ldots, m\}, \quad H : Z \to \{1, 2, \ldots, d\}$$

が存在する．このとき $F : X = Y \cup Z \to \{1, 2, \ldots, m+d\}$ という写像を

$$F(x) := \begin{cases} G(x), & x \in Y \text{ のとき} \\ m + H(x), & x \in Z \text{ のとき} \end{cases}$$

で定めることができ，かつ明らかに 1 対 1 対応となる．故に $\#X = m + d = \#Y + \#Z$．□

系 10.3 有限集合においては，$Y \subset X$ なら $\#Y \leq \#X$．更に，$Y \subsetneq X$ なら $\#Y \lneq \#X$．

証明 $Z = X \setminus Y$ と置けば，上の補題より $\#Y = \#X - \#Z \leq \#X$．もし $Y \subsetneq X$ なら，$Z \neq \emptyset$ で，$a \in Z$ とすると $\#Z \geq \#\{a\} = 1$．従って $\#Y = \#X - \#Z \leq \#X - 1 < \#X$．□

系 10.4 有限集合においては，$Y \subset X$ に対して，$Y = X \iff \#Y = \#X$．

実際，自明でない方の $\impliedby$ は上の二つ目の主張の対偶に他なりません．

第 10 章 無限集合論

定理 10.5 有限集合の間の写像 $F: X \to Y$ について

(1) F が単射なら $\#X \leq \#Y$.
(2) F が全射なら $\#X \geq \#Y$. 従って常に $\#F(X) \leq \#X$

証明 (1) F が単射なら $F(X)$ は X と同じ個数の元より成り，他方，上の系により $\#F(X) \leq \#Y$.
(2) F が全射なら Y の各元に対して，その逆像の中から適当に一つを選んで $G: Y \to X$ という単射を作れる．よって $\#X \geq \#G(Y) = \#Y$. □

系 10.6 二つの有限集合 X, Y において $\#X = \#Y$ なら，任意の写像 $F: X \to Y$ に対して F が単射 $\iff$ F が全射．従って特に有限集合 X から自分自身への写像 F についてもこのことが成り立つ．

証明 F が単射なら $\#F(X) = \#X = \#Y$. よって系 10.4 により $F(X) = Y$ となり，F は全射．F が単射でなければ，$\exists a, b \in X$ s.t. $F(a) = F(b)$. そこで $Z = X \setminus \{b\}$ を考えると $F(X) = F(Z)$. 故に $\#F(X) = \#F(Z) \leq \#Z < \#X = \#Y$. よって系 10.4 により $F(X) \subsetneq Y$ となり F は全射でない． □

この事実は**鳩の巣原理**の名でよく引用されます：鳩の数と巣の数が等しく，かつ鳩はみな巣のどれかに入っているとき，

① どの巣にも鳩が居れば，高々1羽ずつしか居ない．
② 鳩が高々1羽ずつしか居なければ，どの巣も埋まっている．

対偶を取った次の形でも良く用いられます：

図10.1 鳩の巣原理（$n=4$）

10.1 有限集合と無限集合

③ 鳩が 2 羽以上居る巣が有ったら，必ず空の巣がある．
④ 空の巣が有ればどこかの巣に 2 羽以上居るところがある．

【無限集合の特徴】 X が無限集合だと，最後の主張は必ずしも成り立ちません．

例 10.1 自然数の集合 $N := \{1, 2, \ldots\}$ において，右シフト $S : N \to N$, $S(n) := n + 1$ は単射だが全射ではない．逆に，左シフト $T : N \to N$, $T(n) := n - 1$，ただし $T(1) = 1$ とする，は全射だが単射ではない．($T(1)$ をどのように定めても T を単射にはできないことを確かめよ．)

例の例：満員でも泊まれるホテル [8] の八杉先生のお話によれば，アメリカのテキサスには，自然数の集合分の部屋を持つホテルがあるそうです．このホテルでは，満員でも，新しいお客が馬でやって来たら，今居るお客に一つずつ次の部屋にずれてもらえば，1 号室に空きができて泊めることができます！

実はむしろ，鳩の巣原理が成り立たないことが無限集合の定義にもなるのですが，ここでは分かりやすく，次を定義に用いておきましょう：

定義 10.2 X が**無限集合**とは，それが有限でないこと，すなわち，$\forall n \in N$ に対しても，1 対 1 対応 $F : X \to \{1, 2, \ldots, n\}$ が存在しないことを言う．

これは，要するに，無限集合とは，元の個数が有限ではないような集合だと言っている訳です．有限でないものは，普通，無限と言われるので，上の定義は至極もっともですね．しかし，次のような言い替えが無限集合の特徴付けとしてよく使われています．

定理 10.7 X が無限集合 $\iff \exists F : X \to X$ s.t. F は 1 対 1 だが全射でない．

こういうのはどうやって証明するのでしょうか？ $\impliedby$ の向きは対偶を取れば鳩の巣原理から出できます．問題は $\implies$ の向きですが，仮定により，どんなに大きな n を選んでも $\{1, 2, \ldots, n\}$ から X への 1 対 1 だが全射でないような写像が存在するので，これより自然数の集合 N から X への単射な写像ができるように見えますね．数学的帰納法でしょ？と思われるかもしれませんが，ちょっと違います．実はこれは後で述べる**選択公理**で保証されます．このことを仮定すれば，この写像の像の上で N の右シフトに相当し，その他の元は動かさないように F を定義すれば，1 対 1 だが全射でないものが作れます．という訳で，

この定理の厳密な証明は，この章の最後に与えてあります．

🐰 この節で与えた有限集合と無限集合の定義は，自然数の存在を仮定していますが，現代集合論では，定理 10.7 の結論でもって，さっさと無限集合を定義してしまいます．その場合は，有限集合とは，無限集合ではない集合のことと定義されます．つまり，鳩の巣原理の成立が有限集合の定義となります．

10.2 無限集合の濃度

有限集合の濃度，すなわち，元の個数について十分調べたので，いよいよ無限集合の濃度の量り方を考えましょう．まず，

定義 10.3 単射な写像 $\exists F: X \to Y$ が存在するとき，$\#X \leq \#Y$ と定める．

この不等式は有限集合の元の個数の比較の概念を拡張したものであり，"X の濃度は Y の濃度以下である"，と読みます．

補題 10.8 全射な写像 $\exists F: X \to Y$ が存在すれば $\#X \geq \#Y$．

実際，このとき，ある $G: Y \to X$ で F の右逆となるような単射な写像が作れます．（これを正当化するにも，実は後で出てくる選択公理が必要ですが．）

定義 10.4 $\#X \leq \#Y$ かつ $\#X \geq \#Y$ のとき $\#X = \#Y$ と定める．

この定義は当り前のことを言っているようで，実は次の定理が成り立たないと本当に元の個数が等しいとは言えなくなってしまい，困るのです．逆に言えば，次の定理のお蔭で濃度が等しいことを言うのに，厳密な等号でなく両方向の不等号を示せば済むようになるのです．意味が明瞭でかつ非常に便利な定理ですが，証明はやや長いので，認めて使うのが幸せかもしれません．

定理 10.9 （ベルンシュタインの定理）[1] $\#X = \#Y$ ならば，1 対 1 対応 $F: X \to Y$ が存在する．

証明 仮定により単射な写像 $f: X \to Y$，および $g: Y \to X$ が存在する．そこで，

---

[1] シュレーダーが独立に示しているので，連名で呼ぶ人も居る．また，カントルが順序数に関するある仮定付きで先に証明していたので，カントルとの連名の呼び方も用いられる．

10.2 無限集合の濃度

$$X_0 := X \setminus g(Y)$$
$$X_1 := \bigcup_{n=0}^{\infty} (g \circ f)^n(X_0) \supset X_0 \qquad \text{(図左の青い円環たち)}$$
$$X_2 := X \setminus X_1 \subset g(Y) \qquad \text{(図左の白い円環たち)}$$
$$Y_1 := \bigcup_{n=0}^{\infty} (f \circ g)^n f(X_0) \qquad \text{(図右の青い円環たち)}$$

と置く.(円環は無限に続くが,図には最初の方だけ示してある.)
$$(f \circ g)^n \circ f = (f \circ g) \circ (f \circ g) \circ \cdots \circ (f \circ g) \circ f = f \circ (g \circ f)^n$$
より,$f(X_1) = Y_1$ となる.今,$h: X \to Y$ を
$$h(x) = \begin{cases} f(x), & x \in X_1 \\ g^{-1}(x), & x \in X_2 \end{cases}$$
となるように定める.以下,これが全単射となることを示す.

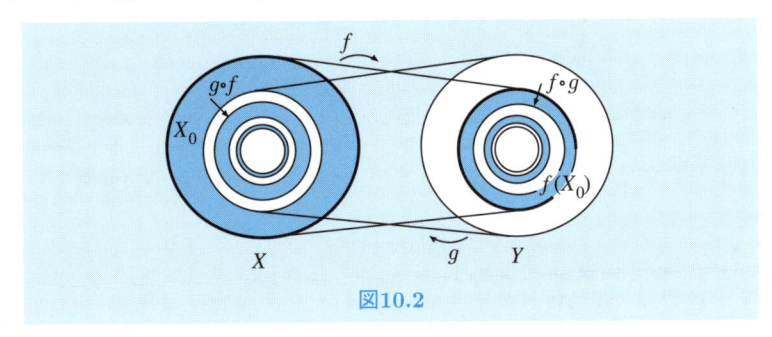

図10.2

[h が単射であること] f, g^{-1} それぞれは単射なので,$\exists x_1 \in X_1, \exists x_2 \in X_2$ s.t. $f(x_1) = g^{-1}(x_2)$ とはならないことを言えば良い.上の注意より $y = f(x_1) \in Y_1$.従って,$\exists n, \exists x_0 \in X_0$ s.t. $y = (f \circ g)^n f(x_0)$.すると
$$x_2 = g(y) = g \circ (f \circ g)^n f(x_0) = (g \circ f)^{n+1}(x_0) \in X_1$$
となるが,これは矛盾.

[h が全射であること] $y \in Y_1 = h(X_1)$ は明らかに h の像に属する.$y \notin Y_1$ とすると $x = g(y) \notin X_1$.(なぜなら,もし $\exists x_0 \in X_0$ s.t. $g(y) = (g \circ f)^n(x_0)$ とすると,$y = g^{-1}(g \circ f)^n(x_0) = (f \circ g)^{n-1} f(x_0) \in Y_1$ となり不合理.)従って $x \in X_2$ だから,$y = g^{-1}(x) = h(x) \in h(X_2)$. □

以下，具体例で考えます．

例 10.2 長さの異なる線分も，点の個数は等しい！ 実際，写像 $F: [0,1] \to [0,2]$ を $F(x) = 2x$ で定義すると 1 対 1 対応を与える．

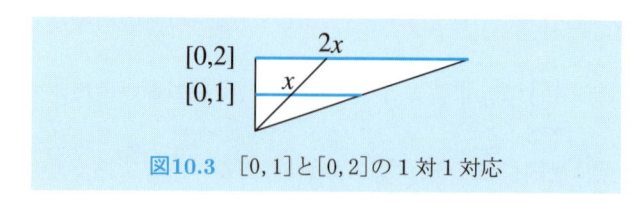

図10.3 $[0,1]$ と $[0,2]$ の 1 対 1 対応

例 10.3 次元が異なる集合も点の個数は等しいことがある！ 実際，線分と正方形の間の 1 対 1 対応 $F: [0,1] \to [0,1] \times [0,1]$ を以下に構成してみる．

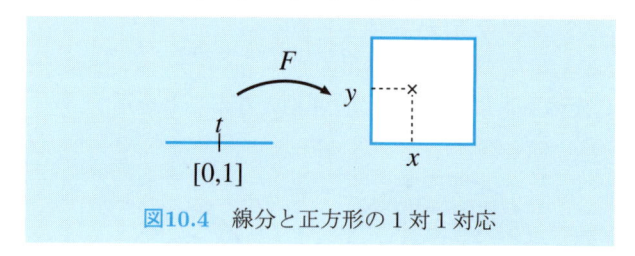

図10.4 線分と正方形の 1 対 1 対応

まず素朴に考える．$F(1) = (1,1)$ とし，$t \in [0,1[$ を十進小数展開する：

$$t = 0.t_1 t_2 \cdots t_n \cdots$$

これを奇数番目と偶数番目に分け，$F(t) = (x, y)$ の定義とする：

$$x = 0.t_1 t_3 \cdots t_{2n-1} \cdots, \qquad y = 0.t_2 t_4 \cdots t_{2n} \cdots$$

これで大体 1 対 1 対応になっているだろう！ しかし細かく見ると，全射は良いものの，単射かどうかは少し不完全なところが有る：$y = 0.4999\cdots$ と $y = 0.5000\cdots$ は同じ実数を表す．（普通は，前者の非正則小数は使わない．）しかし $t = 0.14191919\cdots$ から $x = 0.111\cdots$，$y = 0.4999\cdots$ が生じ，$t = 0.15101010\cdots$ から $x = 0.111\cdots$，$y = 0.5000\cdots$ が生ずる．まあしかし，$\#[0,1] \leq \#([0,1] \times [0,1])$ は誰でも認めるから，F が全射さえ分かれば，逆向きの不等式 $\#[0,1] \geq \#([0,1] \times [0,1])$ も分かって，ベルンシュタインの定理（定理 10.9）から $\#[0,1] = \#([0,1] \times [0,1])$ は納得できる．

10.2 無限集合の濃度

ベルンシュタインの定理に頼らず本当の1対1対応 $F: [0,1[\to [0,1[\times [0,1[$ を直接作るには，二進小数展開を使う．$\forall t \in [0,1[$ は $0.t_1 t_2 \cdots$，ここに $t_j = 0$ または 1，の形に展開できる．ただし非正則小数 $0.011111\cdots$ は使わず正則小数 0.1 の方を使う．従って連続する1の個数（連の長さ）は必ず有限で，その数列と正則小数が1対1に対応する．例えば，$0.100110001111010111011111101110\cdots$ には，$\{1,0,2,0,0,4,1,3,5,3,\cdots\}$ という非負整数の列が対応する．この数列を奇数番と偶数番に分けて，それぞれを1の連の長さとして二進小数 x, y を作ると，今度は $t \mapsto (x,y)$ は1対1対応となる．上の例では，

$$x \leftrightarrow \{1,2,0,1,5,\cdots\} \leftrightarrow 0.101100010111110\cdots,$$
$$y \leftrightarrow \{0,0,4,3,3,\cdots\} \leftrightarrow 0.0011110111101110\cdots$$

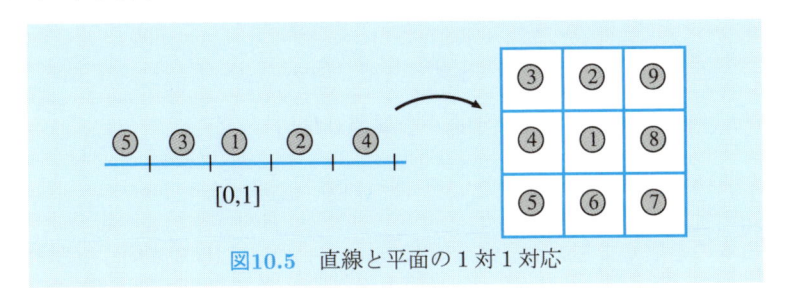

となり，今度は非正則小数は生じない．ただしこの方法では1は表せないので，上側と右側の境界を省かねばならない．すなわち，上は半開区間 $[0,1[$ から $[0,1[\times [0,1[$ への1対1対応となる．それを逆に利用して，この写像を繋げてゆくと，実数直線から平面への1対1写像が構成できる：

図10.5 直線と平面の1対1対応

例 10.4 有理数と自然数は同じ数だけ存在する！まず，(負の数も含めた) 整数全体は自然数と同じ数だけ存在する．次のように左から順に対応させればよい：

$$\begin{array}{ccc} \boldsymbol{N} & \stackrel{\cong}{\to} & \boldsymbol{Z} \\ \{1,2,3,4,5,\ldots\} & \to & \{0,1,-1,2,-2,\ldots\}. \end{array}$$

次に正の有理数と自然数も1対1に対応する：

$$\begin{array}{ccc} \boldsymbol{N} & \stackrel{\cong}{\to} & \boldsymbol{Q}^+ \\ \{1,2,3,4,5,6,7,8,9,\ldots\} & \to & \left\{1, \frac{1}{2}, \frac{2}{1}, \frac{1}{3}, \frac{3}{1}, \frac{1}{4}, \frac{2}{3}, \frac{3}{2}, \frac{4}{1}, \ldots\right\}. \end{array}$$

右の方は，有理数を既約分数で表し，それを分子と分母の和が小さい方から順に（和が一定のものの中では分子の小さい順に）並べたものである．負の有理数が入ったら，N と Z の対応と同様，正負を交互に組み合わせればよい．

定義 10.5 自然数と 1 対 1 に対応付けられる無限集合を**可付番集合**，あるいは，**可算集合** (countable set) と言う．その濃度を $\aleph_0$（アレフゼロ）で表し，**可算濃度**と呼ぶ．これに対し，実数の集合は，以下に示すように自然数よりも真に多くの元よりなるので，その濃度を $\aleph$（アレフ）で表し，**連続の濃度**と呼ぶ．

可算濃度の集合に対しては，可算とか可算個という形容詞もよく使われます．いわば，"最も小さな"無限集合です．小さいと言っても無限集合なので，すべての元を数えることはできないのですが，伝統的に countable と言うのですね．

【カントルの対角線論法】 $[0,1[$ の実数だけで既に自然数より多いことを言いましょう．今，それらが自然数と 1 対 1 に対応が付いたとします．すると $[0,1[$ 内の実数の全体を $\{a_1, a_2, \ldots\}$ のように表示できることになります．各 a_n を正則十進小数展開します：

$$a_n = 0.a_{n1}a_{n2}\cdots a_{nn}\cdots$$

さて，$b \in [0,1[$ で，その正則十進小数展開 $0.b_1b_2\cdots$ が

$$\forall k = 1, 2, \ldots \quad \text{について} \quad b_k \neq a_{kk}$$

となるものを取りましょう．（例えば $b_k = a_{kk} + 1 \bmod 10$ でよい．）b はリスト

$$a_1 = 0.a_{11}a_{12}\cdots a_{1n}\cdots$$
$$a_2 = 0.a_{21}a_{22}\cdots a_{2n}\cdots$$
$$\cdots\cdots\cdots$$
$$a_n = 0.a_{n1}a_{n2}\cdots a_{nn}\cdots$$
$$\cdots\cdots\cdots$$

のどこかに含まれているはずですが，$\exists n$ について $b = a_n$ だとすると $b_n \neq a_{nn}$ に矛盾します．この矛盾は，$[0,1[$ が可付番集合でないことを意味します． □

一般に上の証明のように，対角線上にある要素を上手に利用して議論する方法を**カントルの対角線論法**と呼びます．通常，発見と言えば事実の発見がほと

10.2 無限集合の濃度

んどですが，これは証明法の発見であるというのが面白いですね．カントルはデデキントと並んで無限集合論を創始した人で，これからも名前が沢山出てきます．

【濃度の算術】 無限集合の濃度は，ちょうど有限集合の個数に対して計算ができるのと同様の意味で，演算を許します．

定義 10.6 (1)（濃度の加法） $\mathcal{A} = \#X, \mathcal{B} = \#Y$ とするとき，$\mathcal{A} + \mathcal{B} := \#(X \sqcup Y)$ と定義する．ここに $X \sqcup Y := \{0\} \times X \cup \{1\} \times Y$ の意味である．これを，**直和**，または**非連結和**と言う．これは，X と Y にたとい共通元が有っても，それらが重ならないように和集合を作ったものである．
(2)（濃度の乗法） $\mathcal{A} = \#X, \mathcal{B} = \#Y$ とするとき，$\mathcal{A} \times \mathcal{B} := \#(X \times Y)$ と定義する．

有限集合の場合は，これらの演算は足し算や掛け算の定義通りの結果になります：

$$\{1, 2, \ldots, m\} \sqcup \{1, 2, \ldots, n\} \cong \{1, 2, \ldots, m+n\}.$$

$$\{1, 2, \ldots, m\} \times \{1, 2, \ldots, n\} = \{(i, j)\,;\, i = 1, 2, \ldots, m,\, j = 1, 2, \ldots, n\}$$
$$\cong \{1, 2, \ldots, mn\}$$

しかし，無限集合の場合はちょっと違います：

補題 10.10 (1) $\mathcal{A} \leq \mathcal{B}, \mathcal{B} \geq \aleph_0$ なら，$\mathcal{A} + \mathcal{B} = \mathcal{B}$
(2) $\mathcal{A} \leq \mathcal{B}, \mathcal{B} \geq \aleph_0$ なら，$\mathcal{A} \times \mathcal{B} = \mathcal{B}$

これらは，

$$偶数 \sqcup 奇数 = \boldsymbol{N}, \quad \#偶数 = \#奇数 = \#\boldsymbol{N} = \aleph_0,$$
$$\boldsymbol{R} \sqcup \boldsymbol{R} \cong \boldsymbol{R}, \quad \boldsymbol{R} \sqcup \boldsymbol{N} \cong \boldsymbol{R}$$

あるいは

$$\boldsymbol{N} \times \boldsymbol{N} \cong \boldsymbol{N} \quad (下の構成法参照), \quad \boldsymbol{R} \times \boldsymbol{R} \cong \boldsymbol{R} \quad (例 10.3)$$

などから想像できるでしょう．しかし，一般の無限集合に対してこれを厳密に証明するには，やはり後述の選択公理が必要です．今のところはここに書いた例だけで納得しておきましょう．実は今まで注意しなかった事実として，二つの無限集合を勝手に取ったとき，それらの濃度には大小関係が必ずつく（濃度

の比較可能性）のですが，その証明も選択公理に依拠します．

例 10.5（対応 $N \times N \cong N$ の具体的実現法）$R \times R \cong R$ の対応は遊びのようなものですが，$N \times N$ と N の具体的な 1 対 1 対応は受験数学程度でも頻繁に必要となるものです．よく使われるものに次の二通りの方法があります：

① 対角線型 $\{(i,j) \,;\, i = 1, 2, \ldots, \; j = 1, 2, \ldots\}$
$= \{(1,1), (2,1), (1,2), (3,1), (2,2), (1,3), (4,1), (3,2), (2,3), (1,4), \ldots\}$,

② 正方形型 $\{(i,j) \,;\, i = 1, 2, \ldots, \; j = 1, 2, \ldots\}$
$= \{(1,1), (2,1), (2,2), (1,2), (3,1), (3,2), (3,3), (2,3), (1,3), (4,1), \ldots\}$.

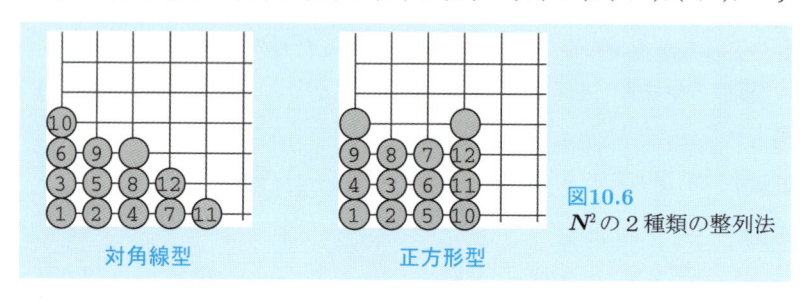

図10.6 N^2 の2種類の整列法

補題 10.11　上に定義した濃度の演算は可換律，結合律，分配律を満たす：

$$\mathcal{A} + \mathcal{B} = \mathcal{B} + \mathcal{A}, \quad \mathcal{AB} = \mathcal{BA}$$
$$(\mathcal{A} + \mathcal{B}) + \mathcal{C} = \mathcal{A} + (\mathcal{B} + \mathcal{C}), \quad (\mathcal{AB})\mathcal{C} = \mathcal{A}(\mathcal{BC})$$
$$(\mathcal{A} + \mathcal{B})\mathcal{C} = \mathcal{AC} + \mathcal{BC}$$

しかし，補題 10.10 に示されたような演算の実体を思うと，こんなことを言ってもむなしいので，抽象的な証明は省略します（細井先生の教科書には丁寧に書かれています）．

問題 10.1　次の集合の濃度は何か？
(1) 3 の倍数の全体．
(2) 平面の有理点（x, y 座標がともに有理数である点）の全体．
(3) 代数的無理数[2]の全体．
(4) 有限なビット列の全体，すなわち，長さには制限が無いがとにかく一つひとつは有限である，0 と 1 より成る列の全体．

---

[2] 代数的無理数とは，$\sqrt{2}, \sqrt[3]{2}$ のように，整数係数の代数方程式 $a_0 x^m + a_1 x^{m-1} + \cdots + a_m = 0, \; a_j \in \mathbb{Z}$ を満たすような無理数のことです．

10.2 無限集合の濃度

(5) 無限ビット列の全体，すなわち，0 と 1 より成る無限列の全体．
(6) 平面の円 $x^2 + y^2 = 1$ 上の点の全体．
(7) 平行 2 直線の上の点の全体．
(8) 平面の（いろんな半径でいろんな中心を持つ）円の全体．
(9) 区間 $[0,1]$ 上の連続関数の全体．
(10) 自然数の有限列の全体（長さに制限は無いものとする）．
(11) 実数列 $\{a_n\}$ の全体，および 0 に収束する実数列 $\{a_n\}$ の全体．
(12) 3 種類の区間 $[0,1], [0,1[,]0,1[$．

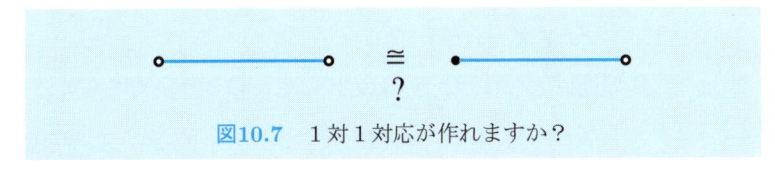

図10.7　1 対 1 対応が作れますか？

【冪乗と冪集合の濃度】　次に集合の冪乗演算と濃度の関係を調べます．

定義 10.7　（**冪乗の定義**）　$\mathcal{A} = \#X, \mathcal{B} = \#Y$ とするとき，$\mathcal{A}^\mathcal{B} := \#X^Y = \#\{f : Y \to X\}$（$Y$ から X への写像の全体の濃度）と定義する．

X, Y が有限集合の場合は，この定義は，組合せ論による Y から X への写像の総数 $\#X^{\#Y}$（$\#X$ 個の集合からの $\#Y$ 個の重複順列）と整合的です．

補題 10.12　（指数法則）$\mathcal{A}^\mathcal{B} \times \mathcal{A}^\mathcal{C} = \mathcal{A}^{\mathcal{B}+\mathcal{C}}, (\mathcal{A}^\mathcal{B})^\mathcal{C} = \mathcal{A}^{\mathcal{B}\mathcal{C}}, (\mathcal{A}\mathcal{B})^\mathcal{C} = \mathcal{A}^\mathcal{C} \mathcal{B}^\mathcal{C}$

これらは定義に基づいて証明することもできますが，省略します．

上の特別な場合として，$\mathcal{A} = \#X$ のとき，$2^\mathcal{A} = \#(2^X) = $ "X の部分集合全体の濃度" となります．

定理 10.13　常に $2^\mathcal{A} > \mathcal{A}$ である．

証明　有限集合のときは良く知られている．無限集合の場合，$2^\mathbf{N} \cong \mathbf{R}$ であり（実数の二進小数展開を考えよ！），$\aleph = \#\mathbf{R} > \aleph_0 = \#\mathbf{N}$ は既に示した．一般の場合も対角線論法で示せる：もし $2^\mathcal{A} \leq \mathcal{A}$ とすると，単射な写像 $F : 2^X \to X$ が存在する．今，$\varphi : X \to \{0,1\}$ を，

$x \in F(2^X)$, i.e., $\exists \psi : X \to \{0,1\}, \ x = F(\psi)$ なら $\varphi(x) = 1 - \psi(x)$,

$x \notin F(2^X)$ なら $\varphi(x) = 0$　（この場合は $\{0,1\}$-値ならどう決めても良い）

と定義すると，確かに $\varphi \in 2^X$．しかし，$x = F(\varphi)$ における φ の値を考えると，$\varphi(x) = 1 - \varphi(x)$ で矛盾する．故にこのような F などありえない． □

上の証明は，集合の定義関数を用いているので，きれいに書けている分，ちょっと分かり難いかもしれませんね．そこで，直接集合を用いて記述した証明を書いてみましょう：もし，$2^{\mathcal{A}} \leq \mathcal{A}$ とすると，単射な写像 $F : 2^X \to X$ が存在する．今，$Z \in 2^X$ （すなわち，$Z \subset X$）を，各 $x \in X$ について，

① x が F の像に入るとき，$x = F(Y), Y \subset X$ とすれば，
 $x \in Y$ なら $x \notin Z$，$x \notin Y$ なら $x \in Z$

② x が F の像に入らないとき，$x \notin Z$ （ここはどう決めてもよい）

で定義すると，$z = F(Z)$ は ① のケースとなるが，$z \in Z$ なら Z の定義より $z \notin Z$，$z \notin Z$ なら Z の定義より $z \in Z$ となり，いずれにしても矛盾．

10.3 無限集合論の公理のいろいろ

この節では，無限集合論の公理のうち代表的なものを，その意義とともに個別に紹介します．これらを公理系の中で論ずるのはまた後で行います．

【連続体仮説】（continuum hypothesis） $\aleph > \aleph_0$ は示されましたが，では $\aleph$ と $\aleph_0$ の間に第 3 の濃度が存在するでしょうか？カントルは，そんなものは存在しないだろうと信じていたらしいのですが，そのことを確かめるため，奇妙な集合の例をいろいろ作りました．

例 10.6（**カントルの三進集合**） 実軸上の線分 $[0, 1]$ を 3 等分し，真ん中の一つを取り去る．残った二つの線分をそれぞれ 3 等分し，真ん中の一つを取り去る．この操作を無限に繰り返した後に残るものを**カントルの三進集合**と言う．この集合の長さは 0 である！実際，取り去った線分の長さの総和を全体から引いてみると，

$$L = 1 - \frac{1}{3} - 2\frac{1}{3^2} - 2^2\frac{1}{3^3} - \cdots$$
$$= 1 - \frac{1}{3}\left(1 + \frac{2}{3} + \frac{2^2}{3^2} + \cdots\right)$$
$$= 1 - \frac{1}{3}\frac{1}{1-\frac{2}{3}} = 1 - 1 = 0$$

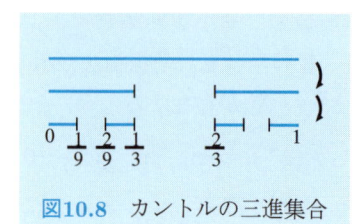

図10.8 カントルの三進集合

問題 10.2 カントルの三進集合の濃度は何か？ ［ヒント：この集合に属する点の三進小数展開の特徴を調べよ.］

カントルはこんなことを考え続けて，最後は精神病院に入ってしまったそうです．その後も多くの人の努力にも拘わらず，$\aleph$ と $\aleph_0$ の間にあるものを見付けることはできなかったので，$\aleph$ は $\aleph_0$ の次の数ではないか（連続体仮説），より一般に，2^A は A の次に大きい数ではないか（一般連続体仮説）と予想されるようになりました．この予想は 1 世紀近く後の 1960 年代始めにコーエンにより，強制法 (forcing) という新しいアイデアを用いて，ある意味で否定的に解決されたのです．すなわち，連続体仮説は実は集合論の他の公理と独立であり，これを仮定しても，またその否定を仮定しても，無矛盾な集合論が作れる，というのが彼の答でした！これは平行線の公理と非ユークリッド幾何学の関係にそっくりですね．コーエンは数学基礎論が専門ではなく，基礎論の専門家がサバティカルイヤー[3]を取り，他に基礎論を講義する人が居なかったので，仕方なく引き受けて，講義ノートの準備をしているうちに大発見をしてしまったのです．素人の考えが新しい見地を生むという有名な例の一つです[4]．

【選択公理】 ここで，今までにしばしばほのめかしてきた**選出公理**，または**選択公理** (axiom of choice)[5]について，いよいよお話ししましょう．

選択公理

以下の三つは，表現は少しずつ異なるが，皆同じことを言っている．
(1) 空でない集合の族 $X_\lambda, \lambda \in \Lambda$ が有ったら，これらから一つずつ元 x_λ を選んで，$(x_\lambda)_{\lambda \in \Lambda}$ というものを作れる．
(2) 空でない集合の族 $X_\lambda, \lambda \in \Lambda$ の直積 $\prod_{\lambda \in \Lambda} X_\lambda$ は空でない．
(3) 写像 $f : \Lambda \to \bigcup_{\lambda \in \Lambda} X_\lambda$ で，各 $\lambda \in \Lambda$ について $f(\lambda) \in X_\lambda$ なるものが存在する．これを**選出関数**，あるいは**選択関数**と言う．

---

[3] アメリカの大学の制度で，7 年に 1 度もらえる研究者としての充電のための休暇のこと.
[4] 著者のような年寄りにはこういうことは期待できませんが，頭の柔軟な若い教員は専門外の講義を嫌がらずに引き受けると，良いことがあるかもしれません．(^^;
[5] 著者の師匠である小松彦三郎先生は，常々この日本語訳は選出が正しいと主張しておられたので，著者も普段の講義では "選出公理" を使ってきたが，本書では岩波『数学辞典』[21] に合わせて "選択公理" を選択した．

この公理の意義は最初はなかなか分かりづらいのですが，ポイントは次の通りです：有限個の集合からそれぞれ一つずつ勝手な元を選び出すのは，集合の個数に関する数学的帰納法で確かに保証できます．しかし，集合の数が無限個になると，人間の手では終わらなくなります．この場合，... と書いてしまうのは，本当に怪しいのです．選択公理で保証してもらわないと，無限に取れることが分かりません．

微積分でも，よく，"これこれの条件を満たす実数列 $\{a_n\}$ を選ぶ" などと平気で言っていますが，これは選択公理を暗に使っている場合が多いのです．ただし，無限個でも，$\forall n$ について a_n の決まり方が指定できる場合は，選択公理は要らないのです．a_n の取り方が任意のときに，選択公理が要るのです．無限に選択を続けることは，人間にはできないので，神さま，すなわち公理に保証してもらうという訳です．これは "集合の元がはっきり記述できていること" という要請から来る制約とも考えられます．すなわち，"a_n が必要になったときに決めれば良い" ではいけないのです．

例として，実数の有界列は収束部分列を含むという，ボルツァーノ-ワイヤストラスの定理の証明を思い出してみましょう．普通にやる証明は，数列を $\{x_n\} \subset [a,b]$ とし，区間を次々に 2 等分して，x_n を無限個含む方を $[a_1, b_1]$, $[a_2, b_2], \ldots$ としてゆくものです．この区間の選び方は，もし 2 等分した区間の両方とも x_n を無数に含む場合は，常に右の方を取るとかに決めておけば，選択の余地が無いので，決まります．最後に，各 $[a_n, b_n]$ から x_{k_n} を，既に選んだものより大きな添え字を持つように選べば証明が終わります．(後は，こうして得られた数列が確かに収束することを示すのですが，そこは微積分の話なので省略します．) この論法だと，x_{k_n} をすべて決めるのに選択公理が必要になります．ここで，なぜ数学的帰納法ではだめなのかをしっかり認識しましょう．数学的帰納法によれば，$\forall n$ に対して $\{a_1, a_2, \ldots, a_n\}$ という有限数列の存在は示せますが，無限数列 $\{a_1, a_2, \ldots, a_n, \ldots\}$ の存在は示せないのです．

【ツェルメロの整列定理】 選択公理は，無限を扱う，従って離散数学の一部を除いたすべての数学で基礎となる公理なので，いろんな言い替えが使われます．ツェルメロの整列定理はその代表的なものです．まず言葉を準備しましょう．

定義 10.8 $X, \leq$ が順序集合であって，$\forall A \subset X, A \neq \emptyset$ が順序 $\leq$ に関する最

小元を持つとき，X は**整列集合** (well ordered) と言われる．

定義から直ちに次のことが分かります：

系 10.14 (1) 整列集合は全順序集合である．
(2) 整列集合は最小元を持つ．

証明 (1) $\forall x, y \in X$ に対し，$\{x, y\} \subset X$ という 2 元からなる部分集合を考えると，最小元が存在する．それを x とすれば $x \leq y$ が成立する．
(2) 整列集合の定義を集合全体に適用すれば直ちに得られる．□

自然数の集合はそのままで整列集合となっていますが，実数の集合は普通に使われる順序では整列集合になっていません．0 以上の実数としても同様です．例えば，$\{x \in \boldsymbol{R}\,;\, 0 < x < 1\}$ は普通の順序で最小元を持ちません．しかし，適当な順序の付け替えにより，実数の集合も整列集合にできるのです！

―――― ツェルメロの整列定理 ――――
任意の集合は適当に順序を定めて整列集合にできる．

この主張は選択公理と同等です．同等性の直観的な説明は次の通りです：整列定理を仮定すると，各 X_λ を整列させれば，それらから最小元を取ってくることで，選択のあいまいさ無しに確定した (x_λ) が作れます！逆に，選択公理を仮定すれば，一つずつ小さい方から順に大きさを決めてゆけば，整列順序が定義できるでしょう．(しかしこれは，有限の手続きでは終わらないので，これを無限に続けることを保証する，超限帰納法という，帰納法の化け物みたいなものを用意する必要があります．)

【順序数】(ordinal number)　自然数には大小関係がありました：$1 < 2 < 3 < \cdots$．この順序は自然数が物の個数を数えるという働き以外に，物に順番を付けるのにも使えることを意味しています．英語で one, two, three, . . . に対応する first, second, third, . . . ですね．これを無限集合にまで拡張したのが順序数です．正確な議論は後に回し，ここでは直感的な説明をします．

自然数 $1, 2, \ldots, n, \ldots$ まではよいとして，これらのすべてよりも大きい番号とは何でしょう？それを ω で表し，**自然数の順序数**と呼びます．では ω の次に大きい数は？答は $\omega + 1$ です．その次に大きい数は $\omega + 2$ で，これは $(\omega + 1) + 1$

として得られたものです.これを続けると,$\omega+1<\omega+2<\cdots$ の先は $\omega+\omega = \omega\cdot 2$ です.この等号は 10.5 節で正当化されます.この後は,$\omega\cdot 2+1<\omega\cdot 2+2<\cdots$ と続き,その次は $\omega\cdot 2+\omega = \omega\cdot 3$ です.これを更に続けて $\omega\cdot 2<\cdots<\omega\cdot 3<\cdots<\omega\cdot n<\cdots<\omega\cdot\omega = \omega^2<\cdots<\omega^3<\cdots<\omega^n<\cdots<\omega^\omega = \omega\cdot\omega\cdots<\cdots<\varepsilon_0 := \omega^{\omega^{\omega^{\cdots}}}<\cdots$ となります.ここに例示したものは,濃度的には皆 $\aleph_0$ ですが,超限帰納法という,帰納法の化け物を使って,これをどこまでも続け,遂には実数の濃度を持つ順序数に到達できます.(ただし,それがどう書けるかは連続体仮説に依存します.)

整列集合の分類は**順序同型**を基準に行います.これは,(8.4) の意味で順序を保つような集合の同型写像が存在することを言います.また,そのような写像のことも順序同型と言います.順序数とは整列集合の順序同型に関する同値類のようなものですが,後で述べるように,この表現は厳密ではなく,また,通常,自然数や,上で直感的に紹介したもののように,決まった代表元でそれを表します.順序数の厳密な定義は,整列集合に対する理論的準備を必要とするので,まず思考訓練として,次節において自然数に対するペアノの公理系を取り上げましょう.

■ 10.4 ペアノの公理系

自然数,あるいは,それを規定する**ペアノ (Peano) の公理系**は,現代集合論では 0 から始まるのが普通ですが,ここでは歴史的に 1 から始めましょう.

定義 10.9 集合 $\boldsymbol{N}$ と写像 $S : \boldsymbol{N} \to \boldsymbol{N}$ が次の公理系を満たすとき,$\boldsymbol{N}$ を**自然数**と呼ぶ:

P1 $1 \in \boldsymbol{N}$
P2 $x \in \boldsymbol{N} \implies S(x) \in \boldsymbol{N}$
P3 $x \in \boldsymbol{N} \implies S(x) \neq 1$
P4 $S(x) = S(y) \implies x = y$
P5 部分集合 $M \subset \boldsymbol{N}$ について,
  (1) $1 \in M$
  (2) $x \in M \implies S(x) \in M$
となっていれば,$M = \boldsymbol{N}$

$S(x)$ は**後者**（successor，S はその頭文字）と呼ばれる単項演算子で，しばしば x' とも表されます．直感的にはこれは $x+1$ を表します．上の公理には演算子 $+$ は現れませんが，実は逆に，後で $x+1:=S(x)$ から始めて $+$ を定義するのです．また，公理には個々の自然数の記号として 1 しか示されていませんが，他の自然数は $2=S(1),3=S(2)=S(S(1)),\ldots$ で定義されます．P5 が**数学的帰納法**の原理です．これから，自然数はどれも 1 に S を何回か適用することにより得られることが分かります．

数学的帰納法は普通次の形で用います：

定理 10.15 自然数 x に関する命題[6] $P(x)$ が，
(1) $P(1)$ は真．
(2) $P(x)$ が真なら $P(x+1)$ も真．
を満たせば，$\forall x \in \boldsymbol{N}$ について $P(x)$ は真．

これは $M:=\{x\in\boldsymbol{N}\,;\,P(x)\text{ は真}\}$ に P5 を適用すると $M=\boldsymbol{N}$ となることから分かるでしょう．なお，ペアノの公理を形式化するときは，集合論の言葉は避け，P5 も最初からこの形にするのが普通です．

例題 10.1 帰納法の適用例として，次を示せ： $\forall x\ S(x)\neq x$

解答 $x=1$ のときは公理 P3 による．ある x について正しいとする．すなわち，$S(x)=x+1\neq x$．このとき $x+1$ についても正しいことは，もし $S(x+1)=x+1=S(x)$ だと P4 より $x+1=x$ となり，帰納法の仮定に反することから言える． □

【2 重帰納法】 $x+1=S(x)$ から，$x+y$ が帰納的に定義できます：

$$x+S(y):=S(x+y). \tag{10.1}$$

これに関していろいろなことを証明するのに，通常の帰納法だけでは不便です．次のような **2 重帰納法**を使うと見通しが良くなります：

定理 10.16 自然数を動く二つの変数を含んだ命題 $P(x,y)$ が，

---
[6] 論理学的に言えば，"自然数を動く変数 x を含む述語"，あるいはさらに，"自然数の言語における論理式" と言うべきでしょうが，岩波『数学辞典』[21] でこの表現を用いているので，ここでも数学科向けに命題という言葉を併用することにします．

(1) $P(x,1)$ は $\forall x \in \boldsymbol{N}$ に対して真，$P(1,y)$ は $\forall y \in \boldsymbol{N}$ に対して真．
(2) $P(x+1,y)$, $P(x,y+1)$, $P(x,y)$ が真なら $P(x+1,y+1)$ も真．
を満たせば，$\forall x,y \in \boldsymbol{N}$ について $P(x,y)$ は真．

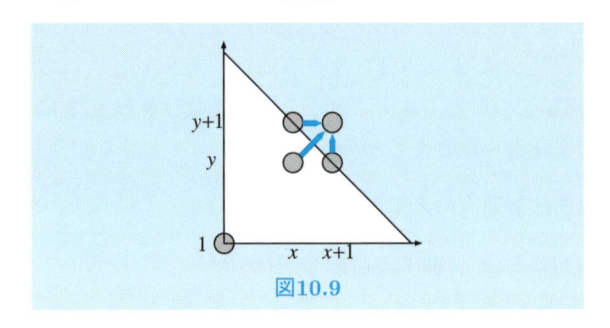

図10.9

証明は次のような 1 変数の命題を補助に用いると P5 から導けます：

$$Q(y) := \forall x\, P(x,y)$$

実際，$Q(1)$ は仮定により真．また $Q(y)$ が真なら，$R(x) := P(x,y+1)$ が x に関する帰納法で証明できます： まず，$R(1) = P(1,y+1)$ は仮定により真．次に，$R(x) = P(x,y+1)$ が真とすると，$Q(y)$，従って特に $P(x,y)$ と $P(x+1,y)$ が真なことと合わせて，命題の仮定により $P(x+1,y+1) = R(x+1)$ が真．よって $\forall x\, R(x)$ が真．しかしこれは $Q(y+1)$ が真であることを意味します．以上により $\forall y\, Q(y) = \forall y\, (\forall x\, P(x,y))$ が真となりました．

🐛 上記定理の (2) の仮定中の "$P(x,y)$ が真" というのは省いた方がきれいですが，その方が主張は弱くなってしまい，応用の際に窮屈です．実際に 2 重帰納法を適用するときには，三つの仮定の一部だけ使って $P(x+1,y+1)$ が言えればよいのです．

例題 10.2 2 重帰納法の適用例として，次を示せ：
$$\forall x,y \quad x+y = y+x \quad \text{(加法の可換律)}.$$

解答 主張 $x+y = y+x$ を $P(x,y)$ で表す．まず $P(x,1)$，すなわち $x+1 = 1+x$ が真なることを x についての通常の帰納法で示す．$P(1,1)$ は自明な主張である．$P(x,1)$ が真，すなわち $x+1 = 1+x$ とすると，$P(x+1,1)$，すなわち $(x+1)+1 = 1+(x+1)$ となることを見よう．定義により $(x+1)+1 = S(x+1)$，また $1+(x+1) = 1+S(x) = S(1+x)$．

10.4 ペアノの公理系

(最後の等号は定義 (10.1) による.) ここで帰納法の仮定により $1+x = x+1$. 従って $S(1+x) = S(x+1)$ となり,上が示された.この場合は $P(1, x)$ は $P(x, 1)$ と同じ主張なのでこれも真である.

最後に $P(x+1, y)$ すなわち $(x+1)+y = y+(x+1)$ と $P(x, y+1)$ すなわち $x+(y+1) = (y+1)+x$ と, $P(x,y)$ すなわち $x+y = y+x$ とから, $P(x+1, y+1)$ すなわち $(x+1)+(y+1) = (y+1)+(x+1)$ を示そう.

$$(x+1)+(y+1) = (x+1)+S(y) = S((x+1)+y) = S(y+(x+1))$$
$$= S(y+S(x)) = S(S(y+x))$$

この証明において x と y を入れ替えれば, $(y+1)+(x+1) = S(S(x+y))$ を得る.よって仮定 $x+y = y+x$ により両者は等しい.以上で 2 重帰納法により主張が示された. □

例題 10.3 加法に対して結合律を証明せよ.

解答 主張 $\forall x\ (x+y)+z = x+(y+z)$ を $P(y,z)$ で表す.まず $P(y,1)$ は正しいことを示す: $(x+y)+1 = S(x+y)$. 他方 $x+(y+1) = S(x+y)$ なので,両者は等しい.同様に $P(1,z)$ は正しい:例題 10.2 で示した可換律を用いて, $(x+1)+z = z+(x+1) = z+S(x) = S(z+x)$. 他方 $x+(1+z) = x+(z+1) = x+S(z) = S(x+z)$. 次に, $P(y+1, z)$ が真として $P(y+1, z+1)$ を示す.

$$(x+(y+1))+(z+1) = S((x+(y+1))+z) = S(x+((y+1)+z)),$$
$$x+((y+1)+(z+1)) = x+S((y+1)+z) = S(x+((y+1)+z))$$

よって示された. □

補題 10.17 $\forall x, y\ x+y \neq x$.

証明 主張 $x+y \neq x$ を $P(x,y)$ で表す.まず $P(x,1)$, すなわち $x+1 \neq x$ が真なることは例題 10.1 で示した.例題 10.2 により $1+y = y+1$ なので, $P(1,y)$, すなわち $1+y \neq 1$ は $y+1 \neq 1$ すなわち P3 から従う.よって最後に $P(x, y+1)$ から $P(x+1, y+1)$ を言えば良い.

もし $(x+1)+(y+1) = S((x+1)+y) = (x+1) = S(x)$ だと, P4 によ

り $(x+1)+y = x$. よって可換律と結合律より, $x+(y+1) = x+(1+y) = (x+1)+y = x$ となるが, これは $P(x, y+1)$ に矛盾する. □

【自然数の順序】 ペアノの公理系には順序は含まれていませんでしたが, ここでそれを定義します.

定義 10.10 $y = x+a$ のとき $x < y$ と定める. (これを $y > x$ とも記す.) $x = y$ または $x < y$ のとき $x \leq y$ と書く. (これを $y \geq x$ とも記す.)

定理 10.18 この $\leq$ は順序の公理を満たす.

証明 (1) $x \leq x$ は定義による.

(2) $x \leq y, y \leq x$ とする. $x \neq y$ なら $x < y, y < x$ がともに成り立つことになる. よって, $\exists a \in \mathbf{N}\ x = y+a, \exists b \in \mathbf{N}\ y = x+b$. すると $y = (y+a)+b = y+(a+b)$. これは補題 10.17 に矛盾する.

(3) $x < y, y < z$ とすると $\exists a, b$ について $y = x+a, z = y+b$. すると加法の結合律を用いて $z = (x+a)+b = x+(a+b)$. よって $z > x$. $x = y$ または $y = z$ のときは自明に $x \leq z$ が導かれる. □

補題 10.19 自然数の順序 $\leq$ は全順序である.

証明 $P(x, y) = $"$x \geq y$ または $x \leq y$ のいずれかが成立" と置く. $\forall x \in \mathbf{N}\ x \geq 1$ が帰納法で容易に証明できるので, $P(x, 1), P(1, y)$ は真. そこで, $P(x, y)$ が真とする. すなわち, $(x \geq y) \lor (x \leq y)$. このとき, それぞれ $x+1 \geq y+1$ あるいは $x+1 \leq y+1$ となる. 実際, $x = y$ なら明らかだし, $x > y$ なら $\exists a\ x = y+a$. 従って $x+1 = (y+a)+1 = (y+1)+a$ より $x+1 > y+1$. $x < y$ のときも同様. □

補題 10.20 $x \neq 1$ なら $x - 1$, すなわち $x = S(y)$ となる y が存在する.

証明 $M = \{1\} \cup \{x \in \mathbf{N}\ ; x$ は直前の元を持つ$\}$ と置けば, M は明らかに P5 の仮定を満たすので $M = \mathbf{N}$. ちなみに 1 は直前の元を持たないことは, 公理 P3 による. □

例題 10.4 $y < x+1$ なら $y \leq x$ となることを示せ.

解答 $y < x+1$ なら, 定義より $x+1 = y+a$. もし $a = 1$ なら P4 より $x = y$. もし $a \neq 1$ なら, 前補題により $a = b+1$ と書けるので, $x+1 = (y+b)+1$.

再び P4 より $x = y + b$, すなわち $y < x$. □

問題 10.3 二つの自然数の積を定義し, 可換律, 結合律, および加法に対する分配律を示せ.

問題 10.4 自然数の順序が演算と次の意味で両立することを証明せよ:
$$x \leq y \implies x+z \leq y+z, \ xz \leq yz.$$

【帰納的関数】 以下, この節の終わりまで, 計算機科学に合わせて自然数は 0 から始まるものとします. すると, 今まで用いた論法は次のように整理されます:

関数の帰納的定義 自然数を変数とする関数 $f(x)$ は,

(1) $x = 0$ のとき定義されており,
(2) $f(x)$ が定義されていれば, $f(x+1)$ がそれを用いて定義される

ならば, すべての x に対して定義される.

実際, $M = \{x \in \boldsymbol{N}; f(x)$ は定義されている$\}$ と置けば, P5 より $M = \boldsymbol{N}$ となります. しかし, コンピュータで計算させようという場合には, (2) をもう少し具体的にしておかないと, やってもらえないかもしれません. ここをきちんとアルゴリズム的にして得られるものが, 帰納的関数というクラスです.

―― **原始帰納的関数の定義** ――

次のようにして得られる関数を**原始帰納的関数** (primitive recursive function) と定義する:

I. 初期関数:
 (1) 自然数 0 (定数関数とみなす).
 (2) $S(x)$.
 (3) 射影関数 $\mathrm{pr}_i(x_1, \ldots, x_n) = x_i$.

II. 構成法:
 (4) 既に得られたものから合成関数を作る.
 (5) 既に得られたもの g, h からの再帰:
$$\begin{cases} f(x_1, \ldots, x_n, 0) = g(x_1, \ldots, x_n), \\ f(x_1, \ldots, x_n, y+1) = h(x_1, \ldots, x_n, y, f(x_1, \ldots, x_n, y)) \end{cases}$$

再帰においては, パラメータの個数 $n = 0$ でもよい. そのときは普通に使われる 1 変数関数 f の**再帰的定義**となります: h を既存の関数として,

$$\begin{cases} f(0) = k \text{ (自然数)}, \\ f(y+1) = h(y, f(y)) \end{cases}$$

　上の定義には含まれていませんが，原始帰納的という性質は，更に，ダミー変数の追加や変数の順番の変更でも保たれることが定義から容易に導けます．射影関数の代わりにこれらを公理として採用している書物もあります．自然数の加法 $x+y$ や乗法 $x \times y$ が原始帰納的関数となることは直ちに分かるでしょう．

問題 10.5 これらを証明せよ．さらに，$x!$, $\text{GCD}(x,y)$, x^y, $\max\{x,y\}$, $\min\{x,y\}$ も原始帰納的であることを示せ．

　多くのプログラミング言語では，関数の再帰的定義をサポートしています．例として最も良く使われるのが，階乗 (factorial) $n!$ を返す関数です．これは

$$\begin{cases} \text{fac(0)=1}, \\ \text{fac(n)=fac(n-1)*n} \end{cases} \quad (\text{*は計算機言語で掛け算を表すのでした})$$

で定義され，fac(5) が呼ばれると，自分自身を呼び続け[7]，fac(0) に到達したところで逆に戻りながら，結局 $1 \times 1 \times 2 \times 3 \times 4 \times 5$ が計算されることになります．

　ゲーデルが帰納的関数の定義を導入したときには，上述の原始帰納的関数の意味でしたが，現在では次のようにもう少し広く解釈しています．

帰納的関数の定義

　原始帰納的関数の定義にあるものに加え，更に次の構成法も用いて得られる関数を**帰納的関数** (recursive function) と定める：

(6) 不定方程式の解として定まる陰関数，すなわち，$g(x_1, \ldots, x_n, y)$ が帰納的関数で，$\forall x_1, \ldots, x_n$ に対して $g(x_1, \ldots, x_n, y) = 0$ を満たす y が少なくとも一つ存在することが分かっているとき，そのような y の最小のものを値として定義される関数 $f(x_1, \ldots, x_n)$．

帰納的関数は**一般帰納的関数**とも呼ばれます．このような関数が計算可能という感覚は，虱潰し探索が立派なアルゴリズムだと言うのと同類です．$f(x_1, \ldots, x_n)$ の値は，$y = 0, 1, 2, \ldots$ を順に $g(x_1, \ldots, x_n, y)$ に代入してゆき，最初に 0 と

---
[7] これを**再帰呼び出し** (recursive call) という．同じ英単語 recursive が論理学では帰納的と訳され，プログラミング論では再帰的と訳されている．帰納的は inductive の訳にも使われるので，再帰的に統一した方が良かったと思う．

なったときに定まるからです.なお,(6) で定まるような y をしばしば

$$\varepsilon y\ (g(x_1,\ldots,x_n,y)=0)$$

のように記します.この関数記号は,それとそっくりな述語論理式

$$\exists y\ (g(x_1,\ldots,x_n,y)=0)$$

が真のときに限って意味を持ちます.この記号は,自然数に関する一般の述語 $A(y)$ に対しても $\varepsilon x\ A(x)$ の形で使います.なお,$A(x)$ を満たすものがただ一つ,すなわち $\exists ! x\ A(x)$ のときは,それを $\iota x\ A(x)$ で表します[8].

【部分帰納的関数と計算可能性】 帰納的関数はコンピュータによる計算可能性をほぼ表現していますが,実は計算できる関数のクラスはもう少し広いのです.それは,帰納的関数の条件 (6) を次のように修正して得られます:

---部分帰納的関数の定義---

原始帰納的関数の定義にあるものに加え,更に次の構成法も用いて得られる部分関数を**部分帰納的関数**[9] (partial recursive function) と定める:

(6′) $g(x_1,\ldots,x_n,y)$ を既に得られた関数とするとき,
$$f(x_1,\ldots,x_n)=\mu y\ g(x_1,\ldots,x_n,y).$$

ここで部分関数とは,定義域が始集合全体とは限らない関数のことでした.また,$\mu y\ g(x_1,\ldots,x_n,y)$ は,

$$(\forall z<y\ g(x_1,\ldots,x_n,z)>0)\wedge g(x_1,\ldots,x_n,y)=0$$

を満たす y を表します.すなわち,$x_1,\ldots,x_n$ を固定したとき,これらと $z\leq y$ なる z に対して部分関数 g は値を持ち,かつそれが最初に 0 となるのが y であることを意味し,$\mu y\ g(x_1,\ldots,x_n,y)$ でもってその y の値を表します.これを **μ-演算子**と呼びます.これは,最初から計算機が答を返してくれることまで

---

[8] この種の記号は便利なので,一般の数学でも使えると良いですね.よく似た状況ですが,関数 $g(x)$ の最小値には $\max_{a\leq x\leq b} g(x)$ という標準的記号があるのに,それを達成する x の値には決まった表現法が無く,いつも長たらしい記述が必要になります.こちらはごく少数派ですが $\arg\max_{a\leq x\leq b} g(x)$ という記号を使う人が居ます.

[9] 計算理論の書物では,こちらを単に帰納的関数と呼んでいるものが多い.

は期待せず，幸運にも答を出してくれたら，それも計算可能な値の仲間に入れようという発想です．部分関数に対して (6′) の手続きを繰り返すのはややこしそうですが，実は帰納的関数だけを使って，最後の段階で一度だけ (6′) をやればよいことが知られています（**クリーンの定理**）．

部分帰納的関数のベクトルの出力値集合は，**枚挙可能**あるいは**帰納的可算**と呼ばれます．これがコンピュータで計算可能なもののすべてです．

🐛 コンピュータによる計算可能性は 1936 年にチャーチの帰納的関数による定式化（いわゆる**チャーチのテーゼ**）と λ 計算が発表され，同じ年テューリング，ポストにより独立に抽象的計算機械の定式化が与えられました．後に有限オートマトンや文脈自由文法の理論が加わり，最終的にすべての解釈が同値であることが明らかになりました．コンピュータに興味のある人は計算論の参考書 [13] などを見てください．

10.5 整列集合と順序数

無限集合の話に戻って，順序数の厳密な定義をします．準備として，次のような数学的帰納法の有用な強化形を考えます．(仮定が弱くなっています.)

補題 10.21 自然数を変数に持つ命題 $P(x)$ が，
(1) $P(1)$ は真．
(2) $\forall y < x$ について $P(y)$ が真なら，$P(x)$ も真．
を満たせば，$\forall x \in \boldsymbol{N}$ について $P(x)$ は真となる．

証明 $Q(x) = $ "$\forall y < x$ について $P(y)$ は真" という述語に普通の帰納法を適用する．$Q(1)$ は自明である．$Q(x)$ が真とする．$Q(x+1)$，すなわち，$\forall y < x+1$ に対して $P(y)$ を証明するのに，まず例題 10.4 より，$y < x+1$ なら $y < x$ か $y = x$ となることに注意せよ．このとき，前者なら $Q(x)$ が真より $P(y)$ は真，また，後者なら帰納法の仮定 $Q(x)$ が真から (2) により $P(x)$，従って $P(y)$ が真となっている．よって，$Q(x+1)$ は真となった． □

🐛 実は仮定の (1) は (2) に含まれています：(2) において $x = 1$ と置いたものを論理式として形式的に書くと，$\forall y (y < 1 \to P(y)) \to P(1)$ となりますが，どんな y を取っても $y < 1$ は成り立たないので $y < 1 \to P(y)$ は常に真．従ってこの命題全体が真との仮定から，$P(1)$ は真でなければなりません．

【強化された帰納法の応用例】 先に当然のように述べた次の主張を証明してみましょう：自然数の空でない部分集合 A には必ず最小元が存在する．

$P(x) =$ "$x \in A \to A$ は最小元を持つ" と置く．$1 \in A$ なら明らかにこれが最小元なので，$P(1)$ は真．そこで，$\forall y < x$ について $P(y)$ は真とする．$x \in A$ のとき，もし x より小さい元が A に存在しなければ，これが A の最小元．よって $P(x)$ は真．他方，もし $y < x$ で $y \in A$ なるものが存在すれば，帰納法の仮定により A に最小元が存在する．よってこの場合も $P(x)$ は真となる．

【超限帰納法】(transfinite induction)　上のような帰納法の表現の仕方は，帰納法の著しい拡張を可能にします．

定理 10.22　（超限帰納法）　X は整列集合で，$A(x)$ は $x \in X$ に関する命題とする．もし，$\forall x \in X \ (\forall y \in X \ (y < x \to A(y)) \to A(x))$ が真ならば，$\forall x \in X \ A(x)$ も真となる．

定理の仮定を分かりやすく言い替えると，
(1) X の最小元 x_0 に対して $A(x_0)$ は真．
(2) $x \in X$ を止めたとき，$\forall y < x$ について $A(y)$ が真ならば，$A(x)$ も真．
となります．補題 10.21 の後でも注意したように，実は (1) は (2) に含まれているので，定理の仮定には書かれていません．

証明　結論を否定すると，$\exists x \in X \ \neg A(x)$ が真となる．そこで今，$Y = \{y \in X \ ; \ \neg A(y)\}$ と置けば，$\emptyset \subsetneq Y \subset X$．$X$ は整列集合なので，Y には最小元 a が存在する．$a \in Y$ より $\neg A(a)$ は真．しかし作り方より，$\forall y < a$ に対して $\neg A(y)$ は偽，すなわち $A(y)$ は真．よって仮定より $A(a)$ も真となるが，これは不合理である． □

$X = \mathbf{N}$ の場合が自然数に対する普通の数学的帰納法です．超限帰納法は X として無限順序数を取ったものです．通常の帰納法による関数の定義は，次のように超限帰納法まで拡張できます：

【超限帰納法による定義】 関数 f が整列集合（順序数）X の
(1) 最小元 x_0 で定義されており，
(2) $\forall y < x$ で $f(y)$ が定義されているとき，それから $f(x)$ を一意に定める方法が与えられている

ならば，f は X 全体で一意に確定する．

以上の準備の下に，二つの整列集合の順序同型に対する関係を調べます．順序同型とは，順序を保つような集合の 1 対 1 対応のことでした．以下，二つの整列集合 S, T が順序同型のとき，$S \cong T$ で表します．記号の意味が曖昧なときは "(順序同型)" と付記することにします．当座の目標は定理 10.26 です．

定義 10.11 整列集合 S が有ったとき，$\alpha \in S$ に対して，
$$S_{<\alpha} = \{x \in S \,;\, x < \alpha\}$$
を S の α による切片と呼ぶ．

補題 10.23 整列集合とその真部分集合 $S' \subsetneq S$ が，
$$\forall x \in S' \; \forall y \in S \; (y < x \rightarrow y \in S')$$
を満たせば，$\exists \alpha \in S$ について $S' = S_{<\alpha}$ となる．

証明 $S \setminus S'$ は空でないので，最小元 α を持つ．$x < \alpha \Longrightarrow x \in S'$．よって $S_{<\alpha} \subset S'$．ここでもし $S_{<\alpha} \subsetneq S'$ とすると，$\exists \beta \in S' \setminus S_{<\alpha}$ すなわち $\beta \in S'$, $\beta \geq \alpha$．しかるにこのとき仮定から $\alpha \in S'$ でなければならず，矛盾．よって $S' = S_{<\alpha}$． □

補題 10.24 $S_{<\alpha}$ は S と順序同型でない．従って，$\alpha \neq \beta$ なら $S_{<\alpha}$ と $S_{<\beta}$ も順序同型でない．

証明 $f : S \to S_{<\alpha}$ が順序同型を与えるとすると，$\alpha \in S$ より $f(\alpha) < \alpha$．今 $S' = \{x \in S \,;\, f(x) < x\}$ と置けば，$S' \neq \emptyset$ より最小元 β を持つ．すると $\forall x < \beta \; f(x) \geq x$ となる．特に $f(\beta) < \beta$ なので，これより $f(f(\beta)) \geq f(\beta)$．しかるに f は順序同型なので $f(\beta) < \beta \Longrightarrow f(f(\beta)) < f(\beta)$ でなければならず，不合理．後半は $\alpha \neq \beta$ は比較できるので，例えば $\alpha < \beta$ とすれば，$S_{<\beta} \supset S_{<\alpha} = (S_{<\beta})_{<\alpha}$ だから，$S_{<\beta}$ を S だと思えば前半に帰着する． □

補題 10.25 S, T を二つの整列集合とする．もし $\forall \alpha \in S \; \exists \beta \in T \; S_{<\alpha} \cong T_{<\beta}$ (順序同型) となっていれば，$S \cong T$ か，または $\exists \gamma \in T \; S \cong T_{<\gamma}$．

証明 $\forall \alpha \in S$ に対し，$S_{<\alpha} \cong T_{<\beta}$ となる $\beta \in T$ は前補題により一意に定まる．よって $f : S \to T$ を $f(\alpha) = \beta$ で定めると，前補題により f は単射とな

る．今，$g : S_{<\alpha} \to T_{<\beta}$ を順序同型を与える写像とすれば，$\forall x < \alpha$ について $g : S_{<x} \to T_{<g(x)}$ は順序同型．従って $S_{<\alpha}$ 上 $f(x) = g(x)$ となる．これから，f が順序を保つこと，および，$\beta \in f(S) \implies \forall y < \beta \; y \in f(S)$ が分かる．故に，補題 10.23 により $f(S)$ は T 自身か，あるいは T の切片となる． □

定理 10.26 勝手な二つの整列集合 S, T について，
(1) S と T は順序同型か，
(2) S は T のある切片と順序同型か，
(3) T は S のある切片と順序同型か
のいずれか一つだけが必ず成り立つ．

証明 (3) ではないとして，(1) または (2) を導く．超限帰納法を用いて示す．
　S の最小元を T の最小元に対応させることはいつでもできる．今，$\alpha \in S$ に対し $\forall x < \alpha \; \exists y \in T \; S_{<x} \cong T_{<y}$（順序同型）とすると，補題 10.25 により，$S_{<\alpha}$ は T または T のある切片と順序同型になる．しかし (3) ではないとしたから，後者が成立する．よって超限帰納法により $\forall \alpha \in S$ について，$S_{<\alpha}$ は T のある切片と順序同型になる．よって再び補題 10.25 により S 全体が T または T のある切片と順序同型となる． □

　以上により整列集合の同値類としての順序数の全体は，定理の (1), (2), (3) それぞれの場合に $S = T, S < T, S > T$ と定めることにより，全順序が付けられることが分かりました．しかも，ある T より小さい順序数は，みな T の切片とみなしてよいので，それらは整列されており，かつ T の部分集合と同一視できます．しかし整列集合の全体は，集合の全体よりも豊富なので，後に述べるカントルのパラドックスと同じ論法が当てはまり，集合とはみなせません．よって，通常の集合論における同値類という概念をそのまま使うのは，恐いのです．順序数の厳密な定義は，以下に述べるように構成的に与えられます：
　まず，自然数を作りましょう．ペアノの公理系を満たす自然数が存在することを実際に示すには，無限集合論を仮定する必要があります．P5 から

$$\mathbf{N} = \{1, S(1), S(S(1)), \dots\}$$

が分かるので，このモデルを構成すればよい．ただし現代の数学基礎論では（実はペアノ自身も後にそうしているように）自然数は 0 から始まるので，ここで

も以後そのように修正しましょう．次の構成法はフォン・ノイマンによります：

(0) $\emptyset$ を 0 と置く．
(1) $\{\emptyset\}$ を 1 と置く．これは要素が一つだけの集合である．
(2) $\{\emptyset, \{\emptyset\}\}$ を 2 と置く．これは要素が二つの集合である．
(3) $\{\emptyset, \{\emptyset\}, \{\emptyset, \{\emptyset\}\}\}$ を 3 と置く．
(n) 一般に $S(n) = n+1 := n \cup \{n\}$ と置く．

順序数の正確な定義はこれを拡張したものです：

定義 10.12 集合 α が**順序数**とは，次の二つを満たすことを言う：
(1) α は 2 項関係 $\in$ を順序として整列集合を成す．
(2) $\beta \in \alpha$ ならば $\beta \subset \alpha$ である．

この定義から直ちに，二つの順序数 α, β について，$\alpha \in \beta$ なら，$\alpha = \beta_{<\alpha}$ となることが分かります．実際，$\forall \gamma \in \beta_{<\alpha}$ は $\gamma < \alpha$ を満たすので，定義により α に含まれ，従って $\beta_{<\alpha} \subset \alpha$．逆に，$\forall \gamma \in \alpha$ は $\gamma < \alpha$ なので，切片の定義により $\gamma \in \beta_{<\alpha}$ となります．上で構成した自然数のモデル ω は確かにこれらの性質を持っていますね．このようなものは，定理 10.26 により，それより大きい集合が存在する限り，整列定理と超限帰納法を用いてどこまでも作ってゆくことができます．

定義 10.13 二つの順序数 α, β に対し $\alpha < \beta \iff \alpha \in \beta$ とし，これを用いて順序数全体に次のように順序関係を定義する：
$$\alpha \leq \beta \iff \alpha < \beta \text{ または } \alpha = \beta$$

この順序数を"番号"として用いることにより，無限集合にも拡張した意味での"番号"を付けることができます．

定義 10.14 直前の元 $\zeta = \eta - 1$（正確に言うと $\eta = \zeta + 1$ を満たす順序数 ζ）が存在するような順序数 η を**孤立順序数**と言う．そうでない順序数 η を**極限順序数**と言う．

極限順序数の例としては，$\omega, \omega \cdot 2, \omega^\omega$ などがあります．（これらの記号の正確な定義はすぐ後で述べます．）

順序数の加法も超限帰納法で定義します：
$$\alpha + 0 = \alpha, \ \alpha + (\beta + 1) = (\alpha + \beta) + 1$$
$$\beta \text{ が極限数のとき } \alpha + \beta = \sup\{\alpha + \gamma\,;\,\gamma < \beta\}$$

これらはまとめて次のように書けます：
$$\alpha + \{\gamma\,;\,\gamma < \beta\} = \alpha \cup \{\alpha + \gamma\,;\,\gamma < \beta\}$$

平たく言うと，α の元の後ろに β の元を追加したもののことです．この加法は結合律を満たしますが，一般に可換ではありません：

例 10.7　$1 + \omega = \omega = \{0, 1, 2, \dots\} \neq \omega + 1 = \{0, 1, 2, \dots, \omega\}$.

順序数の乗法も超限帰納法で定義します：
$$\alpha \cdot 0 = 0, \ \alpha \cdot (\beta + 1) = \alpha \cdot \beta + \alpha,$$
$$\beta \text{ が極限数のとき } \alpha \cdot \beta = \sup\{\alpha \cdot \gamma\,;\,\gamma < \beta\}$$

これもやはり可換ではありません：$2 \cdot \omega = \omega \neq \omega \cdot 2$.

例 10.8　$(\omega + 1) + (\omega + 2) = \omega \cdot 2 + 2$.
（なぜ $\omega \cdot 2 + 3$ にはならないのか，しっかり考えましょう！）

同様に，順序数の冪乗は
$$\alpha^0 = 1, \ \alpha^{\beta+1} = \alpha^\beta \cdot \alpha,$$
$$\beta \text{ が極限数のとき } \alpha^\beta = \sup\{\alpha^\gamma\,;\,\gamma < \beta\}$$

で定義されます．

一般の順序数 η は
$$\eta = \omega^{\gamma_s} \cdot n_s + \omega^{\gamma_{s-1}} \cdot n_{s-1} + \cdots + \omega^{\gamma_1} \cdot n_1 + n_0,$$
$$\gamma_s > \gamma_{s-1} > \cdots > \gamma_1 \text{ は順序数}, \ n_j < \omega$$

の形に一意的に表されます．ここで
$$\eta \text{ が孤立順序数} \iff n_0 > 0$$

となっています．

先に濃度を全単射写像が存在するという同値関係による同値類として説明しましたが，集合の全体は集合にならないので，これは不正確です．実際，集合の全体も集合の一つだとすると，次のような困難が生じます．（パラドックス（逆理）の意味は次章で詳しく述べます．）

カントルのパラドックス X をすべての集合を要素とする集合とする．このとき，2^X は X の部分集合の全体より成る集合だから，2^X の各要素は X に含まれる．従って 2^X は X の部分集合となるから，$\#(2^X) \leq X$．しかし定理 10.13 で対角線論法を用いて $\#X < \#(2^X)$ が示されており，不合理である．

順序数と濃度の関係（濃度の正確な定義）は次のようになります：

> ――― **濃度の正確な定義** ―――
> 集合として対等な（すなわち全単射が存在する）順序数の中で，順序数として最小のもの（確定する！）を濃度として採用する．

これから，集合の濃度が比較可能で，かつ整列集合を成すことが直ちに従います．

例 10.9 $1, 2, \ldots, \aleph_0 = \omega$ などは濃度の例です．

順序数の集合は整列集合の全体を整理したものなので，これは集合になるのでは？と思われるかもしれませんが，やはり，次のような矛盾が生じます．歴史的にはこちらの方がカントルのパラドックスより少し前に登場しています．

ブラリ・フォルティのパラドックス すべての順序数の集まり S が集合なら，それは定義 10.12 で述べた自然な順序関係で整列集合となっている．よって，それと順序同型な順序数が S の元 α として含まれるはずである．順序数の定義 10.12 とその後の注意により S は $S_{<\alpha}$ と順序同型になる．しかしそれは補題 10.24 に反する．

10.6 ツォルンの補題

ここで，数学で最も良く使われる選択公理の言い替えの一つを紹介します．将来，数学を本格的に学ぼうという人は，ぜひこれを勉強しておきましょう．

定義 10.15 順序集合 $X, \leq$ において，"部分集合 $A \subset X$ が $\leq$ について全順序集合となっていれば，必ず A の上限が X 内に存在する"という性質を持つとき，X を **帰納的順序集合** (inductively ordered set) と呼ぶ．

> ――― **ツォルンの補題** ―――
> 空でない帰納的順序集合 X には，必ず極大元が存在する．すなわち，
> $$\exists a \in X \ \forall x \in X \ \neg(x > a).$$

10.6 ツォルンの補題

実際,極大元が無いとすると,次々にそれより大きい元が見付かるので,それらを拾い出してゆくと,全順序部分集合 $A \subset X$ ができます.この A の上限が X の極大元でなければ,さらに大きい元が有るので,それを更に A に追加し,またその上限を見ます.このような手続きは,選択公理あるいは整列定理により, X の元が無くなるまでどこまでも続けられることが保証され,遂には極大元に到達するのです.(厳密に証明するには, X を別の順序により整列しておき,それと対等なある順序数に対して超限帰納法を使う必要があります.)

ツォルンの補題からも逆に選出定理が証明できます:集合の無限族 $X_\lambda, \lambda \in \Lambda$ に対し,不完全選出関数

$$(f, M) := \{(\mu, f(\mu)); \mu \in M, \ f(\mu) \in X_\mu\}, \quad M \subset \Lambda$$

というものを考えます.今,これらの間の順序を

$$(f, M) \leq (g, N) \iff M \subset N \text{ かつ } \forall x \in M \text{ に対し } f(x) = g(x)$$

で定めると,このようなものの全体は容易に分かるように帰納的順序集合を成します.よって極大元が存在しますが,それは定義域が Λ 全体でなければなりません.なぜなら,もしそうでないと,もう一つくらいは人力で定義を追加できるからです.よって完全な選出関数が存在することが分かりました. □

以上より,

--- **選択公理の仲間** ---

選択公理,整列定理,ツォルンの補題はすべて同値である.

実はこの一群の主張は,連続体仮説と同様,集合論の他の公理から独立であることがコーエンにより示されました.すなわち,これを仮定しても,その否定を仮定しても,それぞれに無矛盾な集合論が,従ってそれに基礎を置いた数学ができるのです.しかし,連続体仮説と違い,選択公理を否定した数学は内容が非常に貧しくなるので,普通の数学はこれを認める立場で行われます.君達が学ぶ微積分もそうですね.高名な数学者の中には選択公理を自由に使うことに非常な不安を抱いていた人も居たことに留意しておきましょう.数学の基礎は,普通の人が考えている程には磐石ではないのです.

初等数学では,選択公理は 10.3 節で述べたようにこっそり使われるだけです

が，高等数学では，何か必要だが具体的には構成できないものの存在を抽象的に証明するのに，ツォルンの補題の形でしばしば明示的に使われます．

選択公理の応用例として，保留していた次の定理の証明をしておきましょう．

定理 10.7 （再掲） 集合 X が有限集合でない
$$\iff \exists f: X \to X \text{ s.t. 単射だが全射でない.}$$

証明 〔$\Longrightarrow$〕 選択公理により，X の部分集合 $Y = \{a_n \in X\}_{n=1}^{\infty}$ で，互いに異なる元の無限列が取れる．このとき
$$f(x) = \begin{cases} x \notin Y \text{ なら } f(x) = x, \\ x = a_n \text{ なら } f(x) = a_{n+1} \end{cases}$$
と定めると，f は単射で，$a_1 \notin f(X)$．

〔$\Longleftarrow$〕 上のような f が存在すれば，$X \supsetneq f(X) \supsetneq f^2(X) = f(f(X)) \supsetneq \cdots \supsetneq f^n(X) \supsetneq \cdots$ となるから，選択公理により $\exists a_n \in f^{n-1}(X) \setminus f^n(X)$．従って X は有限でない．（先に注意したように，こちら向きは選択公理を用いないでも，この対偶命題が鳩の巣原理を用いて有限数学の範囲で証明できる．） □

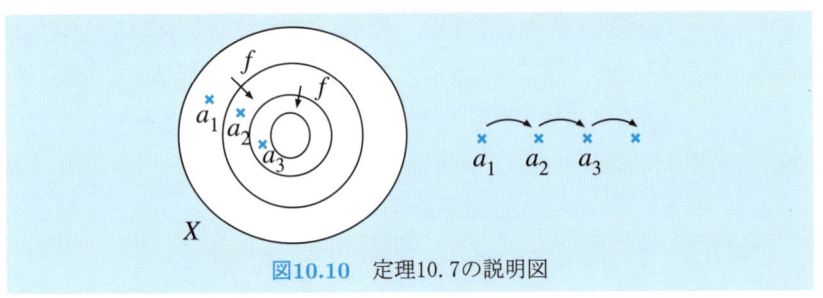

図10.10 定理10.7の説明図

ツォルンの補題の他の応用例として，基礎論以外ではあまり教えられる機会の無い，次のような事実を証明しておきましょう：K を係数体（スカラー）とする無限次元の線形空間（ベクトル空間）V を考えます．一般の体のことをまだ学んでいない人は，とりあえず $K = \boldsymbol{R}$ とか $\boldsymbol{C}$ とか $\boldsymbol{Q}$，あるいは $\boldsymbol{F}_2$ などを思い浮かべてください．線形空間の意味は，スカラーが $\boldsymbol{R}$ のときと同様です．ただし，位相（収束の概念）が無いので，無限個のベクトルの足し算はできず，ベクトルの1次結合とは，常に
$$\lambda_1 \boldsymbol{v}_1 + \cdots + \lambda_n \boldsymbol{v}_n, \quad \lambda_j \in K, \quad \boldsymbol{v}_j \in V \tag{10.2}$$
のような有限和のこととされます（ただし，n はいくら大きくてもよい．）．

10.6 ツォルンの補題

定義 10.16 $B \subset V$ が**代数的基底**とは，次の性質を持つことを言う．
(1) B の元は次の意味で 1 次独立である：和 (10.2) において v_j が B の異なる元ならば，$\forall \lambda_j = 0$ となる．
(2) B の元は次の意味で V を張る：$\forall v \in V$ に対し，$\lambda_j \in K$, $v_j \in B$ を有限個適当に選べば，v は (10.2) の形に表される．

例題 10.5 任意の線形空間 V には代数的基底が存在する．特に，$\mathbf{R}$ を $\mathbf{Q}$ 上の線形空間とみなしたものの代数的基底は**ハメル基底**と呼ばれ，必ず連続の濃度を持つ．

解答 まず一般に代数的基底が存在することを示す．V の 1 次独立なベクトルから成る部分集合 $B \subset V$ の集合 $\mathcal{B}$ に，包含関係で順序を付けたものは，空でない帰納的順序集合となる．実際，一つのベクトルより成る部分集合は $\mathcal{B}$ に含まれる．また，B_μ を $\mathcal{B}$ の全順序部分集合とするとき，$B = \bigcup B_\mu$ は $\mathcal{B}$ に属し，これらの上限となる．確認を要するのは B が 1 次独立なことだけであるが，B から勝手に取った元の間の 1 次関係式

$$\lambda_1 v_1 + \cdots + \lambda_n v_n = \mathbf{0}$$

は，各 v_i が含まれる B_{μ_i} の最大のもの（全順序部分集合の仮定により存在する）における 1 次関係式となり，そこでの 1 次独立性から $\forall \lambda_i = 0$ が従う．

よって，$\mathcal{B}$ には極大元 B_M が存在するが，もしこの元の有限個の 1 次結合では表せないような V の元がまだ有ったら，それを B_M に付け加えれば，B_M より真に大きな $\mathcal{B}$ の元が得られ，極大性に矛盾する．よって，B_M は V の基底となる．

ハメル基底 $\mathcal{H}$ の存在は，以上の特別な場合であるが，ここで基底の定義により $\mathcal{H} \times \bigcup_{n=1}^\infty \mathbf{Q}^n$ から $\mathbf{R}$ への全射な写像が存在する．$\bigcup_{n=1}^\infty \mathbf{Q}^n$ の濃度は $\mathbf{N}$ の有限列全体 $\bigcup_{n=1}^\infty \mathbf{N}^n$ の濃度と同じく，可算濃度 $\aleph_0$ に等しい（問題 10.1 (10) 参照）から，もし $\mathcal{H}$ の濃度 α が連続の濃度より小さければ，補題 10.10 により $\mathbf{R}$ の濃度が $\alpha \times \aleph_0$ 以下となり，連続の濃度より小さくなってしまい，不合理である． □

問題 10.6 "勝手な二つの集合の濃度は必ず比較できる" という主張が，選択公理と同値なことを示せ．

第11章
公理的集合論と形式論理学

　この章では，集合論と論理学の公理的取扱いの概略を紹介し，更に勉強するための手がかりを提供します．まず，これらの厳密な取扱いを促した有名なパラドックスの紹介から始め，次いで代表的な公理系を紹介して，最後に現代人の教養の一つともされている，ゲーデルの不完全性定理の紹介をします．

■ 11.1　論理学と集合論におけるパラドックス

　パラドックス（逆理，逆説）とは，真としても偽としてもおかしいことが起こるような命題のことです．日常的な意味では，論理的には真に見えても，その結論は通念に反しているようなものも含めます．有名な例がいくつかありますが，教養としてまず，論理学とはそれほど関係ありませんが，パラドックスとしては最も有名な古代ギリシャのゼノンの3大パラドックスを紹介します．

【ゼノンのパラドックス】　(1) **アキレスと亀**：ゼノンのパラドックスの代表格で，最も有名なものです．"アキレス[1]が亀と競争した．アキレスはハンディを付けて，亀の 10 m 後からスタートした．アキレスは永遠に亀に追い付けない！" その理由は以下の通り：

①　亀が最初に居た地点までアキレスが進んだとき，亀は更に先の位置に居る．
②　その亀の地点までアキレスが進んだとき，亀は更に先の位置に居る．
　　　………
⓷　亀が $n-1$ 番目に居た地点までアキレスが進んだとき，亀は更に先の位置に居る．以下同様に果てしなく続く．

　普通は極限が有限時間内に実現して，アキレスはいつの間にか亀を追い越していると解釈するのですが，では次はどうでしょうか？ "アキレスは電灯を持ち，上の状態に達する度にそれを交互に点けたり消したりしたら，亀を追い越

---
[1] アキレス腱の語源ともなった古代ギリシャの名走者．

11.1 論理学と集合論におけるパラドックス

した後のアキレスの電灯は点いているか，それとも消えているか？"

図11.1 アキレスと亀さん

参考までに，ゼノンの他の二つのパラドックスは次のようなものです．
(2) 飛んでいる矢は動けない．なぜなら，ある瞬間に矢は空間の一点を占めており，そこには次の点に移動するべき手がかりは何もない．
(3) 人は目的地にたどり着けない．なぜなら，そのためには目的地の半分までたどり着かねばならない．そのためには更にその半分の位置までずたどり着かねばならない．かくして無限に至り人はまったく前進できなくなる．

このように，ゼノンの逆理は論理学というよりはむしろ無限小解析学，すなわち微分積分学の基礎に関するものです．

【クレタ人の嘘付き】 これは新約聖書に載っている論理学の有名なパラドックスです："クレタ人は嘘付きだ"と，クレタ人の預言者エピメニデスが言った．彼の言うことは信用できるか？

彼を信用すると，クレタ人の言うことは正しくないことになる．故にクレタ人である彼の言うことも正しくない．従ってクレタ人は嘘付きではないことになる．従ってクレタ人である彼も嘘付きではない．しかし彼は"クレタ人は嘘付きだと言ってるのだから，正しくないことを言っていることになる．つまり彼は嘘付きである．これは明らかな矛盾だ！

逆に，彼を信用しないと，彼の言ってることは正しくない．従ってクレタ人は嘘付きではない．しかしクレタ人である彼はクレタ人が嘘付きだと言っているのだからクレタ人が嘘を付いていることになる．やはり矛盾だ．

しかし，クレタ人が複数居て，もしエピメニデスの主張をクレタ人は皆嘘付きだ $\forall x\ A(x)$ と理解すると，その否定は $\exists x\ \neg A(x)$ となり，エピメニデスが嘘付きでも，他に正直なクレタ人が居れば矛盾にはなりません．そこで，現代の論理学の書物では，"私の言うことは嘘である"という，ただの"嘘付きのパラドックス"に置き換えられているのが普通です．

これの同類に次のものがあります：

例 11.1 （**自分の鬚を剃れなくなる床屋**） 床屋の定義を，"自分で鬚を剃らない男の鬚を剃る人" としたら，床屋は自分の鬚を剃ることができなくなった．

🐌 これらと良く似た状態を実現したものに種々のフリップフロップ回路（出力を入力に利用するような回路）があります．調べてみましょう．

以上の話は "集合" と "その一つの元" をうまく混同させていることからできるパラドックスで，この種の矛盾を避けるための簡単な解決法は，ラッセル[2])が主張したように，"自分自身について語ることをやめさせればよい" のです．だが，日常生活のみならず，集合論や論理学においても，このことを厳密に守るのは窮屈過ぎて具合が悪いことも多いのです．

【**ラッセルのパラドックス**】 これは今までのものに比べずっと数学的です．現代数学では，集合を要素とする集合を考えるのが日常茶飯事なので，元と集合との間に質的な区別は存在しません．しかし，これが行きすぎるとパラドックスに陥ります：
問：集合 X を $X = \{A \,;\, A \notin A\}$ と定義する．X はこの集合に属するか？
答：どちらとも言えない．なぜなら，もし $X \in X$ とすると，X は集合 X の定義の条件を満たさなければならないので，$X \notin X$．これは仮定に反する．逆に $X \notin X$ とすると，X は集合 X の定義の条件を満たしているので，$X \in X$ となる．これも仮定に反する．

【**集合論のパラドックスの回避法**】 "すべての集合の集合" を集合の仲間に入れると破綻するという例は，既に前章で，濃度に関するカントルのパラドックス，および，順序数に関するブラリ・フォルティのパラドックスとして紹介済みでしたね．数学で普通に採られるこの手のパラドックスの回避法は次の通りです：
その 1：すべての集合の集合のようなものには，普通の集合論の公理が一部しか当てはまらないと考え，集合という言葉を使わず，クラス (class) とか族 (family) という別の言葉を使うことにする．
その 2：普通の数学では，そんなに大きな集合は必要ないので，十分大きな集合 U を一つ固定し，出てくるものはすべてその部分集合として構成する．

---

[2]) ちなみに，ラッセルはイギリスの数学者・論理学者で，一般には平和運動家として有名でしたが，ホワイトヘッドと共著の Principia Mathematica は論理学の教科書として一世を風靡しました．

(U をユニバースと呼ぶ.)

🐰 すべての集合の集合はあやしいと思っても，すべての群の集合とか，すべての位相空間の集合などは，つい考えたくなるかもしれませんが，どんな集合にも群の構造や位相空間の構造を入れることができるので，実は全く同じようにあやしいのです．線形空間のように構造が複雑なものは自明度が少し下がるかもしれませんが，勝手な集合が基底になれるので，やはり同じことです．

【命題論理のパラドックス】 最後に，同じような趣旨の論理学的なパラドックスを一つ紹介しておきます．論理学の対象となる命題と，更にそれを議論するための"メタ命題"をごっちゃにしてはいけない，という例です．

例 11.2 （カリーのパラドックス） A を任意の命題とし，B を"もしこの命題が正しければ，A は正しい"という命題とする．このとき B が正しければ，もちろん A は正しいし，B が正しくなければ，B に含まれる含意の前件が偽なので，含意の全体は真となる．つまり，B は真でなければならない．よっていずれにしても A は正しい．しかし A は任意の命題であった！

問題 11.1 （ベリーのパラドックス） 日本語の文字は漢字も入れると相当に沢山あるが，それでも有限である．よって，日本語の 200 文字以下で表現可能な自然数は有限個しかなく，それらの大きさには限界が有る．そこで今，n を"日本語の 200 文字以下では表現できないような最小の自然数"とせよ．しかしこの n の表現はたった 28 文字しか使っていない！（G.G. Berry 1905; 元の表現はもちろん英語である．）この矛盾を解明せよ．

11.2 集合論の公理系

ではいよいよ集合論の公理系を紹介しましょう．ここでは最も代表的なツェルメロ-フレンケルの公理系 ZF を紹介します．

ZF 1（空集合の存在） $\exists x \, \forall u \, \neg(u \in x)$
すなわち，何も要素を含まない集合が存在すると言っているのです．これを**空集合**と呼びます．

ZF 2（外延性公理） $\forall x \, \forall y \, (\forall u \, (u \in x \equiv u \in y) \to x = y)$
ここに，$A \equiv B$ は $(A \to B) \land (B \to A)$ の略記である．
すなわち，同じ元より成る集合は等しい，と定めます．

以上二つの公理を合わせて，空集合はただ一つに定まることが分かるので，周知のように以下それを $\emptyset$ で表します．

ZF 3（非順序対の存在）　　　$\forall x\,\forall y\,\exists z\,\forall u\,(u\in z\equiv(u=x\vee u=y))$

すなわち，集合が二つあると，それをペアにして新しい集合ができると言っています．こうして作られる集合を $\{x,y\}$ と記します．これは元の順番が規定されていないので，**非順序対**(つい)と呼ばれます．もし元に順序を付けたかったら，$\{x,y\}$ の代わりに $\{x,\{x,y\}\}$ を考えればよろしい．$x\in\{x,y\}$ なので，二つの元は順序の区別が付きます．これを**順序対**と呼び (x,y) で表します．

この公理を繰り返し用いることにより，自然数のモデル（10.5 節）で述べたような集合を次々と構成してゆけます．

ZF 4（和集合の公理）　　　$\forall x\,\exists y\,\forall u\,(u\in y\equiv\exists v\,(u\in v\wedge v\in x))$

すなわち，x の要素である集合すべての**和集合**を y としているのです．この公理と外延性公理 ZF2 から一意に定まる y を $\sigma(x)$ と記します．これは第 6 章で導入した記号 $\bigcup_{v\in x} v$ に相当します．

包含記号の定義　記号 $x\subset y$ を $\forall u\,(u\in x\to u\in y)$ と定める．

ZF 5（冪集合の公理）　　　$\forall x\,\exists y\,\forall u\,(u\in y\equiv u\subset x)$

すなわち，集合 x のすべての部分集合を要素とするような集合 y が存在すると言っています．これは第 6 章で導入した冪集合に他なりません．

ZF 6（置換公理）　$A(u,v)$ を勝手な論理式とするとき，

$$\forall u\,\forall v\,\forall w\,(A(u,v)\wedge A(u,w)\to v=w)$$
$$\to\forall x\,\exists y\,\forall v\,(v\in y\equiv\exists u\,(u\in x\wedge A(u,v)))$$

ソースの任意の元に対し，それに対応するターゲットの元が一意に定まるような 2 項関係は，写像に他ならないのでした．この公理は，写像 A が有ると，集合 x のそれによる像 y もまた集合となることを述べています．

ZF 7（正則性公理）　$A(u)$ を任意の論理式とするとき，

$$\exists x\,A(x)\to\exists x\,(A(x)\wedge\neg\exists y\,(A(y)\wedge y\in x))$$

11.2 集合論の公理系

A を満たすものが有れば，そのようなものの中で $\in$ に関する順序で最小のものが有ることを主張しています．この対偶を取って A を $\neg A$ に取り換えると，

$$\forall x \left(\forall y \left(y \in x \to A(y)\right) \to A(x)\right) \to \forall x \, A(x)$$

つまり順序 $\in$ に関する**超限帰納法**となります．

正則性公理の系

(1) $\forall x \, \neg x \in x$

実際，$A(u) := u \notin x$ に対して上の対偶の方を適用すると，前提部分は

$$\forall x \left(\forall y \left(y \in x \to y \notin x\right) \to x \notin x\right) \iff \forall x \left(\forall y \left(y \notin x\right) \to x \notin x\right)$$

となり自明に真なので，結論部分 $\forall x \, x \notin x$ が真となります．これでラッセルのパラドックスが除外されました．

(2) **無限降下列** $x_1 \ni x_2 \ni x_3 \ni \cdots$ は存在しない．

実際，無限降下列が有ったとして，$A(x) := $ "$\exists n \ (x \in x_{n-1} \wedge x \ni x_{n+1})$" と置くと，$x = x_n$ に対して $(x \in x_{n-1} \wedge x \ni x_{n+1})$ なので，正則性公理により $\exists x$ で，$A(x)$ i.e. $\exists n \, (x \in x_{n-1}, x \ni x_{n+1})$ だが，$\forall y \in x$ について，もはや $A(y)$ は成り立たない，というようなものが存在します．しかるに $y = x_{n+1}$ で n を $n+1$ と取ってみれば分かるように，$A(y)$ は成立しているので，不合理です．

ZF 8（選択公理）
$$\forall x \, [\emptyset \notin x \wedge \forall u \forall v \left((u \in x \wedge v \in x \wedge \neg u = v) \to u \cap v = \emptyset\right)$$
$$\to \exists y \left(y \subset \sigma(x) \wedge \forall u \left(u \in x \to \exists 1 \, z \in u \cap y\right)\right)]$$

ここで，$\emptyset \notin x$ は $\forall u \left(u \in x \to \exists v \, v \in u\right)$ の略記であり，また $u \cap v = \emptyset$ は $\neg \exists w \left(w \in u \wedge w \in v\right)$ の略記で，$\exists 1 \, z \in u \cap y$ は $\exists z \left(z \in u \wedge z \in y \wedge \forall w \left(w \in u \wedge w \in y \to w = z\right)\right)$ の略記である．また，見やすくするため，一番外側の括弧に [ ] を臨時に使用した．

実際，$u \mapsto z$ が**選択関数**となっています．

ZF 9（無限公理）
$$\exists x \left(\exists u \left(u \in x\right) \wedge \forall u \left(u \in x \to \exists v \left(v \in x \wedge u \subset v \wedge \neg v = u\right)\right)\right)$$

素朴に書き換えると，$\exists x(x \neq \emptyset \land (\forall u \in x \exists v \in x(u \subsetneq v)))$．これにより**無限集合**が一つは存在することが保証されます．

以上が ZF の公理系です．ただし選択公理を含めないものを ZF と呼び，これを含めたものを ZFC と呼ぶこともあります．ZF 6 はツェルメロのもとの形をフレンケルが改良したものです．ZF 7 はツェルメロが導入した公理の中でも重要なものですが，実はツェルメロよりも先にフォン・ノイマンが発表していました．

選択公理は一般連続体仮説とともに ZF の他の公理から独立であること，すなわち，ZF から選択公理を除いたものが無矛盾なら，

(1) それに選択公理と一般連続体仮説を付け加えたものも，

(2) これらの否定を付け加えたものも，

無矛盾となることが知られています[3]．(1) は一足先にゲーデルにより示されました．ZF が無矛盾と仮定して，構成的 (constructible) と呼ばれる小さめの集合論のモデルを作り，これを選択公理と一般連続体仮説が成り立つようなモデルに拡張してみせたのです．(2) の方は，前章で述べたように，コーエンにより**強制法**を用いて証明されました．これは，ZF の構成的モデルに，選択公理と一般連続体仮説の否定が成り立つように新たな元を追加し拡張する画期的な手法を与えたものです．

他方，選択公理を除いた ZF の無矛盾性はこの公理系の体系内では証明できない，というのがゲーデルの不完全性定理から分かります．もっと大きなものの存在を仮定すれば証明できるかもしれませんが，それは今のところ未解決です．なお，ペアノの公理系についても不完全性定理は適用されますが，$\varepsilon_0 := \omega^{\omega^{\omega^{\cdots}}}$ という順序数までの超限帰納法を許すと無矛盾性が証明できることがゲンツェンにより示されています．

11.3 論理学の形式化 —— 証明論

このように微妙なことを証明するには，証明の表現法も厳密でなくてはなりません．数学の議論をするときは，中身の数学と，証明に使う論理が混同されることは普通はありませんが，論理式の証明では起こり得ます．例えば，"なら

---

[3] 正確に言うと，一般連続体仮説は ZFC からも独立であるが，前者を仮定すると選択公理が導けることは，つとにシェルピンスキーにより示されていた．

ば"には，①論理演算子の意味のもの，②論理式を証明する推論の意味のもの，更には，③証明のやり方に関するもの，があります．これらを混同しないためには，論理式の表現だけでなく，証明についても"客観的"にするための記号化が必須となります．これが論理学の**形式化**で，以下に紹介するように大別してヒルベルトによるものとゲンツェンによるものの二つの流儀があります．

形式化された論理学を論ずるために使われるのが**メタ論理**の言葉や記号です．最後の③には，日本語など普通の言語が使われますが，本章でも誤解を避けるため，これ以降は③の意味の"ならば"は日本語のまま表記することにします．なお，形式化は，現代では理論的意義だけでなく，コンピュータによる推論と結び付いて実用的な技術ともなっています．

【**ヒルベルトの体系**】　論理学の公理化は，現代論理学の創始者と言われる**フレーゲ**により，今日使われているさまざまな論理記号とともに導入されました．ヒルベルトの体系はそれを充実させたもので，彼の公理系は，大略第3章で恒真式リストとして紹介したようなものでした．ここではそれを更にウカシェビッチが整理した形で紹介しましょう．そこで以下これを FL で表します．

公理　A, B, C を任意の命題論理式とするとき

FL 1　$A \to (B \to A)$
FL 2　$(A \to (B \to C)) \to ((A \to B) \to (A \to C))$
FL 3　$(\neg A \to \neg B) \to (B \to A)$

公理の数を見かけ上少なくしたために，かなり複雑な主張になっていますね．

推論規則

☆　$A, A \to B \vdash B$　　（**分離法則**，あるいは**モーダスポネンス**）

記号 $\vdash$ は直感的には，この記号の左側の論理式から，その右側の論理式が"導ける"ことを表します．後述の証明図で書くと，これは $\dfrac{A \quad A \to B}{B}$ となります．

証明の定義　$A_1, \ldots, A_n \vdash B$（$A_1, \ldots, A_n$ から B を証明できる）とは，論理式の列 $B_1, \ldots, B_m$ であって，$B_m = B$，かつ各 i について，

(1) B_i は公理であるか，
(2) B_i は $A_1, \ldots, A_n$ のいずれかであるか，
(3) $\exists j, k < i \ \ B_j = (B_k \to B_i)$

(つまり B_i が B_j と B_k から分離法則により導かれる) となっているか，のいずれかであるようなものが存在することを言う．またこの列を**証明**と呼ぶ．

非常に簡単な命題に対する形式的証明で，雰囲気を体感してもらいましょう．

例 **11.3** $\vdash p \to p$ (p は任意の命題論理式でもよい．)
このように $\vdash$ の左辺が空のときは，その右辺はこの体系では前提無しで正しいこと，すなわち**定理**となることを意味します．

> 上の式の形式的証明

$B_1 := (p \to ((p \to p) \to p)) \to ((p \to (p \to p)) \to (p \to p))$
$B_2 := (p \to ((p \to p) \to p))$
$B_3 := (p \to (p \to p)) \to (p \to p)$
$B_4 := p \to (p \to p)$
$B_5 := p \to p$

と置くと，

B_1 は FL 2 (B として $(p \to p)$ を，A, C としてともに p を取った)，
B_2 は FL 1 (B として $(p \to p)$ を，A として p を取った)，
B_3 は B_1, B_2 から分離法則で得られる，
B_4 は FL 1 (A, B としてともに p を取った)，
B_5 は B_3, B_4 から分離法則で得られる．

故に，論理式の列 B_1, B_2, B_3, B_4, B_5 は $\vdash B_5$ の証明を与えている． □

これでは証明がとても読めたものではないので，普通は人間の言葉に近い書き方を援用します．(必要ならいつでも無味乾燥な証明に書き直せるのです．)

> メタ定理 (i.e. 証明の仕方を述べた定理)

(0) $\vdash$ の左辺に，公理に加えて既に証明された定理を書いてもよい．
(1) $\Gamma \subset \Gamma'$，かつ $\Gamma \vdash A$ ならば $\Gamma' \vdash A$．
(2) $\Gamma \vdash A$，かつ $\Gamma', A \vdash B$ ならば $\Gamma, \Gamma' \vdash B$． (**カット**)
(3) $\Gamma, A \vdash B$ ならば $\Gamma \vdash A \to B$． (**演繹定理**)
(4) $\Gamma \vdash A$ かつ $\Gamma', B \vdash C$ ならば $\Gamma, \Gamma', A \to B \vdash C$．

> 証明

(0) 定理はいつでもその証明で置き換えられるので，明らか．

11.3 論理学の形式化 — 証明論

(1) $\Gamma \vdash A$ の証明がそのまま $\Gamma' \vdash A$ の証明として通用するから．

(2) $\Gamma \vdash A$ の証明と $\Gamma', A \vdash B$ の証明を並べて書いたもの（論理式の列の連結）が $\Gamma, \Gamma' \vdash B$ の証明となる．

(3) B を導く証明の論理式の列を $A_1, A_2, \ldots, A_n$ ($A_n = B$) とする．i に関する数学的帰納法により，$\forall i$ について $\Gamma \vdash A \to A_i$ を言えば，最後に $\Gamma \vdash A \to B$ の証明が得られる．

$i = 1$ のとき，A_1 は $A_1 = A$ か，$A_1 \in \Gamma$ か，A_1 は公理か，のいずれかである．$A_1 = A$ なら，先の例より $\vdash A \to A$ だったから，明らか．その他の場合は次が証明列となる：

$$A_1, \quad A_1 \to (A \to A_1), \quad A \to A_1$$

$\forall k < i$ について $\Gamma \vdash A \to A_k$ とする．$A_i = A$ か，$A_i \in \Gamma$ か，A_i は公理か，のいずれかなら，$i = 1$ のときと同様にして $\Gamma \vdash A \to A_i$ を得る．そうでなければ $\exists j, k < i \; A_j = (A_k \to A_i)$ となっている．帰納法の仮定により，$\Gamma \vdash A \to A_j, \Gamma \vdash A \to A_k$．よってこれら二つの証明を構成する論理式を並べた後に，

$$A \to (A_k \to A_i), \quad A \to A_k,$$
$$(A \to (A_k \to A_i)) \to ((A \to A_k) \to (A \to A_i)),$$
$$(A \to A_k) \to (A \to A_i), \quad A \to A_i$$

を追加したものが $\Gamma \vdash A \to A_i$ の証明列となる．

(4) $A, A \to B \vdash B$ と $\Gamma \vdash A$ とから (2) により $\Gamma, A \to B \vdash B$．これと $\Gamma', B \vdash C$ とから，もう一度 (2) により $\Gamma, \Gamma', A \to B \vdash C$． □

これまでの議論では $\lor$ も $\land$ も出てきませんでしたが，これらは例によって，

$$(A \lor B) = (\neg A \to B), \quad (A \land B) = (\neg(\neg A \lor \neg B))$$

で定義します．なお，情報科学系の書物では，

$$A \to (B \to (C \to D)) \quad を \quad A \to B \to C \to D$$

のように略記するのが普通なので，留意しておきましょう．

例題 11.1 次の主張に証明を与えよ．

(1) $A, \neg A \vdash B$ 　　（矛盾した体系からはどんな結論も導き出せる）．

(2) $\vdash \neg\neg A \to A$ 　　（2重否定律）．

(3) $\vdash A \to \neg\neg A$.
(4) $A \to B \vdash \neg B \to \neg A$ （対偶）.
(5) $A, \neg B \vdash \neg(A \to B)$.
(6) $\neg A \to A \vdash A$.
(7) $A \to B, A \to \neg B \vdash \neg A$ （背理法）.
(8) $A \to B, \neg A \to B \vdash B$ （両刀論法, dilemma）.
(9) $A \to B, \neg B \vdash \neg A$ （モーダストレンス, modus tollens）.
(10) $A \vdash A \lor B$.　$B \vdash A \lor B$.
(11) $\Gamma, A \vdash C$ かつ $\Gamma, B \vdash C$ ならば $\Gamma, A \lor B \vdash C$.
(12) $A \land B \vdash A$.　$A \land B \vdash B$.

解答 紙数の都合で最初の二つだけやってみます.
(1) $\vdash \neg A \to (\neg B \to \neg A)$ （公理 FL1）
これと仮定 $\neg A$ から分離法則で $\neg B \to \neg A$ を得る. よって
$\vdash (\neg B \to \neg A) \to (A \to B)$ （公理 FL3）
と併せて, 分離法則で $A \to B$. よって仮定 A と併せて分離法則で B を得る. よって証明の定義により $A, \neg A \vdash B$.
(2) (1) より $\neg\neg A, \neg A \vdash \neg\neg\neg A$. よって演繹定理により
$\neg\neg A \vdash \neg A \to \neg\neg\neg A$.
これと公理 FL3 の $\vdash (\neg A \to \neg\neg\neg A) \to (\neg\neg A \to A)$ からカットを用いて $\neg\neg A \vdash \neg\neg A \to A$. 証明の定義を考えると, これより分離法則により $\neg\neg A \vdash A$ を得る. よって再び演繹定理により $\vdash \neg\neg A \to A$.　□

問題 11.2　残りの式を証明してみよ.

述語論理の場合は更に次の二つを公理に加えます：

FL 4 $A[t/x] \to \exists x\, A$
FL 5 $\forall x\, A \to A[t/x]$

また, 推論規則に次の二つを追加します：

☆ B が x を自由変数として含まぬとき
$A \to B \vdash \exists x\, A \to B$,　　$B \to A \vdash B \to \forall x\, A$

11.3 論理学の形式化 — 証明論

【ゲンツェンの体系】 論理式をただ並べて証明というのは非常に読みづらいので，相互の関係がよく分かるように図式化した**証明図** (proof figure) が使われます．これはゲンツェンの体系 LK と一緒に用いられることが多いのです．LK はドイツ語 logistischer klassischer Kalkül の頭文字なので，エルカーと読まれます．

以下の記号では今までの記号法に合わせて，論理演算子の含意（ならば）には $\to$ を，また，推論記号には $\Longrightarrow$ を使うことにします．第 2 章で注意したように，論理学の専門教科書では，これらはそれぞれ $\supset$ および $\to$ で表されることが多いということを記憶にとどめておきましょう．本当は FL の体系の記号に合わせて $\Longrightarrow$ の代わりに $\vdash$ を使うと統一がとれるのですが，あまり例を見ないのでやめておきます．

論理式の列 $A_1, \ldots, A_m \Longrightarrow B_1, \ldots, B_n$ は，$A_1 \wedge \cdots \wedge A_m$ から $B_1 \vee \cdots \vee B_n$ が導かれることを表しています．このような表現を**推論式**，あるいは，ドイツ語 Sequenz を起源とする造語で**シークエント** (sequent) と呼びます．証明図の基本単位は，Γ_j, Δ_j をそれぞれ論理式の列として，

$$\frac{\Gamma_1 \Longrightarrow \Delta_1}{\Gamma_2 \Longrightarrow \Delta_2}, \qquad \frac{\Gamma_1 \Longrightarrow \Delta_1 \quad \Gamma_2 \Longrightarrow \Delta_2}{\Gamma_3 \Longrightarrow \Delta_3}$$

の形をしており，それぞれ分子（上式）が証明可能なら分母（下式）も証明可能なことを表しています．FL の体系では証明は "静的" で，論理式の列だったのに対し，LK では "動的" に推論の過程を並べてゆくので，前者の証明図の横線は後者の証明図の横線と $\Longrightarrow$ を合わせたようなもので，完全には対応しません．

LK で公理にあたるものは，**始式** $A \Longrightarrow A$ のみです．(定数 $\top, \bot$ を使うときは $\Longrightarrow \top, \bot \Longrightarrow$ も始式とします．) その代わり，推論規則はとても豊富です：

☆ $\dfrac{\Gamma \Longrightarrow \Delta}{A, \Gamma \Longrightarrow \Delta}, \quad \dfrac{\Gamma \Longrightarrow \Delta}{\Gamma \Longrightarrow \Delta, A}$ （弱化左，および右）

☆ $\dfrac{A, A, \Gamma \Longrightarrow \Delta}{A, \Gamma \Longrightarrow \Delta}, \quad \dfrac{\Gamma \Longrightarrow \Delta, A, A}{\Gamma \Longrightarrow \Delta, A}$ （縮約左，および右）

☆ $\dfrac{\Gamma, A, B, \Pi \Longrightarrow \Delta}{\Gamma, B, A, \Pi \Longrightarrow \Delta}, \quad \dfrac{\Gamma \Longrightarrow \Delta, A, B, \Sigma}{\Gamma \Longrightarrow \Delta, B, A, \Sigma}$ （交換左，および右）

☆ $\dfrac{\Gamma \Longrightarrow \Delta, A \quad A, \Pi \Longrightarrow \Sigma}{\Gamma, \Pi \Longrightarrow \Delta, \Sigma}$ （カット）

☆ $\dfrac{A, \Gamma \Longrightarrow \Delta}{A \wedge B, \Gamma \Longrightarrow \Delta}, \quad \dfrac{B, \Gamma \Longrightarrow \Delta}{A \wedge B, \Gamma \Longrightarrow \Delta}$ （∧ 左）

☆ $\dfrac{\Gamma \Longrightarrow \Delta, A}{\Gamma \Longrightarrow \Delta, A \vee B}$, $\dfrac{\Gamma \Longrightarrow \Delta, B}{\Gamma \Longrightarrow \Delta, A \vee B}$ (∨右)

☆ $\dfrac{\Gamma \Longrightarrow \Delta, A \quad \Gamma \Longrightarrow \Delta, B}{\Gamma \Longrightarrow \Delta, A \wedge B}$, $\dfrac{A, \Gamma \Longrightarrow \Delta \quad B, \Gamma \Longrightarrow \Delta}{A \vee B, \Gamma \Longrightarrow \Delta}$ (∧右と∨左)

☆ $\dfrac{\Gamma \Longrightarrow \Delta, A \quad B, \Pi \Longrightarrow \Sigma}{A \to B, \Gamma, \Pi \Longrightarrow \Delta, \Sigma}$, $\dfrac{A, \Gamma \Longrightarrow \Delta, B}{\Gamma \Longrightarrow \Delta, A \to B}$ (→左,および右)

☆ $\dfrac{\Gamma \Longrightarrow \Delta, A}{\neg A, \Gamma \Longrightarrow \Delta}$, $\dfrac{A, \Gamma \Longrightarrow \Delta}{\Gamma \Longrightarrow \Delta, \neg A}$ (¬左,および右)

述語論理の場合は,更に次を推論規則に追加します:

t が項で,z が下式のどの論理式にも自由変数として含まれない対象変数ならば,

☆ $\dfrac{A[t/x], \Gamma \Longrightarrow \Delta}{\forall x\, A, \Gamma \Longrightarrow \Delta}$, $\dfrac{\Gamma \Longrightarrow \Delta, A[z/x]}{\Gamma \Longrightarrow \Delta, \forall x\, A}$ (∀左,および右)

☆ $\dfrac{A[z/x], \Gamma \Longrightarrow \Delta}{\exists x\, A, \Gamma \Longrightarrow \Delta}$, $\dfrac{\Gamma \Longrightarrow \Delta, A[t/x]}{\Gamma \Longrightarrow \Delta, \exists x\, A}$ (∃左,および右)

ここでゲンツェン流の形式的証明の例を示しましょう.

例 11.4 定理 $A \vee \neg A$ の証明:

$$\begin{array}{ll}
\overline{A \Longrightarrow A} & \text{(始式)} \\
\overline{\Longrightarrow A, \neg A} & \text{(¬右)} \\
\overline{\Longrightarrow A, A \vee \neg A} & \text{(∨右)} \\
\overline{\Longrightarrow A \vee \neg A, A} & \text{(交換右)} \\
\overline{\Longrightarrow A \vee \neg A, A \vee \neg A} & \text{(∨右)} \\
\overline{\Longrightarrow A \vee \neg A} & \text{(縮約右)}
\end{array}$$

例 11.5 $A \to B \Longrightarrow \neg(A \wedge \neg B)$ の証明:

$$\begin{array}{ll}
\overline{A \Longrightarrow A \quad B \Longrightarrow B} & \text{(始式)} \\
\overline{A \to B, A \Longrightarrow B} & \text{(→左)} \\
\overline{\neg B, A \to B, A \Longrightarrow} & \text{(¬左)} \\
\overline{\neg B, A, A \to B \Longrightarrow} & \text{(交換左)} \\
\overline{A \wedge \neg B, A, A \to B \Longrightarrow} & \text{(∧左)} \\
\overline{A, A \wedge \neg B, A \to B \Longrightarrow} & \text{(交換左)} \\
\overline{A \wedge \neg B, A \wedge \neg B, A \to B \Longrightarrow} & \text{(∧左)} \\
\overline{A \wedge \neg B, A \to B \Longrightarrow} & \text{(縮約左)} \\
\overline{A \to B \Longrightarrow \neg(A \wedge \neg B)} & \text{(¬右)}
\end{array}$$

11.4 ゲーデルの完全性定理と不完全性定理

【無矛盾性】 言語 $\mathcal{L}$ の閉じた論理式の集合 T を $\mathcal{L}$ 上の**理論**と呼びます.（公理系を構成する論理式の集合と思えば良い.）$\mathcal{L}$ 上の論理式 A が T で証明可能, あるいは**演繹可能**とは, $B_1,\ldots,B_n \in T$ を適当に選べば $B_1,\ldots,B_n \vdash A$ が形式論理（FL や LK）で証明可能なことを言います. これを $T \vdash A$ とか $\vdash_T A$ と記し, A は T の定理であると言います. 特に $T \vdash \bot$ のとき, T は**矛盾する** (inconsistent) と言い, そうでないとき T は**無矛盾** (consistent) と言います.

定理 11.1 次は同値である：
(1) T は矛盾する.
(2) 言語 $\mathcal{L}$ のどんな論理式 A に対しても $T \vdash A$.
(3) 言語 $\mathcal{L}$ のある論理式 B に対して $T \vdash B$ かつ $T \vdash \neg B$.

実際, $\bot \to A$ はすべての A に対して定理となるので, 矛盾した理論では, すべての論理式が証明可能となります. 逆に, B と $\neg B$ の両方が証明できれば, そこから $\bot = B \wedge \neg B$ が証明できます（FL における例題 11.1 の (1) や LK の推論規則の $\wedge$ 右など参照）.

【モデルの定義】 ここで, 第 5 章で直感的に説明しただけで終わった, 述語論理式の解釈と恒真式の意味を厳密にしましょう.

論理式の記述に具体性を持たせるため, 論理式を記述する言語をまず定めます. 第 5 章の例では, これは, それぞれ "整数論", "平面幾何学", "学生状況調査" などだったりします. 言語 $\mathcal{L}$ 上の論理式に対し, これに含まれる各対象変数が取りうる値を, **対象領域** (domain) U として指定します. 命題論理における付値（命題変数への真理値割当て）に対応するものとして, 言語 $\mathcal{L}$ の対象定数, 対象変数, 関数記号に, それぞれ, U の定数, U 上を動く変数, U 上の変数の関数を対応させる**解釈** (interpretation) I を一つ取ります. $\mathcal{U}:=(U,I)$ を**構造** (structure) またはフレームと呼びます[4]. 構造 $\mathcal{U}$ において論理式 A が真なら $\mathcal{U} \models A$, 偽なら $\mathcal{U} \not\models A$ と記します[5]. これらは, 命題論理における付値 $v(A)=1$, $v(A)=0$ にそれぞれ対応します.

---
[4] これらの言葉や記号を使わず, 解釈 I を流用する書物も少なくありません.
[5] $\models_{\mathcal{U}} A$ あるいは $\models_I A$ という書き方も使われます.

T が $\mathcal{L}$ 上の理論で, $\mathcal{U}$ が $\mathcal{L}$ に対する構造のとき, $\forall A \in T$ について $\mathcal{U} \models A$ が成り立つならば, $\mathcal{U}$ を T の**モデル**と呼びます.

論理学の形式化はどれも, 真の命題から証明されたものは再び真の命題となるように構成されています. これを前提とすれば, 次の主張は明らかですね. 厳密な証明は長いのですが, 一つひとつの推論の過程に対して上に述べたことをチェックすればよいので, 難しくはありません.

定理 11.2 T がモデルを持てば, T は無矛盾である.

【**健全性と完全性**】 いよいよ数理論理学のクライマックスの話題に入ります. まず次の定理ですが, 証明は一つ前の定理と同様です. 恒真でない論理式は存在するので, これと定理 11.1 から 1 階述語論理の無矛盾性が得られます.

健全性定理 1 階述語論理においては, $T \vdash A$ ならば, $T \models A$ i.e. T の任意のモデル $\mathcal{U}$ について $\mathcal{U} \models A$ となる. すなわち, 証明できる論理式は恒真である.

命題論理における恒真式の証明でも疑問に思った人が居ると思いますが, 逆に, 真理値が常に 1 である論理式は, 普通の意味で証明できるのでしょうか？ 命題論理と 1 階述語論理では, これが成り立ちます. すなわち, （意味論的な）恒真性と（統語論的な）証明可能性とは同値となります. これがゲーデルの完全性定理です. ゲーデルといえば, 世の中では不完全性定理の方があまりにも有名ですが, こちらも非常に重要な結果です：

ゲーデルの完全性定理 1 階述語論理においては, $T \models A$ ならば $T \vdash A$. すなわち, FL または LK において, 恒真式は必ず証明可能である.

当然ながら, 証明はかなり長いものなので, ここでは概略を述べることしかできません. 詳細は [10], [11], [12] などを見てください. ゲーデルの原証明は, 現在, 以下に述べるような形に整理されています. まず,

ヘンキンの定理 理論 T が無矛盾なら, T はモデルを持つ.

この定理の証明も長いのですが, 無矛盾な理論 T は, 無矛盾性を保って極大な理論 J まで拡大でき, それが T のモデルとなる, というのがその骨子です. 理論 T から生まれる論理式は高々可算個（後述のゲーデル数参照）なので, そ

11.4 ゲーデルの完全性定理と不完全性定理

れらを一列に並べ，頭から順に，$T \vdash \neg A$ でないものを T に付け加えていきます．こうしても無矛盾性は崩れないので，遂には無矛盾で極大な理論 J，すなわち，J のすべての閉論理式 A は，A か $\neg A$ のどちらかが J から証明できるようなものに到達できます．この事実を**リンデンバウムの補題**と呼びます．ただし，モデルとして使うには，$\exists x\, A(x)$ の型の閉論理式は解釈が面倒なので，この補題を適用する前に，予め T に可算無限個の新しい定数 $b_1, b_2, \ldots$ を追加し，ただ一つの自由変数を持つ任意の論理式に対して

$$\exists x\, A(x) \to A(b_i)$$

という公理を新たに作って T に置きます．この修正も無矛盾性を壊しません．その証明も，リンデンバウムの補題の証明も，付け加える論理式の番号に関する帰納法でなされます．

このように拡張した T から作った極大無矛盾理論 J での T の解釈は，$\forall A \in T$ について，$A \in J$ なら $J \models A$，$A \notin J$ なら $J \models \neg A$ とします．これでつじつまが合うことは直感的には理解できるでしょう．厳密な証明は論理式の長さに関する帰納法でなされます．

🐇 ヘンキンの定理の証明から，"無矛盾な理論は必ず可算モデルを持つ（レーベンハイム-スコーレムの定理）" ことが分かります．非可算濃度を持つ実数の理論が無矛盾なら，それにも可算モデルがあるというのは，一見矛盾しているように見えます（**スコーレムのパラドックス**）．しかし，実数が非可算個有っても，それを議論する 1 階の述語論理式は可算個しかないので，個々の実数の大多数は議論から無視されることになり，矛盾ではないのです．

ヘンキンの定理を仮定すると，完全性定理はわりと簡単に導けます．A を T における恒真式とします．これは閉じた論理式としても一般性を失いません．もし，これが T で証明できなければ，T に $\neg A$ を公理として追加した T' も無矛盾です．するとヘンキンの定理により，T' のモデル M があることになりますが，そこではもちろん $\neg A$ は真となっているはずです．しかし，A は T で真だったのだから，T' でも，従ってそのモデル M に対しても A は真でなければならず，不合理です．

【不完全性定理】1 階述語論理を出ると，次のように状況は一変します：

ゲーデルの不完全性定理 理論 T が無矛盾で，かつ自然数論を含む程度に大きければ，恒真だが証明できない論理式が必ず存在する．特に，自分自身が無矛盾だという命題はそのようなものの例となる．

前半を**第 1 不完全性定理**，後半を**第 2 不完全性定理**と呼びます．

証明の粗筋 準備として，すべての論理式は → と ¬，集合論の記号 ∈ および区切り記号の (,) だけで表しておく．自然数も 0 と後者記号 ′ だけで表しておく．(集合論の記号 ∈ の代わりに 2 変数の命題 = を基礎に用いる流儀も有る．)
① N の上の関数記号，論理記号，変数，論理式，証明 (論理式の列) に自然数を 1 対 1 に割り当てる．これを**ゲーデル数**と呼ぶ．具体的には，次のようにするとよい．まず，基礎の記号に奇数

0	′	∈	¬	→	∀	(	)
1	3	5	7	9	11	13	15

を割り当てる．次に，階数[6]毎に可算個の変数記号を用意し，これらに 17 から始まる素数の階数冪 (従って上と区別可能な奇数) を対応させる：

1 階の変数	ξ_{11}	ξ_{12}	ξ_{13}	$\cdots$
	17	19	23	
2 階の変数	ξ_{21}	ξ_{22}	ξ_{23}	$\cdots$
	17^2	19^2	23^2	

$\vdots$

次に，T の論理式を表す記号列 $X_1 X_2 \ldots X_k$ に対して，$n(X_i)$ を上で定まった記号 X_i のゲーデル数として，2 を奇数個含む偶数

$$2^{n(X_1)} \cdot 3^{n(X_2)} \cdots p_k^{n(X_k)}$$

を対応させる．ここに p_k は k 番目の素数である．最後に，T の証明，すなわち，論理式の有限列 $S_1, S_2, \ldots, S_l$ に対して，2 を偶数個含む偶数

$$2^{n(S_1)} \cdot 3^{n(S_2)} \cdots p_l^{n(S_l)}$$

を割り当てる．以上のようにして定まる論理式あるいはその列 S のゲーデル数を記号 $[S]$ で表す．素因数分解の一意性がこの対応の単射性を保証する．
② 自然数上の 2 項関係 $x B_T y$ を "x は y をゲーデル数にもつ論理式の理論

---

[6] 1 階の変数とは自然数を動くもの，2 階の変数とは自然数の集合を動くもの等々である．

11.4 ゲーデルの完全性定理と不完全性定理

T における証明に対応するゲーデル数である"により定める．また，$\mathrm{Bew}_T(x)$ を，"x は T で証明可能な論理式のゲーデル数である"ことを表す述語とする．（これらの記号はドイツ語の証明 (Beweis) に由来する．）従って，$T \vdash A \iff \mathrm{Bew}_T(\lceil A \rceil) \iff \exists y\, y\, B_T\, \lceil A \rceil$．このとき重要な補題："この関係は自然数の述語論理式（原始帰納的関数）で表現できる．" この証明は長いので略すが，要は "あるサイズまでの自然数の中に目的のゲーデル数があるかどうか探す"操作を論理式に書き戻せばよい．

③ 1 変数の自然数の述語 $F(x)$ が任意に与えられたとき，閉じた論理式 A で，主張 $A \iff F(\lceil A \rceil)$ が証明可能な，すなわち，原始帰納的関数で表現できるものが存在する（**ゲーデルの対角化定理**）．この直感的説明は次の通り：T から得られる 1 変数の述語は高々可算個なので，

$$A_0(x),\ A_1(x),\ A_2(x),\ \ldots$$

と 1 列に並べ，これらの変数に $0, 1, 2$ を代入して得られる命題の 2 次元の表

$$\begin{array}{ccccc} A_0(0) & A_0(1) & A_0(2) & \ldots & A_0(k) & \ldots \\ A_1(0) & A_1(1) & A_1(2) & \ldots & A_1(k) & \ldots \\ \vdots & & & & & \\ A_k(0) & A_k(1) & A_k(2) & \ldots & A_k(k) & \ldots \\ \vdots & & & & & \end{array}$$

の対角線要素を $F(x)$ に代入して得られる命題列 $F(\lceil A_k(k) \rceil), k = 0, 1, 2, \ldots$ は，自然数の上のある述語 $G(x)$ を定義するが，それは最初に並べた論理式の列のどれか一つ，例えば $A_n(x)$ と一致するはずなので，これより $F(\lceil A_k(k) \rceil) = A_n(k)$．よって $A_n(n)$ が求める閉論理式となる．

④ $F(x)$ として $\neg \mathrm{Bew}_T(x)$ を取れば，

$$A \iff \neg \mathrm{Bew}_T(\lceil A \rceil) \tag{11.1}$$

が証明できるようなものが存在することになる．しかし，このような A は，それ自身も，その否定も，T からは証明できない．実際，もし $T \vdash A$ とすると，述語 Bew_T の定義から $T \vdash \mathrm{Bew}_T(\lceil A \rceil) = \neg(\neg \mathrm{Bew}_T(\lceil A \rceil))$，従って A の取り方により $T \vdash \neg A$ となるが，これは T が矛盾していたことを意味する．$T \vdash \neg A$ と仮定しても同様である． □

最後に用いた二つの推論のうち，$T \vdash A$ から $\mathrm{Bew}_T(\lceil A \rceil)$ が従うことは，ほぼ自明ですが，逆の $\mathrm{Bew}_T(\lceil A \rceil)$ から $T \vdash A$ が従うことは，実は全く自明ではありません．$T \vdash A$ を否定すると，$\forall x \neg (x\, B_T\, \lceil A \rceil)$ となり，これか

ら $\forall x [T \vdash \neg(x\, B_T\, \lceil A \rceil)]$ が導かれますが，これは最初の仮定を書き直した $T \vdash \exists y (y\, B_T\, \lceil A \rceil)$ すなわち $T \vdash \neg(\forall y \neg(y\, B_T\, \lceil A \rceil))$ との矛盾関係は微妙です．実際，$\neg(y\, B_T\, \lceil A \rceil)$ を $F(y)$ と置いてみれば，一方は $T \vdash F(x), x = 0, 1, 2, \ldots$ という証明の無限列，他方は $T \vdash \neg \forall x F(x)$ となり，意味の上からは確かに矛盾が得られているように見えますが，証明が有限の計算手続きだとすると，この二つは形式的には矛盾していません．実は，$T \vdash \forall x F(x)$ は証明できない命題となります．上の証明で用いられたのは，普通の矛盾よりは弱い ω-矛盾と呼ばれるもので，その非存在を仮定するのは，逆にただの無矛盾性の仮定よりは強い，**ω-無矛盾性**というものになります．ゲーデルはこれを仮定して不完全性定理を証明したのでしたが，ちょっとした工夫でこの仮定を取り去ったのはロッサーです．

【**第2不完全性定理の証明**】 は，次のようになされます：T の命題を

$$\mathrm{Consis}(T) := \neg \exists A\, (\mathrm{Bew}_T(\lceil A \rceil) \land \mathrm{Bew}_T(\lceil \neg A \rceil))$$

で表します．(11.1) を満たす A は $T \vdash \neg A$ ですが，このとき定義から明らかに $\mathrm{Consis}(T) \vdash \neg \mathrm{Bew}_T(\lceil A \rceil)$ となるので，もし $T \vdash \mathrm{Consis}(T)$ なら $T \vdash \neg \mathrm{Bew}_T(\lceil A \rceil)$，従って $T \vdash A$ となり，不合理です．

【**エルブランの定理の証明**】 第 9 章で予告しましたが，ここでは概略だけ紹介しておきます．エルブランが仕事をしたのは，これまで述べてきたような理論の誕生前だったので，彼は論理式の帰着変形により地道に証明したのですが，我々は飛び道具を使って簡単に済ませます．まず

【**コンパクト性定理**】 理論 T の任意の有限部分集合がモデルを持てば，T 自身モデルを持つ．

実際，T が矛盾していれば，T のある有限部分集合で必ず矛盾が起こっているので，仮定から T が無矛盾であることが分かり，従ってヘンキンの定理により T はモデルを持ちます．

さて，充足不能な節集合 $\{C_1, \ldots, C_n\}$ があったとき，これがあるエルブラン解釈で偽となることを示します．背理法により，任意のエルブラン解釈で

$$\{C_1[t_1/x_1], \ldots, C_n[t_n/x_n]\}$$

は真になるとします．(簡単のため C_j は 1 変数の述語のように書いていますが，

11.4 ゲーデルの完全性定理と不完全性定理

x_i, t_i はベクトル表記だと思ってください．）このような論理式の全体を T とすると，その任意有限個は真なので，モデルを持ち，従って全体としてモデルが存在します．しかし，T はもはや自由変数も限定子も含まないので，モデルといってももとのものと同値です．よってこの解釈を使うと，もとの節集合が充足できたことになり，不合理です．

【計算可能性と決定可能性】 以上に見てきたように，証明可能性は計算可能性と密接に関連しています．証明とは，ゲーデル数を経由した自然数の計算に他なりません．ただし，そこでの計算可能性の意味は，第 10 章 10.4 節で，部分帰納的関数を用いて定義したものよりは狭く，原始帰納的関数を用いた最初のバージョンに相当します．

証明との関連を離れても，枚挙可能 (recursively enumerable) として表現された第 10 章 10.4 節の計算可能性の定義は，普通の感覚でコンピュータにより計算できるというのと少しずれている感じがしませんでしたか？ 普通に問題を解かせたいときは，コンピュータが停止しなくなったらお手上げです．答の有る無しまで込めてコンピュータが必ず有限時間で応答してくれる（すなわち，有限ステップで結論が出る）ような問題は**決定可能** (decidable) と呼ばれ，この方が計算可能の日常的感覚に近い気がします．これらに関しては次のことが知られています．証明は [13], [17], [19] などを見てください．なお，ここではこれらの概念を集合に対して定式化していますが，述語への翻訳は容易です．

枚挙可能性 次は同値である：
(1) 部分集合 $E \subset \mathbf{N}^n$ は枚挙可能．
(2) E は部分帰納的関数のレベルセット $f(x_1, \ldots, x_n) = 0$ として表される．
(3) E はある部分帰納的関数の定義域となる．
(4) E は原始帰納的関数のベクトルの出力値集合となる．
(5) E は $\mathbf{N}$-値原始帰納的関数のレベルセットの射影像となる．

決定可能性 次は同値である：
(1) 部分集合 $E \subset \mathbf{N}^n$ は決定可能．
(2) E は帰納的関数のレベルセット $f(x_1, \ldots, x_n) = 0$ として表される．
(3) E の定義関数 $\chi_E(x_1, \ldots, x_n)$ は帰納的関数となる．
(4) E と $\mathsf{C}E$ がともに枚挙可能．

主張 (4) は，$x \in E$ か否かが E と CE を頭から調べてゆけば有限ステップで決定できるという意です．E だけが枚挙可能だと，$x \notin E$ のときは E のすべての元を調べ尽くすまでは結論が出せません．決定可能でないが枚挙可能な問題の存在は，やはり対角線論法を用いて示すことができます．より具体的な例としては，1 階の述語論理における一般の論理式の恒真性の判定などが有名です．(エルブランの定理も，エルブラン領域にまで落とした後の論理式の恒偽性を有限ステップで判定することまでは保証していないことに注意しましょう．) この他，群の語の問題も決定可能でないことが示されている有名な例です（拙著『応用代数学講義』，p.35 参照）．

【決定可能性とディオファントス方程式】　以上の議論は，第 3 章で紹介したディオファントス方程式を解くアルゴリズムの存在問題と密接に結びついています．マチヤセビッチは先人たちの仕事を受け継いで，結局次のような理論を完成させたことになります：

デービス-プットナム-ロビンソン-マチヤセビッチ-チュドノフスキーの定理
すべての枚挙可能集合はディオファントス的である．すなわち，ある多項式 $f(x_1, \ldots, x_n, y)$ を用いて，そのレベル集合の射影

$$\{(x_1, \ldots, x_n) \in \mathbf{N}^n \,;\, \exists y \in \mathbf{N} \ f(x_1, \ldots, x_n, y) = 0\}$$

として得ることができる．(簡単のため負の整数解は無視した形で書いている．)

　上で注意したように，枚挙可能集合には決定可能でないものが有ったので，これから，ディオファントス方程式の中には解法アルゴリズムを持たないものがあることが直ちに結論されます．これが第 3 章で紹介したことの内容です．

　一般論としては否定的でしたが，特殊な型の方程式については解法アルゴリズムが発見されています．1970 年にフィールズ賞を取ったベーカーの仕事は，ある 2 変数の不定方程式の最小の正整数解の大きさに理論的限界を与えたものでした．この限界は宇宙の年齢よりもはるかに大きなものでしたが，そこまで計算してみて方程式が満たされるかどうかで，解を持つか否かが決定されるという意味で，特殊な場合ですが，ヒルベルトの第 10 問題に対する肯定的な答となっていました．この限界まで計算する間に，地球は確実に無くなってしまうことから，これで良いのか？というクレームもありましたが，公開鍵暗号の安全性と同様，純粋数学と実用の間の興味深いギャップの例と言えるでしょう．

第 12 章

距離と位相

この章では，距離の概念から始めて，位相という構造の基本的な意味と必要性を解説し，位相に関する基礎的な概念を紹介します．

■ 12.1 位相の必要性

【位相はなぜ必要か？】 第 10 章で，自然数 N，整数 Z，有理数 Q，実数 R，複素数 C など，いろんな無限集合の大きさの比較を，**濃度**とか**基数**という言葉を使って行いました．その結果，自然数から有理数までは同じ大きさ，すなわち可付番であるが，自然数と実数は後者の方が元が多くて，1 対 1 対応が作れないということを，カントルの対角線論法を用いて証明しました．

さらに，直線と平面は同じ個数の点から成ること，従って，実数と複素数も同じ個数の点を持つことが示されました．しかし，どう見ても両者の間には構造的な差があります．何が違うのでしょう？ これには，有理数の番号付けの性質がヒントとなります．有理数は確かに番号を振ることができますが，自然な大小関係を保つようには，すなわち，大きさの順番には番号を付けることができません．1 の直前の有理数というものは存在しないのです．これは，大小関係が集合の上に何らかの付加的な構造を定めており，自然に見える対応は，その構造と両立するようなものであるべきであり，敢えて番号を振るとその構造を壊してしまうということを示唆しています．

【距離の概念】 有理数，あるいは実数の大小関係は，数直線に**距離** (distance, metric) を導入します．x の絶対値を $|x| = \max\{x, -x\}$ で定義し，それを用いて x, y の距離を $d(x, y) := |x - y|$ で定めると，次が成り立ちます：

定義 12.1　（距離の公理）
(1)　（正値性）　$d(x, y) \geq 0$ である．また，$d(x, y) = 0 \iff x = y$.

(2) （**対称性**） $d(x,y) = d(y,x)$.
(3) （**3角不等式**） $d(x,y) + d(y,z) \geq d(x,z)$.

同様に，平面にも距離があります．いわゆる**ユークリッド距離**がそれです：2点 $P(x_1, y_1), Q(x_2, y_2)$ に対して

$$d(P,Q) = \sqrt{(x_1 - x_2)^2 + (y_1 - y_2)^2}.$$

これも上に記した距離の公理を満たしています．

距離の性質は，関数 $d(x,y)$ が距離であるために持つべき常識的なものばかりです．1番目は自明，2番目はどちらから計っても距離に変わりが無いことを意味しています．丘の上にある大学のキャンパスに通う人は，行きと帰りで距離が違うように感じられるかも知れませんが，そういうのは無視しています．3番目の3角不等式も，距離と言うためには是非必要なものです．中距離列車の料金は，ときどき途中下車して乗り継いだ方が安くなっているところがありますが，こういうのがあると，"距離感" が狂わされていけませんね．

地球の表面にも距離はあります：地表面の2点の間の距離とは，地表面に沿って測った最短経路の長さのことです．最短経路は2点間に縄をピンと張れば実現します．いわゆる大円弧ですが，地球を半周すると，逆側からの方が近くなってしまいます．それでも3角不等式はちゃんと成り立っています．

【**いろいろな距離**】 ユークリッド距離はヘリコプターでなら実現できますが，実際に東京の街を地上で歩くときの実用的な距離はユークリッド距離とは異なります．他人の家の庭やビルを突っ切れないからです．そこでいろいろな距離が必要になります．

例 12.1（**マンハッタン距離あるいは L_1 距離**） ニューヨークのマンハッタン区は道路が縦横に直角に敷かれているので，計算幾何学の人たちがこのように名付けました．平安京，札幌の街なども同様ですね．マンハッタンでは唯一の例外がブロードウェイで，斜めに切っています[1]．ここではブロードウェイの通行を禁止すると，マンハッタンの2点 $P(x_1, y_1), Q(x_2, y_2)$ 間を実際に歩くときの歩行距離は

---

[1] 有名なブロードウェイの劇場群はその臍の位置にあるのでこの名前が付きました．

12.1 位相の必要性

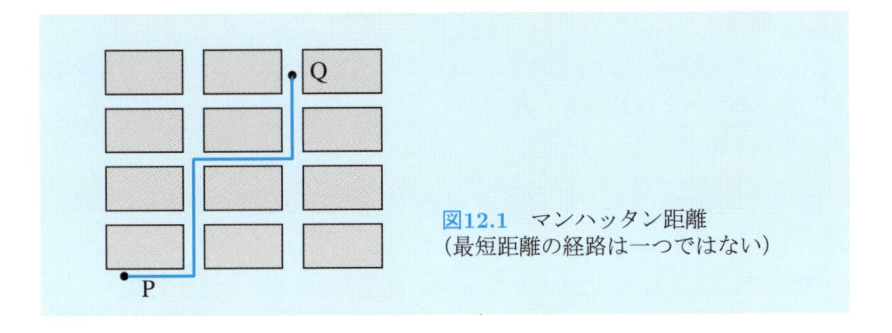

図12.1 マンハッタン距離
（最短距離の経路は一つではない）

$$d_1(P,Q) = |x_1 - x_2| + |y_1 - y_2|.$$

となります．マンハッタン距離は解析学の用語では L_1 距離と呼ばれます．

例 12.2（L_p 距離） より一般に，$p \geq 1$ に対し平面の 2 点 $P(x_1, y_1), Q(x_2, y_2)$ 間の L_p 距離が

$$d_p(P,Q) = \{|x_1 - x_2|^p + |y_1 - y_2|^p\}^{1/p}$$

で定義されます．$p = 2$ のときがユークリッドの距離です．また，$p \to \infty$ の極限のケースとして L_∞ 距離が得られます：

$$d_\infty(P,Q) := \sup\{|x_1 - x_2|, |y_1 - y_2|\}.$$

L_p 距離は，$\boldsymbol{R}^n$ の上では $x = (x_1, \ldots, x_n) \in \boldsymbol{R}^n$ と $y = (y_1, \ldots, y_n) \in \boldsymbol{R}^n$ に対し

$$d_p(x, y) = \{|x_1 - y_1|^p + \cdots + |x_n - y_n|^p\}^{1/p} \quad (1 \leq p < \infty), \quad (12.1)$$

$$d_\infty(x, y) = \max\{|x_1 - y_1|, \ldots, |x_n - y_n|\}$$

という式で定義されます．$n = 2$ とすると，上で用いた平面の場合とは座標の表記法が異なっていることに注意しましょう．

実は，ここで例示した $\boldsymbol{R}^n$ の距離は，いずれも $\boldsymbol{R}^n$ の線形空間としての構造に密接に関連したノルムというものから定まっています．点 P のノルムとは，原点からの距離のことですが，それが次の性質を持つときにこう呼ばれます．

定義 12.2 $\boldsymbol{R}$ をスカラーとする線形空間 V のノルムとは，次のノルムの公理を満たす V 上の関数 $\|\cdot\|$ のことを言う．

(1) (**正値性**) $\forall x \in V$ に対して $\|x\| \geq 0$. また, $\|x\| = 0$ となるのは $x = 0$ のときに限る.
(2) (**同次性**) $\forall x \in V, \forall \lambda \in \mathbf{R}$ に対し $\|\lambda x\| = |\lambda|\|x\|$.
(3) (**3 角不等式**) $\|x + y\| \leq \|x\| + \|y\|$.

ノルムがあると, それから $d(x, y) = \|x - y\|$ により距離が定まることは, ほぼ直ちに分かります. 特に距離の 3 角不等式は, ノルムの 3 角不等式において, x の代わりに $x - y$, y の代わりに $y - z$ を代入して得られる不等式

$$\|x - y\| + \|y - z\| \geq \|x - z\|$$

に他なりません. このようにしてノルムから定まる距離は, 線形構造を持った空間の上で, 平行移動不変, かつスカラー倍で距離も同時に伸びるという, 極めて特殊なものに限りますが, 距離の例としては非常に重要です. 特に, L_p 距離が $\boldsymbol{L_p}$ **ノルム**

$$\|x\|_p = (|x_1|^p + \cdots + |x_n|^p)^{1/p} \tag{12.2}$$

から定まることも明らかですね. ノルムから定まる距離の相互比較は, **単位球** (平面の場合は単位円) で見ると分かりやすい. **単位球**とは, ノルムが 1 の点の集合のことで, L_p の場合, それは p とともに大きくなります.

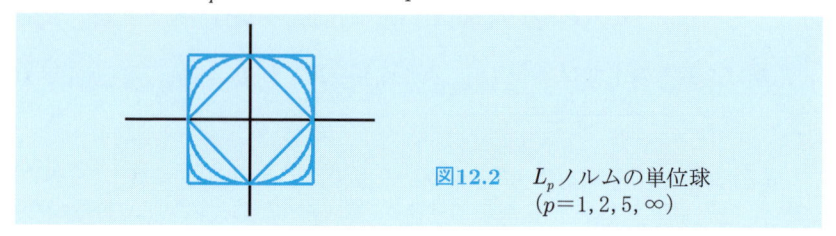

図12.2 L_p ノルムの単位球 $(p=1, 2, 5, \infty)$

やや解析っぽいですが, 重要なので, L_p 距離が一般の $p \geq 1$ について距離の公理を満たすことを証明しておきましょう.

補題 12.1 (12.1) は距離の公理を満たす.

上で述べたことから, (12.2) がノルムとなることを言えばよい. 3 角不等式以外は簡単なので略します. 結局,

$$(|x_1 + y_1|^p + \cdots + |x_n + y_n|^p)^{1/p}$$
$$\leq (|x_1|^p + \cdots + |x_n|^p)^{1/p} + (|y_1|^p + \cdots + |y_n|^p)^{1/p} \tag{12.3}$$

12.1 位相の必要性

を言えばよい．これを**ミンコフスキーの不等式**と呼びます．$p=1$ と $p=\infty$ の場合は直接証明が容易なので，以下 $1<p<\infty$ とします．準備として，まず，**ヘルダーの不等式**

$$\frac{1}{p}+\frac{1}{q}=1 \quad \text{のとき} \quad x,y\geq 0 \text{ に対し} \quad xy\leq \frac{x^p}{p}+\frac{y^q}{q} \tag{12.4}$$

を示します．等号は $x^p=y^q$ のときに成立します．これは簡単な微積の練習問題として高校の教科書にも載っているので証明は練習問題としておきます．

$\lambda>0$ としてヘルダーの不等式を λx_j と y_j/λ, $j=1,\ldots,n$ に対して適用したものを加えれば（以下絶対値を省略するため $x_j, y_j\geq 0$ とします），

$$\begin{aligned}
x_1 y_1+\cdots+x_n y_n &= (\lambda x_1)\frac{y_1}{\lambda}+\cdots+(\lambda x_n)\frac{y_n}{\lambda}\\
&\leq \left(\lambda^p\frac{x_1^p}{p}+\frac{y_1^q}{\lambda^q q}\right)+\cdots+\left(\lambda^p\frac{x_n^p}{p}+\frac{y_n^q}{\lambda^q q}\right)\\
&= \lambda^p\frac{x_1^p+\cdots+x_n^p}{p}+\frac{1}{\lambda^q}\frac{y_1^q+\cdots+y_n^q}{q}.
\end{aligned}$$

ここで，λ に関して右辺の最小値を取ります．それは，これをヘルダーの不等式 (12.4) の右辺とみなしたとき，等号成立時の左辺の値として得られ，

$$\lambda(x_1^p+\cdots+x_n^p)^{1/p}\cdot\frac{(y_1^q+\cdots+y_n^q)^{1/q}}{\lambda}=(x_1^p+\cdots+x_n^p)^{1/p}(y_1^q+\cdots+y_n^q)^{1/q}$$

よって，

$$x_1 y_1+\cdots+x_n y_n\leq (x_1^p+\cdots+x_n^p)^{1/p}(y_1^q+\cdots+y_n^q)^{1/q} \tag{12.5}$$

が得られました．これも**ヘルダーの不等式**と呼ばれます．これを用いて (12.3) を示します．$p-1=p/q$ に注意して

$$\begin{aligned}
&(x_1+y_1)^p+\cdots+(x_n+y_n)^p\\
&=(x_1+y_1)(x_1+y_1)^{p-1}+\cdots+(x_n+y_n)(x_n+y_n)^{p-1}\\
&=\{x_1(x_1+y_1)^{p/q}+\cdots+x_n(x_n+y_n)^{p/q}\}\\
&\quad +\{y_1(x_1+y_1)^{p/q}+\cdots+y_n(x_n+y_n)^{p/q}\}\\
&\leq (x_1^p+\cdots+x_n^p)^{1/p}\{(x_1+y_1)^p+\cdots+(x_n+y_n)^p\}^{1/q}\\
&\quad +(y_1^p+\cdots+y_n^p)^{1/p}\{(x_1+y_1)^p+\cdots+(x_n+y_n)^p\}^{1/q}
\end{aligned}$$

ここでヘルダーの不等式 (12.5) をそれぞれの { } 内に適用しました．両辺を $\{(x_1+y_1)^p + \cdots + (x_n+y_n)^p\}^{1/q}$ で割ると

$$\{(x_1+y_1)^p + \cdots + (x_n+y_n)^p\}^{1-1/q} \leq (x_1^p + \cdots + x_n^p)^{1/p} + (y_1^p + \cdots + y_n^p)^{1/p}$$

となり，$1 - 1/q = 1/p$ により証明されました．

問題 12.1 ヘルダーの不等式 (12.4) を証明せよ．等号がいつ成立するかも確かめよ．

問題 12.2 $p = 1$ の場合，および $p = \infty$ の場合にミンコフスキーの不等式 (12.3) を証明せよ．

問題 12.3 3 次元空間 $\boldsymbol{R}^3$ の点 $(x_1, y_1, z_1), (x_2, y_2, z_2)$ の間に，

$$d(\boldsymbol{x}, \boldsymbol{y}) = |x_1 - y_1| + |x_2 - y_2|^2 + |x_3 - y_3|^3$$

で定められた d は距離となるか？

12.2 距離空間

　距離 d が与えられた集合 X を**距離空間** (metric space) と呼びます．上部構造が与えられると，集合 set が空間 space に昇格するのです！正確に言えば，距離空間とは，対 (X, d) のことですが，しばしば距離空間 X のように距離を省略した言い方をします．

　代数系も位相と並び，集合に対する上部構造の代表的なものです．集合を比べるには写像が用いられましたが，ただの集合としてでなく代数系を比較するときは，準同型写像，すなわち，注目する代数構造と両立する写像が用いられます．本書でも第 8 章でブール代数について準同型写像が出てきました．実は，線形写像がみなさんの最初に習う準同型写像です．線形構造を考えれば，直線と平面は区別可能です．実際，次元が異なるので，両者は同型にはなりません．しかし，これは構造が硬すぎて曲がった図形への一般化は困難です．

　距離を保つ写像は**距離同型**と呼ばれます．これもまだ窮屈すぎることがあります．3 角形の合同判定のような場合にしか使えません．ユークリッドの距離でもマンハッタン距離でも，駅の近くは駅の近くで，よほどくたびれているときは別として，距離感にそう違いは無いでしょう．この "近さ" というのは何でしょう？これが，距離が定める**位相**というものを見ているのです．

12.2 距離空間

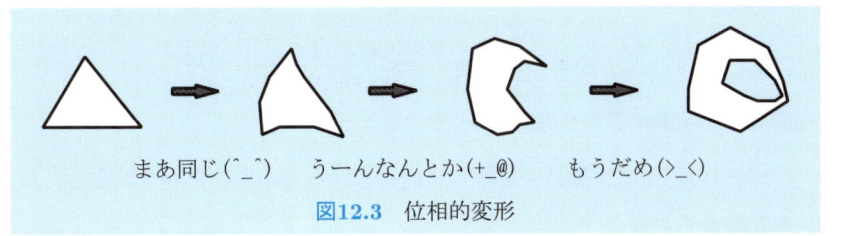

図12.3 位相的変形

まあ同じ(^_^)　うーんなんとか(+_@)　もうだめ(>_<)

【距離が定める位相】 位相とは，遠い近いの概念を更に抽象化したもので，英語で topology（位置解析学）と言います．その厳密な定義は後の節で紹介しますが，近傍，開集合，閉集合，点列の収束，が位相の4大キーワードです．

定義 12.3 距離空間 (X,d) の点 P の ε-近傍 $B_\varepsilon(P)$ とは，

$$\{Q \in X \,;\, d(Q,P) < \varepsilon\},$$

すなわち，P からの距離が ε より小さいような点の集合のことである．

定義 12.4 （**点列の収束**） 距離空間 (X,d) の点列 $P_n, n=1,2,\ldots$ が P に**収束**するとは，$\forall \varepsilon > 0$ に対し，番号 n_ε を十分に大きく取れば，$n \geq n_\varepsilon$ に対しては $P_n \in B_\varepsilon(P)$ となること，すなわち $d(P_n, P) < \varepsilon$ となることを言う．

これらの概念は，微積分で $\mathbf{R}^n$ の通常のユークリッド距離に関して沢山練習したものと本質的には変わりないので，ここではちょっと変わった例を問題として挙げておきましょう．

問題 12.4 平面の二つの部分集合に対して

$$d_H(A,B) := \max\{\sup_{a \in A} \inf_{b \in B} d(a,b), \sup_{b \in B} \inf_{a \in A} d(a,b)\}$$

と置くと，距離の公理を満たすことを示せ．ここに $d(a,b)$ は2点間のユークリッド距離である．$d_H(A,B)$ を二つの集合の**ハウスドルフ距離**と呼ぶ．この距離に関する集合 A の ε-近傍，および，集合列 A_n の収束の意味を説明せよ．

問題 12.5 区間 $[a,b]$ 上の実数値連続関数の全体が成す線形空間 $C[a,b]$ において

$$\|f(x)\| := \max_{a \leq x \leq b} |f(x)|$$

はノルムとなることを示せ．これを**最大値ノルム**と言う．これから定まる距離 $d(f,g) = \|f-g\|$ について関数列 f_n が収束することを微積分ではどういう言葉で表したか？

問題 12.6 $\mathbf{R}$ 上の実数値連続関数の全体が成す線形空間 $C(\mathbf{R})$ において，$f, g \in C(\mathbf{R})$

に対し
$$d(f,g) := \sum_{n=1}^{\infty} \frac{1}{2^n} \frac{\max_{|x| \leq n} |f(x) - g(x)|}{\max_{|x| \leq n} |f(x) - g(x)| + 1}$$
で定まる d は距離の公理を満たすことを示せ．

次の二つの用語は，微積分では本格的には習っていないかもしれませんね．

定義 12.5 部分集合 $Y \subset X$ が**開集合**とは，$\forall P \in Y$ に対して $\exists \varepsilon > 0$ が存在し，$B_\varepsilon(P) \subset Y$ となること．すなわち，隣近所と一緒に Y に含まれることを言う．

定義 12.6 部分集合 $Y \subset X$ が**閉集合**とは，Y から取ったいかなる点列も，もしそれが X において P に収束していれば，極限点 $P \in Y$ となること．すなわち，収束先がこの集合から飛び出さないことを言う．

定義により，X 全体と空集合 $\emptyset$ は，開集合かつ閉集合となります．特に，開集合，閉集合は必ずしも排反事象ではありません．

問題 12.7 平面の次のような集合から，開集合と閉集合を選び出せ．
 (1) $\{(x,y) ; x^2 + y^2 > 1\}$
 (2) $\{(x,y) ; x > 0, |y| < 2\}$
 (3) $\{(x,y) ; x^2 + y^2 = 2\}$
 (4) $\{(x,y) ; x^2 + y^2 \leq 1\}$
 (5) $\{(x,y) ; x^2 + y^2 \leq 1, y > 0\}$
 (6) $\{(x,y) ; x^2 = 1, y = x\}$
 (7) $\{(x,y) ; x^2 + y^2 < 1, (x,y) \neq (0,0)\}$
 (8) $\{(x,y) ; x^2 + y^2 < 1$ または $x^2 + y^2 \geq 2\}$

【開集合と閉集合の集合演算的性質】 ここで，開集合・閉集合の概念が第 2 章や第 6 章で扱った集合演算とどう関わるかを調べましょう．

定理 12.2 開集合は次の性質を持つ：
(1) Y_1, Y_2 が開集合なら，$Y_1 \cap Y_2$ も開集合となる．従って，$Y_1, \ldots, Y_n$ が開集合なら，$Y_1 \cap \cdots \cap Y_n$ も開集合となる．
(2) Y_1, Y_2 が開集合なら，$Y_1 \cup Y_2$ も開集合となる．より一般に，$Y_\lambda, \lambda \in \Lambda$ が開集合の無限族なら，$\bigcup_{\lambda \in \Lambda} Y_\lambda$ も開集合となる．

定理 12.3 閉集合は次の性質を持つ：
(1) Y_1, Y_2 が閉集合なら，$Y_1 \cap Y_2$ も閉集合となる．より一般に，$Y_\lambda, \lambda \in \Lambda$ が閉集合の無限族なら，$\bigcap_{\lambda \in \Lambda} Y_\lambda$ も閉集合となる．

(2) Y_1, Y_2 が閉集合なら，$Y_1 \cup Y_2$ も閉集合となる．従って，$Y_1, \ldots, Y_n$ が閉集合なら，$Y_1 \cup \cdots \cup Y_n$ も閉集合となる．

次の補題により，上の定理のどちらか一方を証明すれば，補集合を取ることにより他方が従います：

補題 12.4 $Y \subset X$ が開集合（閉集合）$\iff CY = X \setminus Y$ が閉集合（開集合）．

証明 Y が開集合のとき，$Z = CY$ が閉集合となることを示す．$P_n \in Z$ が X において $P_n \to P$ とする．もし，$P \notin Z$ なら，$P \in Y$．Y は開集合だから，$\exists \varepsilon > 0$ s.t. $B_\varepsilon(P) \subset Y$．つまり，$B_\varepsilon(P) \cap Z = \emptyset$．しかし仮定 $P_n \to P$ より，十分大きな n について $P_n \in B_\varepsilon(P)$ となるので，$P_n \in Z$ と矛盾する．よって $P \in Z$．

逆に，Y が閉集合のとき，$Z = CY$ が開集合となることを示す．もし Z が開集合でないと，$\exists P \in Z$ s.t. $\forall \varepsilon > 0$ に対して $\exists Q \notin Z$ s.t. $Q \in B_\varepsilon(P)$．特に $\varepsilon = \dfrac{1}{n}$ と取れば，$\exists P_n \notin Z, P_n \in B_{1/n}(P)$．これは，$Y$ の点列 P_n で Y に属さない点 P に収束するものが存在することを意味し，不合理である． □

定理 12.2 の証明 (1) $P \in Y_1 \cap Y_2$ とするとき，それぞれが開集合なので，$\exists \varepsilon_1 > 0$ s.t. $B_{\varepsilon_1}(P) \subset Y_1$, $\exists \varepsilon_2 > 0$ s.t. $B_{\varepsilon_2}(P) \subset Y_2$，このとき $\varepsilon = \min\{\varepsilon_1, \varepsilon_2\}$ とすれば，$B_\varepsilon(P) \subset Y_1 \cap Y_2$．よって $Y_1 \cap Y_2$ は開集合である．

(2) $P \in \bigcup_{\lambda \in \Lambda} Y_\lambda$ とするとき，$\exists \lambda$ s.t. $P \in Y_\lambda$．よって $\exists \varepsilon > 0$ s.t. $B_\varepsilon(P) \subset Y_\lambda$．このときもちろん $B_\varepsilon(P) \subset \bigcup_{\lambda \in \Lambda} Y_\lambda$ となるから，$\bigcup_{\lambda \in \Lambda} Y_\lambda$ は開集合である． □

問題 12.8 定理 12.3 を補題 12.4 によらずに直接証明せよ．

🐇 後に出てくる一般の位相空間では，点列の収束の拡張概念が難しくなるので，閉集合は開集合の補集合として定義するのが普通です．

【近傍】 次に，ε-近傍の概念を一般化します．

定義 12.7 （近傍の定義） U が P の近傍とは，それが P のある ε-近傍を含むこと，すなわち，

$$\exists \varepsilon > 0 \quad \text{s.t.} \quad U \supset B_\varepsilon(P)$$

となっていることを言う．U が開集合のとき **開近傍** と言う．普通は，単に近傍というときも開近傍を意味することが多い．

🐰 近傍の英語は neighborhood ですが，ドイツ語はその対応語 Nachbarschaft ではなく，Umgebung を使います．この頭文字を用いて，近傍はよく U と書かれます．ちなみに，フランス語では近傍は voisinage です．U と並び V も近傍を表す記号としてよく使われますが，これはフランス語からきているというよりは，単に U の次だからでしょう．

点 P の近傍の全体を P の **近傍系** と言い，$\mathcal{U}_P$ 等の記号で表します．

補題 12.5 （近傍系の公理）P の近傍系は次の性質を満たす：
(1) U が P の近傍なら，$P \in U$．
(2) U_1, U_2 が P の近傍なら，$U_1 \cap U_2$ も P の近傍である．従って，P の近傍を有限個取るとき，それらの共通部分も再び P の近傍となる．
(3) U が P の近傍なら，$V \supset U$ も P の近傍である．
(4) U が P の近傍なら，P の他の近傍 $V \subset U$ で，$\forall Q \in V$ に対して U が Q の近傍ともなるようなものが存在する．

距離空間の近傍については，これらの性質の証明は容易です．後で分かるように，一般には，これは近傍系を特徴付ける性質（公理）となります．

例題 12.1 開集合の性質は，有限個の共通部分については安定だが，無限個の共通部分を取ると崩れてしまうこと，逆に，閉集合の性質は，有限個の合併については安定だが，無限個の合併を取ると崩れてしまうことを例を挙げて説明せよ．

解答 $O_n = \left\{ x \in \mathbf{R} \,;\, |x| < \frac{1}{n} \right\}$ は $\mathbf{R}$ の開集合の無限族である．$\bigcap_{n=1}^{N} O_n = O_N$ は開集合だが，$\bigcap_{n=1}^{\infty} O_n = \{0\}$ は開集合ではない．$A_n = \left\{ x \in \mathbf{R} \,;\, |x| \leq 1 - \frac{1}{n} \right\}$ は $\mathbf{R}$ の閉集合の無限族である．同様に，$\bigcup_{n=1}^{N} A_n = A_N$ は閉集合だが，$\bigcup_{n=1}^{\infty} A_n = \{ x \in \mathbf{R} \,;\, |x| < 1 \}$ は閉集合ではない． □

12.2 距離空間

【距離空間の部分集合への誘導距離】 距離空間の例を増やすため，部分集合に距離，従って位相を導入する方法を述べましょう．

定義 12.8 (X, d) を距離空間，$A \subset X$ を任意の部分集合とするとき，d を $A \times A$ に制限したもの $d|_A$ をもって A の距離と定めれば，$(A, d|_A)$ も距離空間となる．$d|_A$ を X から A に誘導された距離と言う．

距離は 2 変数関数なので，$d|_A$ は正確には $d|_{A \times A}$ と書くべきものですが，記号を簡単にするため前者を用いました．面倒なときは更に略して，もとの d で代用することも多いのです．$P \in A$ の X における ε-近傍を $B_\varepsilon(P)$ とするとき，同じ点 P の A における ε-近傍は，$A \cap B_\varepsilon(P)$ となることが，上の定義から直ちに分かります．

補題 12.6 誘導距離に関する A の開集合族は，X の開集合を A に制限したものから成る集合族と一致する．

証明 X の開集合 O が $P \in A$ を含むとき，P の ε-近傍 $B_\varepsilon(P)$ で O に含まれるものを取れば，$A \cap B_\varepsilon(P) \subset A \cap O$ となるので，$A \cap O$ は定義 12.5 の意味で距離空間 $(A, d|_A)$ の開集合である．逆に，この意味での $(A, d|_A)$ の開集合 O_A があるとき，$\forall P \in A$ について，$\exists \varepsilon(P) > 0$ が存在し，$A \cap B_{\varepsilon(P)}(P) \subset O_A$ となるが，このとき $O := \bigcup_{P \in A} B_{\varepsilon(P)}(P)$ は定理 12.2 により X の開集合となるが，明らかに $O_A = \bigcup_{P \in A} A \cap B_{\varepsilon(P)}(P)$ なので，演算 $A \cap$ に対する分配法則により $O_A = A \cap O$ が成り立つ． □

問題 12.9 A の閉集合族は，X の閉集合族の A への制限と一致することを示せ．

誘導位相に関する A の開集合は，一般にはもとの空間 X の開集合とはなりません．この区別を強調するため，A の開集合を**相対開集合**と呼ぶことがあります．A の閉集合についても同様です．

例 12.3 $X = \boldsymbol{R}$ の絶対値で定義される距離の，部分集合 $Y = [-1, 1]$ への誘導距離について，$(0, 1]$ は Y の開集合となるが，それは X においては開集合ではない．また，部分集合 $Y = (-1, 1)$ を取った場合は，$[0, 1)$ は Y への誘導距離について閉集合となるが，それは X では閉集合でない．

【コーシー列と完備性】 距離空間から演繹される位相的概念を普遍化する前に，距離空間に特有で，その一般化はかなり高度な話になってしまうが，距離空間に限っては知っておかなければならない基本的な概念をまとめておきます．

定義 12.9 距離空間 (X,d) の点列 P_n が**コーシー列**であるとは，$\forall \varepsilon > 0$ に対し $\exists n_\varepsilon$ で，$m, n \geq n_\varepsilon \implies d(P_m, P_n) < \varepsilon$ となるようなものが存在することを言う．距離空間が**完備**であるとは，任意のコーシー列が収束することを言う．

コーシー列とは一言で言えば，相互の距離が限りなく近づいて行くようなもののことですが，後で出てくる一般の位相空間では，両方の点が動き回るときに，それらが近づくことの判定法が無いのです．微積分で，$\boldsymbol{R}$，更には $\boldsymbol{R}^n$ がユークリッドの距離で完備となることを学んだでしょう．上の定義はその自然な拡張です．次の主張は，$\boldsymbol{R}$ の場合と全く同様に示せます．

問題 12.10 どんな距離空間でも，収束列はコーシー列であることを示せ．

有理数から実数を作ったときと同様，一般に完備でない距離空間は，拡張して完備にすることができます．これを**完備化**と呼びます．有理数の場合は，順序を用いた分かりやすい完備化の方法がありますが，一般には，コーシー列の同値類を使わねばならず，ちょっと分かりにくいものなので，第 17 章でもっと一般な場合にまとめて説明します．

■ 12.3 閉包・開核・内点・外点・境界

X の部分集合のほとんどは開集合でも閉集合でもありません．それらからどれくらい離れているかを調べるための概念を導入しましょう．

定義 12.10 $E \subset X$ を部分集合とするとき，X の点 P は次の 3 種類に分類される：
(1) E の**内点**：P のある近傍 U が存在し $U \subset E$ となる．
(2) E の**外点**：P のある近傍 U が存在し $U \cap E = \emptyset$ となる．
(3) E の**境界点**：内点でも外点でもない点．

E の内点の集合を E の**内部**または**内核**と言い，$\mathrm{Int}(E)$，$\overset{\circ}{E}$ などの記号で表す．E の外点の集合を E の**外部**と言う．E の境界点の集合を E の**境界**と言い，∂E，bE などと記す．また，E にその境界を付け加えたものを E の**閉包** (closure)

12.3 閉包・開核・内点・外点・境界

と呼び，$\overline{E}, E^a$ などで表す．

E の外部を表す記号はあまり使われていないようですが，ここでは記述を簡略化するため $\mathrm{Ext}\, E$ で表すことにしましょう．定義により $\mathrm{Int}\, E, \partial E, \mathrm{Ext}\, E$ は全空間の互いに交わらない三つの部分集合への分割となっています．また，これも定義から明らかに，E の外部は補集合 $\mathsf{C}E$ の内部と一致します．

例 12.4 (1) 平面の集合 $E = \{(x,y)\,;\, x^2+y^2 < 1 \text{ または } x \geq 0\}$ は閉集合でも開集合でもない．開核は $\{(x,y)\,;\, x^2+y^2 < 1 \text{ または } x > 0\}$，閉包は $\{(x,y)\,;\, x^2+y^2 \leq 1 \text{ または } x \geq 0\}$，境界は $\{(x,y)\,;\, x^2+y^2 = 1, x \leq 0\} \cup \{(x,y)\,;\, x=0, |y| > 1\}$．

(2) 平面の集合 $E = \{(x,y)\,;\, x^2+y^2 < 1 \text{ かつ } x \geq 0\}$ は閉集合でも開集合でもない．開核は $\{(x,y)\,;\, x^2+y^2 < 1, x > 0\}$，閉包は $\{(x,y)\,;\, x^2+y^2 \leq 1, x \geq 0\}$，境界は $\{(x,y)\,;\, x^2+y^2 = 1, x \geq 0\} \cup \{(x,y)\,;\, x=0, -1 < y < 1\}$．

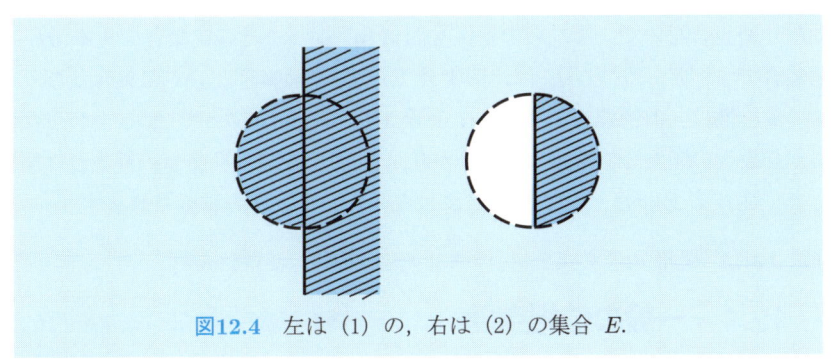

図12.4 左は (1) の，右は (2) の集合 E．

補題 12.7 (1) P が E の境界点 $\iff$ P のどんなに小さな近傍も E の点と E に属さない点をともに含む．

(2) P が E の閉包に属する $\iff$ P のどんなに小さな近傍も E の点を含む．

証明 (1) P が E の境界点とは，E の内点でも外点でもないということなので，P のどんな近傍も E にすっぽり含まれることも，$\mathsf{C}E$ にすっぽり含まれることもないというのと同値である．

(2) $P \in \overline{E}$ は $P \notin \mathrm{Ext}(E)$ ということだから，上の後半が成り立つことと同値である．すなわち，P のどんな近傍も E と共通部分を持つ． □

補題 12.8 E の内核は開集合となる．それは E に含まれる（包含関係の意味で）最大の開集合である．

内核の定義を，"内点の集合" としたので，これが開集合であることは，距離空間でないとそれほど自明ではありません．ここでは，後で一般に通用するように，近傍系の公理だけを用いて示しておきましょう．P が E の内点なら，定義により $P \in U \subset E$ なる近傍 U が存在します．近傍系の公理 (4) により，$P \subset V \subset U$ なる近傍 V で，$\forall Q \in V$ に対して U が Q の近傍となるものが存在します．つまり V は E の内点より成る P の近傍で，従って，$V \subset \mathrm{Int}\, E$ なので，$\mathrm{Int}\, E$ は開集合となります．逆に開集合が内点だけから成ることは自明なので，E の開部分集合はみな $\mathrm{Int}\, E$ に含まれます．

補題 12.9 E の境界 ∂E は閉集合である．また E の閉包は閉集合であり，E を含む最小の閉集合となる．

実際，前補題により $\mathrm{Int}\, E$ は開集合であり，E の外部 $\mathrm{Ext}\, E$ は $\mathrm{Int}(\mathsf{C}E)$ で，やはり開集合なので，これらの合併も開集合，従ってその補集合である ∂E は閉集合です．$\overline{E} = E \cup \partial E$ は，開集合 $\mathrm{Ext}\, E$ の補集合として閉集合となります．最小性は，前補題により，$\mathrm{Ext}\, E$ が $\mathsf{C}E$ の内部，従って E と交わらないような最大の開集合であることが分かり，また E を含む閉集合の補集合は開集合で，従って $\mathrm{Ext}\, E$ に含まれなければならないことから結論されます．

問題 12.11 問題 12.7 の集合について，閉包，開核，境界を示せ．

12.4　一般の位相空間

普通は，ある集合に遠い近いの関係を入れたくなったら，まずは距離を定義しようと試みるのですが，どうしても距離が定義できないような場合には，更に抽象化された位相の概念が有用となります．距離を用いずに位相を定義するには，開集合族によるものと，近傍系によるものが有り，ともによく用いられています．

定義 12.11　（開集合族の公理）　集合 X の部分集合の族 $\mathcal{O} = \{O_\lambda, \lambda \in \Lambda\}$ が**開集合族の公理**を満たしているとは，次の条件が満たされることを言う：
(1) $\emptyset \in \mathcal{O},\ X \in \mathcal{O}$.

(2) $Y_1, Y_2 \in \mathcal{O}$ なら, $Y_1 \cap Y_2 \in \mathcal{O}$. 従って, $Y_1, \ldots, Y_n \in \mathcal{O}$ なら, $Y_1 \cap \cdots \cap Y_n \in \mathcal{O}$.

(3) $Y_1, Y_2 \in \mathcal{O}$ なら, $Y_1 \cup Y_2 \in \mathcal{O}$. より一般に, $Y_\lambda \in \mathcal{O}, \lambda \in \Lambda$ なら, $\bigcup_{\lambda \in \Lambda} Y_\lambda \in \mathcal{O}$.

開集合族の公理を満たすものがあると, それらが開集合の全体と一致するような位相を X に定義できます. しかし, まだ位相の定義を厳密にはしていないので, ここでは, まず次の定義を与えます. 以下, 簡単のため, 開集合族の公理を満たす集合族のことを単に開集合族と言うことにします.

定義 12.12 (**開集合族から定まる近傍系**) 開集合族 $\mathcal{O}$ について, U が P の開近傍とは, $U \in \mathcal{O}$ かつ $U \ni P$ なることを言う. U が P の近傍とは, U が P の開近傍を含むことを言う.

補題 12.10 開集合族 $\mathcal{O}$ からこのようにして定義された近傍は, 補題 12.5 の性質, すなわち, **近傍系の公理**を満たす.

証明 (1) は定義より明らか.

(2) P の近傍 U_1, U_2 を取るとき, 定義により, $P \in O_1 \subset U_1, P \in O_2 \subset U_2$ なる $O_1, O_2 \in \mathcal{O}$ が存在し, $O = O_1 \cap O_2 \in \mathcal{O}$ で $P \in O \subset U_1 \cap U_2$ となる. よって, $U_1 \cap U_2$ は P の近傍である.

(3) は自明.

(4) U を P の近傍とするとき, $P \in O \subset U$ を満たす $O \in \mathcal{O}$ があるが, $V = O$ と取れば, $\forall Q \in V$ に対して $Q \in V \subset U$ だから, U は Q の近傍となる. □

逆に近傍系から出発する場合は, 距離空間の ε-近傍の場合と大差ありません.

定義 12.13 (**近傍系から定義される開集合**) 集合 X の各点 P において, 近傍系の公理を満たすような部分集合の族 $\mathcal{U}_P$ が与えられているとき, W が X の開集合であるとは, $\forall P \in W$ に対して, P の近傍 U で $U \subset W$ となるものが存在することと定める.

集合 X の**位相**とは, その開集合族, あるいは近傍系のことを言います. **位相空間**とは, 集合 X とその位相を合わせた概念のことです. 上に述べたことから, どちらから先に出発しても, 同じものができるのですが, そのため

には，次のことは確認しておく必要があります：

補題 12.11 開集合の族 $\mathcal{O}$ から定義 12.12 で定まる近傍系により，定義 12.13 で開集合の族 $\mathcal{O}'$ を定めると，$\mathcal{O}' = \mathcal{O}$，すなわち，もとの開集合と同じものが得られる．逆に，近傍系 $\mathcal{U}_P$ から始めて定義 12.13 により開集合を定め，それから定義 12.12 により近傍系 $\mathcal{U}'_P$ を定めると，もとの近傍系と同じになる．

証明 〔前半〕もとの開集合 $O \in \mathcal{O}$ は，その任意の点 P に対して定義 12.12 により P の近傍となっているので，定義 12.13 の意味でも開集合である．逆に O が $\forall P \in O$ に対して $P \in U \subset O$ なる近傍 U を持つとき，定義によりもとの開集合 $O_P \in \mathcal{O}$ で $P \in O_P \subset U$ なるものが存在するので，

$$O = \bigcup_{P \in O} O_P$$

となり，開集合の公理の (2) により，これは元の開集合族 $\mathcal{O}$ に属する．
〔後半〕O が $\forall P \in O$ に対して $P \in U \subset O$ なる $U \in \mathcal{U}_P$ が存在するという性質を持つとき，これがその任意の点 $Q \in O$ に対して $O \in \mathcal{U}_Q$ となっていることは自明．よって $\mathcal{U}'_P$ の元はもとの近傍系 $\mathcal{U}_P$ に属する．逆に，もとの近傍系の元 $U \in \mathcal{U}_P$ に対して，それから定まる開集合 O で $P \in O \subset U$ となるものが存在することは，近傍系の公理 (4) の最後の結論が，"$\forall Q \in V$ に対して V が Q の近傍ともなるようなものが存在する"，となっていれば，O としてこの V を取ればよいだけの話だが，$Q \in V$ の近傍となるのが U となっているので，V が $\mathcal{U}_P$ から定まる開集合となるかどうかは自明ではない．

そこで，W_1 としてまずこの V を取る．次に，$\forall Q \in W_1$ に対して，U が Q の近傍となるから，Q のある近傍 $V_Q \subset U$ で，$\forall R \in V_Q$ に対して，U が R の近傍となるものが存在する．$W_2 = \bigcup_{Q \in W_1} V_Q$ と置けば，$W_1 \subset W_2 \subset U$ となる．以下，この操作を続けて，W_n の各点 Q のある近傍 $V_Q \subset U$ で，$\forall R \in V_Q$ に対して，U が R の近傍となるものを取り，$W_{n+1} = \bigcup_{Q \in W_n} V_Q$ として列 W_n を作る．このとき $O = \bigcup_{n=1}^{\infty} W_n$ は，$\mathcal{U}_P$ から定まる開集合となる．実際，$R \in O$ を勝手に取るとき，これはある W_n に属し，従って，ある $Q \in W_{n-1}$ について Q の近傍 V_Q に含まれる．この近傍は，そのすべての点，特に R が U を近傍として持ち，かつ (4) により R のある近傍 V_R で V_Q と同様の性質を持つものが存在する，という性質を持つ．V_R を合併したものが W_{n+1} なの

で，$R \in V_R \subset W_{n+1} \subset O$ が成り立ち，従って R は O の内点である． □

閉集合は開集合と補集合の関係にあるので，閉集合族を与えても位相は定まる道理です．閉集合族の公理は，定理 12.3 で与えられているものに $\emptyset$ と全空間が属することを追加すればよいので，ここでは繰り返しません．

例 12.5（**距離から定まる位相の例**） $\mathbf{R}^2$ においては，任意の $p \geq 1$ に対して，L_p-距離 d_p から定まる ε-近傍は，各点に同一の近傍系を定め，また，これらが定める $\mathbf{R}^2$ の開集合族は一致する．すなわち，どの距離を用いても定まる位相は同じである．これは，$1 \leq p \leq q \leq \infty$ のとき，

$$d_q(P,Q) \leq d_p(P,Q) \leq c_{p,q} d_q(P,Q) \tag{12.6}$$

という不等式を成り立たせるような定数 $c_{p,q}$ が存在することから，直ちに分かります．上の条件は実は位相が等しいことよりは強い主張で，二つの距離が同値と呼ばれます．(後述問題 13.3 (p.201) 参照．)

問題 12.12 不等式 (12.6) を成り立たせるような最良の定数 $c_{p,q}$ を決定せよ．

例 12.6 距離空間でない位相空間の例を挙げる．

(1) （**ザリスキー位相**） 平面 $\mathbf{R}^2$ のザリスキー閉集合を，有限個の多項式 $f_1(x,y), \ldots, f_n(x,y)$ の共通零点の集合として表されるようなものと定義する：

$$F = \{(x,y) \in \mathbf{R}^2 \,;\, f_1(x,y) = \cdots = f_n(x,y) = 0\}.$$

(ただし，全空間は $n = 0$ のときとして含まれているものと規約する．また，矛盾した式を連立させることで，結果的に空集合も含まれていることに注意．) このような集合の補集合をザリスキー開集合と定義する．

🎱 $\{x=0, y=0\}, \{x=1, y=1\}$ は上の定義でそれぞれ確かに閉集合だが，これらの和集合が再び上の形に書けることは，直ちには明らかでは無いであろう．代数学で習うイデアルの一般論を使うと，この和集合は $\{x(x-1), x(y-1), y(x-1), y(y-1)\}$ の共通零点として書ける．

(2) 実数の集合 $\mathbf{R}$ に右極限の位相を，各点の次のような近傍系を与えることにより定義する：$a \in \mathbf{R}$ の近傍は $\exists \varepsilon > 0$ について，半開区間 $[a, a+\varepsilon)$ を含むような集合とする．

(3) どんな集合 X に対しても，開集合を $\emptyset$ と X だけと定義すれば位相空間となる．これを X の**密着位相**と呼ぶ．この位相空間ではすべての点は隣組となる仲良しコミュニティとなっている．

(4) どんな集合 X に対しても，開集合を X の部分集合のすべてと定義すれば位相空間となる．これを X の**離散位相**と呼ぶ．このとき $\{P\}$ が点 P の一つの近傍となる．この位相空間ではすべての点は孤立して生活している非常にプライバシーの強いコミュニティとなっている．

問題 12.13 0 と 1 より成る長さ n の文字列 $\boldsymbol{x}$ の集合 $\boldsymbol{F}_2^n$ にハミング距離を

$$\mathrm{dis}_H(\boldsymbol{x}, \boldsymbol{y}) := \#\{1 \leq i \leq n \,;\, x_i \neq y_i\}$$

で定める．これが距離の公理を満たすことを示せ．この距離が $\boldsymbol{F}_2^n$ 上に定めるのはどんな位相か？

問題 12.14 X を勝手な集合とし，O が開集合 $\iff$ "$O = \emptyset$ であるか，または CO は高々有限個の点より成る"，と定めるとき，位相空間となることを示せ．

問題 12.15 n 個の点より成る有限集合に何種類の異なる位相構造が入れられるか？ $n = 1, 2, 3, 4, 5$ のときに考えてみよ． ［ヒント：例えば，開集合の族が X の部分集合の族として異なっていれば，異なる位相空間である．］

🐰 一般の n の場合は，著者の学生時代には組合せ論における未解決の難問で，先輩達が挑戦していました．今はどうなっているのか，検索してみよう！

12.5 基本近傍系と開集合の基

距離空間では，一般の近傍を考える必要はほとんど無く，大抵は ε-近傍だけで話が済みます．このような役割を一般の位相空間で果たすものとして，次の概念があります：

定義 12.14 P の近傍系の部分族 $\mathcal{V}_P$ が P の**基本近傍系**であるとは，P の任意の近傍 U に対して $V \in \mathcal{V}_P$ で $V \subset U$ となるものが存在することを言う．

基本近傍系を与えるだけで位相は定義できます．実際，開集合の定義 12.13 において，P の近傍 U を基本近傍の一つとしても，実質は変わらないからです．従って次の主張はほぼ自明です．

12.5 基本近傍系と開集合の基

補題 12.12 X の各点 P に対して抽象的に与えられた部分集合の族 $\mathcal{V}_P$ が, 各点 P の基本近傍系となる(ような位相が X に定義できる)ためには, 以下の条件が成り立つことが必要十分である：

(1) $\forall V \in \mathcal{V}_P$ について $P \in V$.
(2) $\forall V_1, V_2 \in \mathcal{V}_P$ に対し $\exists V_3 \in \mathcal{V}_P$ s.t. $V_3 \subset V_1 \cap V_2$.
(3) $\forall U \in \mathcal{V}_P$ について $V \subset U$ なる $V \in \mathcal{V}_P$ で, $\forall Q \in V$ について $\exists W \in \mathcal{V}_Q$ s.t. $W \subset U$ となるようなものが存在する.

例 12.7 距離空間では, 点 P の ε-近傍が, P の基本近傍系となることは既に述べたが, ここで更に, ε を正の有理数に限ってもよいし, $\varepsilon = \dfrac{1}{n}, n = 1, 2, \ldots$ に制限してもよい.

問題 12.16 (1) 平面の 2 点 $\boldsymbol{x} = (x_1, x_2), \boldsymbol{y} = (y_1, y_2)$ の間に,
$$d(\boldsymbol{x}, \boldsymbol{y}) = \sqrt{|x_1 - y_1| + |x_2 - y_2|}$$
で定義された d は距離となるか？
(2) 上の d を用いて, $\boldsymbol{a} \in \boldsymbol{R}^2$ の基本近傍系を
$$\{\boldsymbol{x} \ ; \ d(\boldsymbol{x}, \boldsymbol{a}) < \varepsilon\}, \qquad \varepsilon > 0$$
で与えると, 位相が定義できるか？

次に, 開集合について, 基本近傍系と同様の概念を導入します.

定義 12.15 X の部分集合の族 $\mathcal{W}$ が X の**開集合の基**であるとは, X の任意の開集合 O が $\mathcal{W}$ の元の(無限個も許す)和集合として表せることを言う.

X の部分集合の族 $\mathcal{W}$ が X の**開集合の部分基**であるとは, その元の有限個の共通部分の全体が X の開集合の基となることを言う. 言い替えると, $\mathcal{W}$ に有限個の共通部分を取る操作と, 無限個の合併を取る操作

$$O = \bigcup_\mu W_{\mu,1} \cap \cdots \cap W_{\mu, n_\mu}, \quad \text{ここに } W_{\mu, i} \in \mathcal{W}$$

を施せば, すべての開集合が得られることを言う.

例 12.8 開集合の基の例を示す：
(1) $\boldsymbol{R}^2$ (の任意の L_p 距離から定まる位相)においては, $\mathcal{W}$ として, すべての有理点 (x, y 座標がともに有理数であるような点)の $1/n$-近傍 ($n = 1, 2, \ldots$) をすべて集めたものは, 可算無限個よりなる開集合の基を成す.

(2) $\mathbf{R}^2$ のザリスキー位相においては，一つの既約多項式 $f(x,y)$ から $f(x,y) \neq 0$ として定まる集合は開集合の基となる．

問題 12.17 上の例の主張を証明せよ．

補題 12.13 X の部分集合の族 $\mathcal{W}$ が開集合の基となるような位相が X に定義できるためには，$\mathcal{W}$ が次の条件を満たすことが必要十分である：
(1) $\forall P \in X$ に対し，$\exists O \in \mathcal{W}$ s.t. $P \in O$．
(2) $\forall O_1, O_2 \in \mathcal{W}$ に対し，$O_1 \cap O_2 \in \mathcal{W}$．
また，この条件を満たす $\mathcal{W}$ に対して，それが開集合の基となるような X の位相がただ一つ定まる．

証明はほぼ自明ですが，次のような注意が必要です．
(i) 条件 (1) から X が開集合となることが出る．その際，空集合は $\mathcal{W}$ の元の零個の和集合として形式論理的に得られるので，常に開集合となる．
(ii) 有限個の共通部分というときに，零個の共通部分は，抽象論理的解釈で X 全体となるので，どんな部分集合の族を部分基として出発しても X が得られる．従って，$\forall P \in X$ について，それを含む元 X が少なくとも一つは存在し，条件 (1) が自動的に満たされる．

これらが分かりにくければ，$\emptyset, X \in \mathcal{W}$ を仮定しても良いでしょう．

補題 12.14 どのような位相空間 X においても，開近傍は基本近傍系を成す．

証明 このことは，開集合から定義された位相空間では定義に他ならないが，近傍系から定義された位相空間の場合は証明を要する．そこで X をそのような位相空間とし，U を $P \in X$ の近傍とする．このとき $\mathrm{Int}(U)$ が再び P の近傍となることを言えばよい．近傍系の公理の (4) により，P の近傍 $\exists V \subset U$ で，$\forall Q \in V$ に対し，Q の近傍 W で $W \subset U$ となるようなものが取れる．よって内核の定義により $Q \in \mathrm{Int}(U)$ となる．すなわち $V \subset \mathrm{Int}(U)$．よって $\mathrm{Int}(U)$ も P の近傍である．□

第 13 章

連続写像と連結性

数学では，集合論的写像に上部構造との整合性を持たせたものが重要です．代数構造の場合は，それは準同型写像と呼ばれました．位相構造の場合，これに当たるものは連続写像です．

■ 13.1 連続写像の定義と特徴付け

定義 13.1 $(X, d_X), (Y, d_Y)$ を二つの距離空間とする．写像 $f: X \to Y$ が点 $P \in X$ で**連続**とは，

$$\forall \varepsilon > 0 \text{ に対し } \exists \delta > 0 \text{ s.t. } d_X(Q, P) < \delta \implies d_Y(f(Q), f(P)) < \varepsilon$$

となることを言う．言い替えると，

$$\forall B_\varepsilon(f(P)) \text{ に対し，} \exists B_\delta(P) \text{ s.t. } f(B_\delta(P)) \subset B_\varepsilon(f(P))$$

となることを言う．

前半は微分積分学で学んだ，関数の連続性の ε-δ 論法に他なりません．後半の定式化だと，一般の位相空間の間の写像にも通用します：

定義 13.2 X, Y を二つの位相空間とする．写像 $f: X \to Y$ が点 $P \in X$ で**連続**とは，$\forall U \in \mathcal{U}_{f(P)}$ に対し $\exists V \in \mathcal{U}_P$ s.t. $f(V) \subset U$ となることを言う．

距離空間の場合は，この二つの定義は明らかに同値です．(より一般に，近傍を基本近傍に取り替えても条件は同等です．)

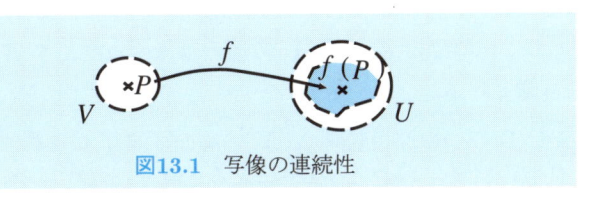

図13.1 写像の連続性

距離空間の場合は，写像の連続性を収束点列で記述することができます：

第13章 連続写像と連結性

補題 13.1 二つの距離空間 $(X, d_X), (Y, d_Y)$ の間の写像 $f: X \to Y$ が点 $P \in X$ で連続 $\iff \forall P_n$ s.t. $P_n \to P$ に対して $f(P_n) \to f(P)$ となる．

証明 微積分でやっていれば証明は同じだが，多分ちゃんとはやっていないか，忘れているだろうから，繰り返す．

〔$\Longrightarrow$〕 $P_n \to P$ のとき，$f(P_n) \to f(P)$ となることを示す．そのためには，$\forall U \in \mathcal{U}_{f(P)}$ に対し，$\exists n_U$ s.t. $n \geq n_U$ なら $f(P_n) \in U$ となることを言えばよい．仮定により，$\exists V \in \mathcal{U}_P$ s.t. $f(V) \subset U$．よって $P_n \to P$ の仮定から，$\exists n_V$ s.t. $n \geq n_V$ なら $P_n \in V$．すると，$n \geq n_V$ のとき $f(P_n) \in f(V) \subset U$．つまり $n_U = n_V$ で求める主張が成り立った．

〔$\Longleftarrow$〕 $\forall U \in \mathcal{U}_{f(P)}$ に対し，$\exists V \in \mathcal{U}_P$ s.t. $f(V) \subset U$ を言う．今，$n = 1, 2, \ldots$ に対して $B_{1/n}(P)$ の中には条件 $f(B_{1/n}(P)) \subset U$ を満たすものが存在しないとせよ．すると，$\forall n \exists P_n \in B_{1/n}(P)$ s.t. $f(P_n) \notin U$ となり，点列 P_n は $P_n \to P$ にも拘らず，$f(P_n) \not\to f(P)$ となる．これは仮定に反する． □

問題 13.1 (X, d) を完備な距離空間とする．写像 $f: X \to X$ が，ある正の定数 $\lambda < 1$ について，

$$\forall P, Q \in X \text{ に対し } d(f(P), f(Q)) \leq \lambda d(P, Q)$$

を満たすとき，**縮小写像**と呼ばれる．
(1) 縮小写像は連続なことを示せ．
(2) $P_0 \in X$ を任意に固定し，$P_1 = f(P_0), \ldots, P_n = f(P_{n-1}), \ldots$ で点列 P_n を帰納的に定めると，コーシー列となることを示せ．［ヒント：$m > n$ に対し，$d(P_m, P_n) \leq (\lambda^n + \lambda^{n+1} + \cdots + \lambda^{m-1}) d(P_1, P_0)$ を示せ．］
(3) 上の点列の極限は $f(P) = P$ を満たすこと（i.e. f の**不動点**となること）を示せ．
(4) f の不動点はただ一つであることを示せ．

【大域的な連続写像の特徴付け】 写像の連続性をある点で局所的に判定するのは，近傍を用いるしかないのですが，写像の定義空間のすべての点で連続となるようなものには，もっと便利な判定法がいろいろ有ります．

定義 13.3 二つの位相空間 X, Y の間の写像 f が X の各点で連続のとき，単に**連続写像**と呼ぶ．

補題 13.2 ① 二つの位相空間 X, Y の間の写像 f が連続
$\iff$ ② 任意の開集合 $O \subset Y$ の f による逆像 $f^{-1}(O)$ は X の開集合となる．
$\iff$ ③ 任意の閉集合 $Z \subset Y$ の f による逆像 $f^{-1}(Z)$ は X の閉集合となる．

13.1 連続写像の定義と特徴付け

証明 〔① $\Longrightarrow$ ②〕点 $P \in f^{-1}(O) \subset X$ を任意に取ると，$f(P) \in O$. $O \subset Y$ は開集合なので，$f(P) \in U \subset O$ なる近傍 U がある．f の連続性から，P のある近傍 V が存在して，$f(V) \subset U$，よって $V \subset f^{-1}(O)$. 従って $f^{-1}(O) \subset X$ は開集合である．

〔② $\Longrightarrow$ ③〕$\complement f^{-1}(O) = f^{-1}(\complement O)$ が第 2 章 2.4 節の例題 2.7 (6) (p.27) で示されているので明らか．

〔③ $\Longrightarrow$ ①〕$f(P)$ の開近傍 U を取る（補題 12.14 (p.198) により存在する）．$\complement U$ は閉集合なので，$f^{-1}(\complement U) = \complement f^{-1}(U)$ も閉集合．すると $f^{-1}(U)$ は開集合となり，$P \in f^{-1}(U)$ のある近傍 V が存在して $P \in V \subset f^{-1}(U)$. よって $f(V) \subset U$. 故に f は連続． □

問題 13.2 $\boldsymbol{R}^2$ から $\boldsymbol{R}^2$ への次のような写像の連続性を調べよ．

(1) $f(x,y) = \begin{cases} (x-y, 0), & x \geq y \text{ のとき}, \\ (0, y-x), & x < y \text{ のとき} \end{cases}$

(2) $f(x,y) = \begin{cases} (x, y), & xy \geq 0 \text{ のとき}, \\ (y, x), & xy < 0 \text{ のとき} \end{cases}$

【開写像・閉写像】 開集合の連続写像による像は必ずしも開集合になるとは限りません．同様に，閉集合の連続写像による像も閉集合とは限りません．

定義 13.4 f を位相空間 X から Y への写像とする．開集合の f による像がいつでも開集合となるとき，f を**開写像**と呼ぶ．また，閉集合の f による像がいつでも閉集合となるとき，f を**閉写像**と呼ぶ．

開写像と閉写像の典型的な例を挙げておきます．

例 13.1 (1) $\boldsymbol{R}^2$ から $\boldsymbol{R}$ への写像 f で，$f(x,y) = x$ で定義されるもの（射影）は，連続で開写像だが，閉写像ではない．実際，$\boldsymbol{R}^2$ の部分集合 $\{(x,y) ; xy = 1\}$ は閉集合だが，その f による像は $\{x ; x \neq 0\}$ となり，$\boldsymbol{R}$ の開集合である．
(2) $\boldsymbol{R}$ から $\boldsymbol{R}^2$ への写像 f で，$f(x) = (x, 0)$ で定義されるもの（埋め込み）は，連続で閉写像だが，開写像ではない．実際，全空間 $\boldsymbol{R}$ の像 $\{(x, 0) ; x \in \boldsymbol{R}\}$ は $\boldsymbol{R}^2$ の閉集合だが開集合ではない．

問題 13.3 上に述べられたことを確かめ，$\boldsymbol{R}^m$ から $\boldsymbol{R}^n$ の場合に一般化せよ．

【位相同型】 連続写像を用いると，二つの位相空間の比較が可能となります．

定義 13.5 二つの位相空間 X, Y の間の写像 f について，
① f は連続．
② f^{-1} が存在し連続．
のとき，f を**位相同型写像**と呼ぶ．二つの位相空間 X, Y の間に位相同型写像が存在するとき，この二つは**位相同型**，あるいは略して**同相**であると言う．

位相同型な二つの位相空間は，位相空間論では同一視します．次の言い替えは明らかでしょう．

補題 13.3 二つの位相空間 X, Y の間の写像 f が位相同型となるためには，次の条件が成り立つことが必要十分である：
(1) f は集合の写像として全単射である．
(2) f は連続．
(3) f は開写像．

問題 13.4 数直線 R と開区間 $(0,1)$ は，位相同型にはなるが，絶対値から普通に定まる距離では距離同型にはならないことを示せ．また，両者が距離同型となるように開区間 $(0,1)$ の距離を定めよ．

13.2 連結性の定義

集合が繋がっているかどうかは，位相が導入されて始めて議論できる，重要な概念の一つです．

定義 13.6 位相空間 X の部分集合 A が**連結**とは，X の開集合のペア O_1, O_2 で
(1) $A \cap O_1 \neq \emptyset, A \cap O_2 \neq \emptyset,$
(2) $A \cap O_1 \cap O_2 = \emptyset,$
(3) $A \subset O_1 \cup O_2$ となるようなものが存在しないことを言う．

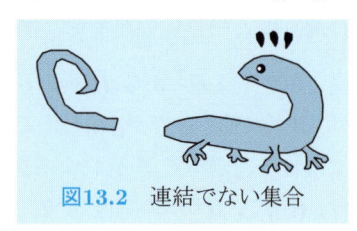

図13.2 連結でない集合

今更ながら，という感じがするかもしれませんが，次を示しておきます：

補題 13.4 R の区間 $[a,b]$ は連結である．

証明 $A = [a,b]$ と置く．もし $A \cap O_1 \neq \emptyset, A \cap O_2 \neq \emptyset, A \cap O_1 \cap O_2 = \emptyset,$ $O_1 \cup O_2 \supset A$ とできたとすると，b はどちらかに入るから，$b \in O_2$ としても

13.2 連結性の定義

一般性を失わない．このとき，実数の集合 $B = A \cap O_1$ は仮定により空ではないから，実数の連続性公理により上限 $\mu \geq a$ が存在する．O_2 は開集合なので，b とともにそのある近傍も O_2 に含まれるから，$\mu < b$．このとき，$\mu \in O_1$ としても $\mu \in O_2$ としても，矛盾が生ずる．実際，前者のときは，$\exists \varepsilon > 0$ s.t. $(\mu - \varepsilon, \mu + \varepsilon) \subset A \cap O_1 = B$ となり，μ が B の上限であったことに反する．後者のときも同様． □

例 13.2 (1) 一点より成る集合は連結である．これは定義より明らか．

(2) $\boldsymbol{R}$ の部分集合 $A = \{x \in \boldsymbol{R}\,;\, x \neq 0\} = \boldsymbol{R} \setminus \{0\}$ は連結でない．実際，$\boldsymbol{R}$ の二つの空でない開集合 $O_1 = \{x > 0\}$, $O_2 = \{x < 0\}$ により，$O_1 \cap O_2 = \emptyset$, $O_1 \cup O_2 \supset A$ とできるから．

(3) $\boldsymbol{R}$ の連結部分集合 B は区間に他ならない，すなわち，B は $[a,b], [a,b)$ ($b = \infty$ を含む), $(a,b]$ ($a = -\infty$ を含む), (a,b) ($a = -\infty$ または $b = \infty$ を含む), のいずれかの形となる．

実際，これらが連結であることは，補題 13.4 と同様にして示すことができる．逆に，もし $\exists c \notin B$，かつ $\{x < c\} \cap B \neq \emptyset$, $\{x > c\} \cap B \neq \emptyset$ とすれば，B は明らかに連結ではない．よって，$x, y \in B$ なら必ず $[x, y] \subset B$. これから，B は上のいずれかの形であることが容易に導ける．

問題 13.5 補題 13.4 の証明を修正して，他の型の区間の連結性を証明せよ．

問題 13.6 $\boldsymbol{R}^2$ の次のような部分集合について，連結か否かを判定せよ．
(1) $\{(x,y)\,;\,(x-1)y = 0\}$ (2) $\{(x,y)\,;\,(x^2 + y^2 - 1)(x - 2) > 0\}$
(3) $\left\{\left(\frac{1}{n}, 0\right)\,;\, n = 1, 2, \ldots\right\}$ (4) $\left\{\left(x, \sin\frac{1}{x}\right)\,;\, x > 0\right\} \cup \{(0, y)\,;\, 0 \leq y \leq 1\}$

定理 13.5 連続写像による連結集合の像は連結となる．

証明 $f: X \to Y$ を連続写像，$A \subset X$ を連結集合とする．背理法を用いて，$f(A)$ が連結でないと仮定し，Y の開集合のペア O_1, O_2 で，
(1) $f(A) \cap O_1 \neq \emptyset$ (例えば $f(P)$ を含むとせよ)，
    $f(A) \cap O_2 \neq \emptyset$ (例えば $f(Q)$ を含むとせよ)，
(2) $f(A) \cap O_1 \cap O_2 = \emptyset$,
(3) $f(A) \subset O_1 \cup O_2$
となるようなものが存在したとせよ．このとき，$f^{-1}(O_1), f^{-1}(O_2)$ は X の

開集合のペアで,
(1) $A \cap f^{-1}(O_1) \neq \emptyset$ (P を含むから), $A \cap f^{-1}(O_2) \neq \emptyset$ (Q を含むから),
(2) $A \cap f^{-1}(O_1) \cap f^{-1}(O_2) = \emptyset$ (もし $\exists R$ なら, $f(R) \in f(A) \cap O_1 \cap O_2$ となってしまうから),
(3) $A \subset f^{-1}(O_1) \cup f^{-1}(O_2)$ (明らか)

となるが,これは A の連結性の仮定に反する. □

系 13.6 (中間値の定理) 連続関数 $f(x)$ は閉区間 $[a,b]$ で $f(a)$ と $f(b)$ の値の中間の値をすべて取る.

証明 補題 13.4 により $[a,b]$ は連結集合なので,連続関数によるその像は連結.しかるに $\mathbf{R}$ の部分集合が連結で,$x < y$ なる 2 点 x, y を含めば,それは区間 $[x, y]$ を含まねばならない. (例 13.2 (3) の証明参照.) □

13.3 弧状連結

$\mathbf{R}^2 \setminus \{(0,0)\}$ は連結ですが,これを直接定義から示すのは面倒です.こういうときは次の概念が便利です:

定義 13.7 位相空間 X の部分集合 A が**弧状連結**とは,$\forall P, Q \in A$ に対し,区間 $[a, b]$ から A への連続写像 f が存在して,$f(a) = P, f(b) = Q$ となることを言う.すなわち,"A の任意の 2 点が A 内の連続曲線弧で結べる" ことを言う.

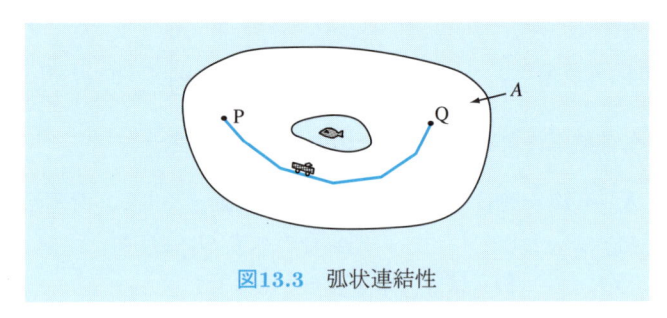

図13.3 弧状連結性

定理 13.7 弧状連結なら連結である.$\mathbf{R}^n$ の開集合に対しては逆も成り立つ.

証明 X を位相空間,$A \subset X$ は弧状連結とする.もし A が連結でないと X の開集合 O_1, O_2 で $A \cap O_1 \neq \emptyset, A \cap O_2 \neq \emptyset$ なるものが存在して,$A \cap O_1 \cap O_2 = \emptyset$,

$O_1 \cup O_2 \supset A$ とできるが,このとき $P \in A \cap O_1, Q \in A \cap O_2$ を取れば,仮定により連続曲線弧 $f:[a,b] \to A$ で $f(a) = P, f(b) = Q$ なるものが存在する.定理 13.5 より f の像 $C = f([a,b])$ は連結であるが,$P \in C \cap O_1 \neq \emptyset$, $Q \in C \cap O_2 \neq \emptyset$,また,$C \cap O_1 \cap O_2 = \emptyset, O_1 \cup O_2 \supset C$ は自明なので,矛盾.

逆に,$\mathbf{R}^n$ の開集合 $A \subset \mathbf{R}^n$ が連結とする.$P \in A$ を勝手に選び,P と連続曲線弧で結べるような点 $Q \in A$ の集合を O_1 とし,A のその他の点の集合を O_2 とする.

(1) O_1 は開集合である.なぜなら,$Q \in O_1$ とすれば,P から Q に到る A 内の連続曲線弧 C が存在する.他方,Q のある ε-近傍 $B_\varepsilon(Q)$ は A に含まれ,その各点 R は Q と半径の線分で結べるので,これを C と繋げることにより,R 自身が P と A 内の連続曲線弧で結べる.よって $B_\varepsilon(Q) \subset O_1$.

(2) O_2 は開集合である.なぜなら,$Q \in O_2$ とし,$B_\varepsilon(Q) \subset A$ を選べば,$B_\varepsilon(Q)$ のどの点 R も P と A 内の連続曲線弧で結べない.(もし結べたら,それと半径の線分を繋げて Q 自身が P と A 内の連続曲線弧で結べてしまうから.)よって $B_\varepsilon(Q) \subset O_2$.

構成の仕方から明らかに $O_1 \cap O_2 = \emptyset, O_1 \cup O_2 = A$,また $O_1 \neq \emptyset$ なので,A が連結という仮定から $O_2 = \emptyset$ でなければならない. □

定理 13.7 の逆側は,一般には成立しません.

例 13.3 $\left\{(x,y) \in \mathbf{R}^2; x > 0, y = \sin \dfrac{1}{x}\right\} \cup \{(0,y) \in \mathbf{R}^2; -1 \leq y \leq 1\}$ は連結だが弧状連結でない.

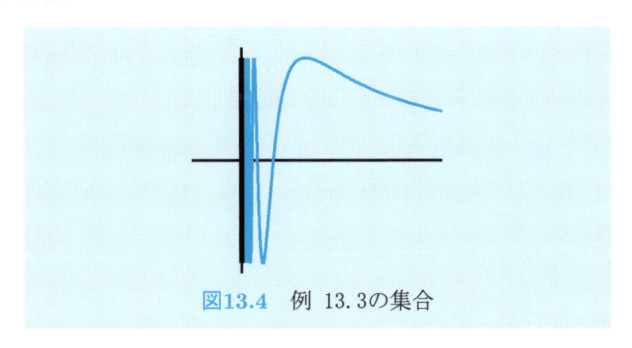

図13.4 例 13.3の集合

問題 13.7 このことを証明せよ.

13.4 連結成分

補題 13.8 E_1, E_2 を X の連結部分集合で，$E_1 \cap E_2 \neq \emptyset$ なるものとするとき，$E_1 \cup E_2$ も連結である．より一般に，$E_\lambda, \lambda \in \Lambda$ を X の連結部分集合で，点 P を共有するならば，$E = \bigcup_{\lambda \in \Lambda} E_\lambda$ も連結となる．

証明 X の開集合 U, V で，$U \cup V \supset E, U \cap V \cap E = \emptyset$ なるものを任意に取る．$P \in E$ なので，これを含む方を U とする．このとき，$\forall \lambda$ について，

$$U \cap V \cap E_\lambda \subset U \cap V \cap E = \emptyset, \qquad U \cup V \supset E \supset E_\lambda.$$

よって，E_λ が連結なことと $P \in U \cap E_\lambda$ とから，$V \cap E_\lambda = \emptyset$ でなければならない．λ は任意だったので，これより $V \cap E = \emptyset$ となる．よって，E は連結である． □

この補題から次の定義が意味を持つことが直ちに分かります．

定義 13.8 連結でない集合 E に対しては，その極大連結部分集合を E の**連結成分**と呼ぶ．ある点 $P \in E$ を含む E の連結成分は確定し，P を含む E のすべての連結部分集合の和集合と一致し，P を含む E の最大連結部分集合となる．

例 13.4 (1) 目で見て二つに分かれているもの，例えば，$\boldsymbol{R} \setminus \{0\}$ は連結でなく，二つの連結成分 $\{x > 0\}$ と $\{x < 0\}$ より成る．
(2) 整数の集合は実数の部分集合として連結でない．各点が連結成分となる．
(3) 区間 $[0, 1]$ の有理数の集合は連結でない．その各点が連結成分となる．(このような集合を**完全非連結**または**全不連結**と言う．)

問題 13.8 $\boldsymbol{R}$ と $\boldsymbol{R}^2$ が位相同型でないことを，次の手順で示せ．
(1) $f: \boldsymbol{R}^2 \to \boldsymbol{R}$ という位相同型がもし存在すれば，$f|_{\boldsymbol{R}^2 \setminus P}: \boldsymbol{R}^2 \setminus P \to \boldsymbol{R} \setminus f(P)$ も位相同型となる．
(2) $\boldsymbol{R}^2 \setminus P$ は連結である．
(3) $\boldsymbol{R} \setminus f(P)$ は連結でない．

問題 13.9 連結の定義において，開集合 O_1, O_2 を閉集合で置き換えても同値であることを示せ．[ヒント：$Z_1 = \mathsf{C}O_1, Z_2 = \mathsf{C}O_2$ と置き，ド・モルガンの法則を用いよ．]

第14章
コンパクト性と分離公理

この章では，位相空間における二つの重要な概念を，微積分の知識と関連付けながら，一般の位相空間で導入します．

14.1 孤立点・集積点・稠密性

【孤立点と集積点】 まず手始めに，位相空間 X の部分集合 E に関する点の分類を更に進めます．

定義 14.1 位相空間 X の部分集合 E に対して，$P \in X$ が E の**孤立点** (isolated point) であるとは，P のある近傍 U を取れば，$E \cap U = \{P\}$ となること，すなわち P の近くには P 以外の E の点が存在しないことを言う．また，P が E の**集積点** (accumulation point, cluster point) であるとは，P の任意の近傍 U に対して $(U \setminus \{P\}) \cap E \neq \emptyset$ となることを言う．

E の孤立点は定義により必ず E に含まれますが，E の集積点は，それ自身は必ずしも E に属さなくてもよいのです．

定義から明らかに，X の部分集合 E の境界は，E の孤立点と，E の集積点のうちで，E の内点ではないものとから成ります．特に，E の孤立点は（それが全空間の孤立点でない限り）必ず E の境界に含まれます．また，E の閉包 $\overline{E}$ の点は，E の点であるか，E の集積点です．

例 14.1 $\mathbf{R}^2$ の部分集合 $\left\{(x, y) \,;\, y^2 \leq \dfrac{x^2}{x-1}\right\}$ については，$(0, 0)$ が孤立点で，直線 $x = 1$，および $x > 1$, $|y| \leq \dfrac{x}{\sqrt{x-1}}$ の範囲が集積点より成る．このうち $x = 1$ 上の点は集合には属さない．（ここでは高校生式に，$x = 1$ は分母を 0 にするので範囲から除外している．）

図14.1
例 14.1 の説明図

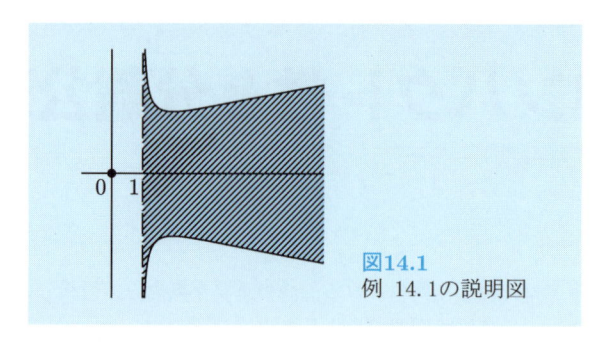

補題 14.1 X を距離空間とするとき，P が E の集積点なら，P のどの近傍も E の点を無限個含む．

証明 もし，ある近傍 U について $U \cap E$ が有限個だとすると，それらのうちで P に最も近いものと P との距離を a とすれば，P の a-近傍と U の交わりはもはや P 以外の E の点を含まない P の近傍となり，矛盾が生ずる． □

問題 14.1 次の集合の孤立点，集積点を挙げよ．
(1) $\{(x, y) \in \mathbf{R}^2 \, ; \, y^2 = x^2(x-1)\}$.
(2) $\{(x, y) \in \mathbf{R}^2 \, ; \, 0 \leq x < 1, \, 0 \leq y < 1, \, x \in \mathbf{Q}, \, y \in \mathbf{Q}\}$.
(3) $\{x \in \mathbf{R} \, ; \, \exists n \in \mathbf{N} \text{ s.t. } nx = 1\}$.
(4) $\{(x, y) \in \mathbf{R}^2 \, ; \, (x, y) = (0, 0) \text{ または } x = 1 \text{ または } y > 1\}$.

定義 14.2 位相空間 X の包含関係にある二つの部分集合 $Z \subset Y$ について，Z が Y で**稠密**とは，$\overline{Z} \supset Y$ となることを言う．

補題 14.2 $f : X \to Y$ を連続写像，$E \subset X$ を部分集合とするとき，$f(\overline{E}) \subset \overline{f(E)}$.

証明 $P \in \overline{E}$ を取る．$P \in E$ なら，$f(P) \in f(E) \subset \overline{f(E)}$. また P が E の集積点なら，P の任意の近傍は E と交わる．このとき，$f(P)$ の任意の近傍 U について，$f^{-1}(U)$ は P の近傍となり，従って E の点 Q を含む．このとき $f(Q) \in U \cap f(E)$. 従って補題 12.7 (p.191) により $f(P) \in \overline{f(E)}$. □

🐛 この主張は，X, Y が距離空間のときは，点列を用いた分かりやすい証明ができる．

問題 14.2 (1) $\mathbf{Q}$ は $\mathbf{R}$ の中で稠密な部分集合を成すことを示せ．

(2) 分母が 3 の冪であるような有理数は R で稠密であることを示せ．

■ 14.2　ハウスドルフ性

　この章の後半では，位相空間の点の独立性を判定する尺度として，いろいろな分離公理を学びますが，ここでは，その中で最もよく使われるものを一足先に紹介しておきます．

定義 14.3　位相空間 X がハウスドルフの分離公理を満たす，あるいはハウスドルフであるとは，X の異なる任意の 2 点 P, Q に対し，それぞれの近傍 U，V を適当に選ぶと，$U \cap V = \emptyset$ とできることを言う．

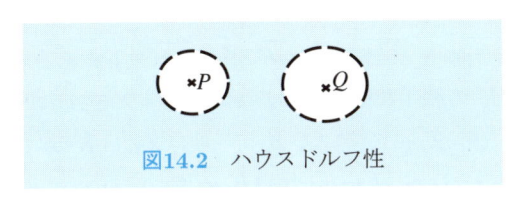

図14.2　ハウスドルフ性

例 14.2　(1) 距離空間はハウスドルフである．実際，$P \neq Q$ なら，距離の公理より $d(P,Q) = a > 0$ となるので，U, V としてそれぞれの点の $a/2$-近傍を取ればよい．もちろん，もっと小さな近傍を取ってもよい．

(2) 離散位相はハウスドルフである．実際，$\{P\}, \{Q\}$ がそれぞれの点の近傍だから，確かに交わらない．

(3) R^2 のザリスキー位相（例 12.6 (1) (p.195)）はハウスドルフでない．実際，任意の 2 点 P, Q について，これらの近傍はそれぞれの点を含むザリスキー開集合，U, V，すなわち，それぞれ $U = \mathsf{C}\{f_i(x,y) = 0, i = 1, \ldots, m\}$，$V = \mathsf{C}\{g_j(x,y) = 0, j = 1, \ldots, n\}$ の形をしているので，共通部分は

$$U \cap V = \mathsf{C}\{f_i(x,y)g_j(x,y) = 0, i = 1, \ldots, m, j = 1, \ldots, n\}$$

となり，常に $\neq \emptyset$．

(4) 密着位相はハウスドルフでない．これは明らか．

■ 14.3　コンパクト集合

　コンパクト集合は，R^n の有界閉集合が持つ種々のよい性質を抽象化した概念です．

定義 14.4 位相空間 X の部分集合 E に対して，X の部分集合の族 $\{U_\lambda, \lambda \in \Lambda\}$ が E の**被覆**であるとは，$\bigcup_{\lambda \in \Lambda} U_\lambda \supset E$ となることを言う．すべての U_λ が開集合のとき**開被覆**と言う．

定義 14.5 位相空間 X の部分集合 K が**コンパクト** (compact) であるとは，K の任意の開被覆が有限個の部分被覆に減らせること，すなわち，$\bigcup_{\lambda \in \Lambda} U_\lambda \supset K$ で，すべての U_λ が開集合なら，$U_{\lambda_1}, \ldots, U_{\lambda_n}$ を適当に抜き出して，$U_{\lambda_1} \cup \ldots \cup U_{\lambda_n} \supset K$ とできること，を言う．

また，K の閉包がコンパクトとなるとき，K は**相対コンパクト**であると言う．

コンパクト性は，閉集合の族を用いても次のように判定できます．

補題 14.3 位相空間 X の部分集合 K がコンパクトであることは，次の主張と同値である：X の勝手な閉集合の族 $\mathcal{Z} = \{Z_\lambda, \lambda \in \Lambda\}$ が，もし $\mathcal{Z}$ の任意有限個の元 $Z_{\lambda_1}, \ldots, Z_{\lambda_n}$ について $Z_{\lambda_1} \cap \cdots \cap Z_{\lambda_n} \cap K \neq \emptyset$ を満たしている（**有限交差性を持つ**）なら，$\bigcap_{\lambda \in \Lambda} Z_\lambda \cap K \neq \emptyset$ となる．

証明 一般に，

$$A_1 \cap A_2 \cap \cdots \cap A_n \cap B = \emptyset$$
$$\iff CA_1 \cup CA_2 \cup \cdots \cup CA_n \cup CB = X \quad (\text{全空間})$$
$$\iff CA_1 \cup CA_2 \cup \cdots \cup CA_n \supset B$$

に注意せよ．この同値性は A_i が無限個有っても成り立つ．さて，開被覆が必ず有限個に減らせると仮定して，有限交差性を持つ閉集合の族 $Z_\lambda, \lambda \in \Lambda$ が与えられたとき，上の等式の無限個バージョンより，

$$\text{もし} \bigcap_{\lambda \in \Lambda} Z_\lambda \cap K = \emptyset \text{ なら } \bigcup_{\lambda \in \Lambda} CZ_\lambda \supset K.$$

よって仮定により，ある $Z_{\lambda_1}, \ldots, Z_{\lambda_n}$ を取れば，

$$CZ_{\lambda_1} \cup \cdots \cup CZ_{\lambda_n} \supset K, \quad \text{従って} \quad Z_{\lambda_1} \cap \cdots \cap Z_{\lambda_n} \cap K = \emptyset.$$

これは仮定に反する．逆向きもこの議論を逆にたどればよい．□

次に，コンパクト性の部分集合に関する安定性を調べます．

14.3 コンパクト集合

補題 14.4 位相空間 X のコンパクト集合 K の閉部分集合 L は，再びコンパクトとなる．

証明 L の仮定は X の閉部分集合 Z が存在して $L = Z \cap K$ となっていることを意味する．このとき，L の任意の開被覆 U_λ, $\lambda \in \Lambda$ に対して，$V = \complement Z$ を追加したものは K の開被覆となる．(実際，K の点で L に属するものは U_λ のどれかに含まれ，属さないものは V に含まれるから．) よって，K のコンパクト性により、この被覆は有限個に減らせる．それから更に V を省いたものは L の被覆となっている．(実際，V は L を覆うのには何も寄与しないので，省いても同じである．また，V を省いたものが L の点を覆えていなければ，V を合わせても覆えていなかったことになる．) よって L もコンパクトの条件を満たす． □

この逆は一般の位相空間では必ずしも成り立ちませんが，次のように "普通の" 位相空間では成り立ちます：

補題 14.5 ハウスドルフな位相空間（特に，距離空間）X のコンパクトな部分集合は X の閉集合である．

証明 もし K が閉でないと，その境界点で K に属さぬもの P がある．今，K の各点 Q に対して，$Q \neq P$ だから，ハウスドルフの仮定により Q の開近傍 U_Q を P のある近傍 V_P^Q と交わらないように選べる．このとき，$\{U_Q, Q \in K\}$ は K の開被覆となるが，そこから任意に有限個 $U_{Q_1}, \dots, U_{Q_n}$ を取ると，これに対応する $\bigcap_{i=1}^n V_P^{Q_i}$ はそれらと交わらない P の近傍となる．P が境界点という仮定から，この近傍は必ず K の点を含むので，K は $U_{Q_1}, \dots, U_{Q_n}$ では覆えない．これは K がコンパクトでなかったことを意味し，不合理である． □

コンパクト集合というのは，その名の通りコンパクトにまとまっており，ある意味で 1 点と同様に手軽に扱えます．次の補題もそのような内容を表しています．

補題 14.6 K を距離空間 (X, d) のコンパクト集合とする．
(1) X の閉集合 Z が $K \cap Z = \emptyset$ を満たせば，それらの間の距離は正となる．
(2) X の開集合 U が K を含めば，U は K のある ε-近傍

第 14 章　コンパクト性と分離公理

$$K_\varepsilon := \{Q \in X \ ; \ d(Q, K) < \varepsilon\}$$

を含む．
ここで一般に，点 Q と集合 K との距離，および二つの**集合間の距離**を，それぞれ

$$d(Q, K) := \inf_{P \in K} d(Q, P), \quad d(K, Z) := \inf_{P \in K, Q \in Z} d(P, Q) \tag{14.1}$$

により定める．両者は次のような関係にある：

$$d(K, Z) = \inf_{P \in K} d(P, Z) = \inf_{Q \in Z} d(Q, K) \tag{14.2}$$

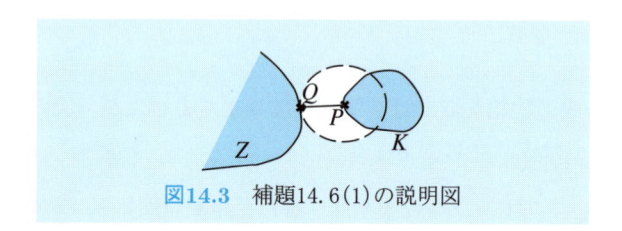

図14.3　補題14.6(1)の説明図

証明　まず関係 (14.2) を確認しておく．任意に固定した $Q \in Z$ について $d(P, Z) \le d(P, Q)$ なので，この両辺の P に関する下限を取れば

$$\inf_{P \in K} d(P, Z) \le \inf_{P \in K} d(P, Q) = d(Q, K).$$

更に $Q \in Z$ について両辺の下限を取れば，左辺は変わらないので $\inf_{P \in K} d(P, Z) \le \inf_{Q \in Z} d(Q, K)$ が得られる．対称性により，逆向きの不等号も成り立つ．同様に $d(P, Q) \ge \inf_{P \in K, Q \in Z} d(P, Q)$ から，P, Q につき順に下限を取れば $\inf_{Q \in Z} d(Q, K) \ge \inf_{P \in K, Q \in Z} d(P, Q)$ を得，また，$d(Q, K) \le d(P, Q)$ から P, Q について一気に下限を取れば，逆向きの不等式を得る．

(1)　もし $d(K, Z) = 0$ だと，下限の定義により点列 $P_n \in K, Q_n \in Z$ で，$d(P_n, Q_n) \to d(K, Z)$ となるものが存在する．K はコンパクトなので，P_n の方は収束部分列を持つ．記号を変更して，それを再び P_n で表せば，$P_n \to P \in K$ として

$$0 \le d(P, Q_n) \le d(P, P_n) + d(P_n, Q_n) \to d(K, Z) = 0.$$

よって Q_n も P に収束するが, Z は閉集合なので, $P \in Z$. すなわち, $P \in K \cap Z$ となり, 仮定に反する. よって $d(K,Z) > 0$ である.

(2) $Z = \mathsf{C}U$ は閉集合で, 仮定により K と交わらないから, (1) により $d = d(K,Z) > 0$ である. このとき K の d-近傍は U に含まれる. 実際, もし K の d-近傍が U の外の, すなわち Z の点 Q を含んだら, $\forall P \in K$ について $d(Q,P) \geq d$. 従って P につき下限を取っても $d(Q,K) \geq d$ となり, $d(Q,K) < d$ と矛盾する. □

問題 14.3 K がただの閉部分集合だと, 上の主張はいずれも一般には成り立たない. $\boldsymbol{R}^2$ で反例を与えよ.

次の定理はコンパクト性の概念のもとになった微分積分学の結果です. 微分積分学の講義ではここまでやらなかった人も多いでしょうから, 証明しておきます.

定理 14.7 (ハイネ-ボレルの被覆定理) $\boldsymbol{R}^n$ の有界閉集合はコンパクトである. 逆に, $\boldsymbol{R}^n$ のコンパクト集合は有界かつ閉である.

証明 任意の有界閉集合は閉直方体

$$[a_1, b_1] \times \cdots \times [a_n, b_n]$$

で覆えるので, これがコンパクトなことを証明すれば, 補題 14.4 により K もコンパクトとなる. そこで以下 K を閉直方体と仮定し, 背理法を用いる. K の開被覆 $U_\lambda, \lambda \in \Lambda$ で, これをどう有限個に減らしても K 全体を覆えないものがあったとせよ. このとき, 各辺を 2 等分して, K を辺長が半分の 2^n 個の小直方体に分割する. ただし, どの小直方体も境界面を含むとするので, 境界では重複を許している. 想像が難しい人は, $n = 2$ と思って図を描いてみよ. これらの小直方体のうち少なくとも一つは U_λ の有限個では覆えないはずである. (もしすべてが有限個で覆えたら, それらを併せてもとの K が有限個で覆えてしまう.) この小直方体に同じ操作を施して, 辺長が $\frac{1}{4}$ の同様の性質を持つ小直方体を得ることができる. これを無限に繰り返すと, k 番目の小直方体の左下の頂点 $(a_{1k}, \ldots, a_{nk})$ は, 各座標が単調増加で上に有界なので, ある極限点 $P(c_1, \ldots, c_n)$ に収束する. K は閉だから, この点は K に含まれ, 従って被覆のある元 U_λ に含まれる. 今 P の ε-近傍が U_λ に含まれるとすれば,

$\frac{1}{2^k}\sqrt{(b_1-a_1)^2+\cdots+(b_n-a_n)^2}<\varepsilon$ なる番号の小直方体も U_λ にすっぽり含まれる．これは小直方体の取り方に反する．

逆は，コンパクトなら閉であることがすでに補題 14.5 で示されているので，有界なことを言えばよい．

$$U_i=\{x\in\boldsymbol{R}^n\,;\,|x|<i\},\ \ i=1,2,\ldots$$

は K の開被覆なので，K がコンパクトなら有限個に減らせる．その最大の番号を k とすれば，K は U_k，すなわち半径 k の球に含まれることになり，従って有界である．　□

🧒 一般の距離空間でも，集合の有界性を "ある定点からの距離が有界" ということで定義できます．このとき，"コンパクト $\Longrightarrow$ 有界閉" は正しい（上の証明はそのまま通用する）のですが，逆は必ずしも成り立つとは限りません．特に，$C[a,b]$ などの無限次元空間では，必ず反例ができます（第 17 章の問題 17.5 (p.248) 参照）．次の定理は，微分積分学の範囲を越えるものですが，距離空間 $C[a,b]$ の相対コンパクト集合の特徴付けを与える，解析学の基本的な結果です．

アスコリ-アルゼラの定理　　$C[a,b]$ の部分集合 $\mathcal{K}$ が相対コンパクトなためには，次の 2 条件が成り立つことが必要十分である：
① $\mathcal{K}$ は**有界**，すなわち $\exists M>0$ s.t. $\forall f\in\mathcal{K},\forall x$ に対し $|f(x)|\leq M$.
② $\mathcal{K}$ は**同程度連続**，すなわち
$$\forall\varepsilon>0\ \exists\delta>0\ \text{s.t.}\ |x-y|<\delta\Longrightarrow\forall f\in\mathcal{K}\ \text{について}\ |f(x)-f(y)|<\varepsilon.$$

証明は，微分方程式の書物などを見てください．

問題 14.4　$\boldsymbol{R}^2$ の次のような部分集合の中からコンパクトなものを選べ．
 (1) $\left\{\left(\frac{1}{n},0\right)\,;\,n=1,2,\ldots\right\}$.　　(2) $\{(x,y)\in\boldsymbol{R}^2\,;\,x^2+y^4=1\}$.
 (3) $\{(x,y)\in\boldsymbol{R}^2\,;\,xy=1\}$.　　(4) $\{(m,n)\in\boldsymbol{Z}^2\,;\,m^2+n^2<5\}$.

問題 14.5　問題 12.14 (p.196) の位相空間はコンパクトであることを示せ．

微分積分学では，コンパクト性をしばしば点列の言葉で表現します．実は歴史的にはこちらの方が早かったのです．次はその抽象化です：

定義 14.6　K の任意の点列が，K で収束する部分列を含むとき，K は

14.3 コンパクト集合

点列コンパクトあるいは列的コンパクトであると言う．

定理 14.8 R^n においては，点列コンパクトとコンパクトは同値である．

証明 R^n においては，結局は有界閉集合と皆同じになるのだが，そういう初等的な議論は微分積分学でやるので，ここでは，後で出てくる概念との関連を視野に入れ，できるだけ一般化可能な形で証明する．

〔コンパクト $\Longrightarrow$ 点列コンパクト〕 K をコンパクト集合とし，K の点列 P_n を任意に取る．P_n は点として異なるものが無限に存在すると仮定しても一般性を失わない．(さもなくば，無限に再現する点の一つで部分列を作れば，それは明らかにその定点に収束する．) まず，この点列は K 内に集積点を持つことを示す．(ここまでは一般の位相空間で言える．) 背理法を用い，K のどの点にも集積しないとすると，K のどの点 Q にも，ある開近傍 U_Q が存在して，U_Q は P_n の点を（たまたま Q と一致した場合の）高々1個しか含まない．K はこのような U_Q で覆われるから，コンパクトの仮定より，これらの有限個 U_{Q_i}，$i = 1, 2, \ldots, n$ で覆われる．すると，P_n はこれらに入るものすべてを合わせても有限個しか無かったことになり，仮定に反する．

ここから先は，R^n の各点が可算個の近傍より成る基本近傍系，例えば，$U_k = B_{1/k}(P)$，$k = 1, 2, \ldots$ を持つこと（第 16 章 16.4 節で導入される**第 1 可算公理**），および，任意の 2 点 P, Q に対し，P の近傍で Q を含まぬものが存在すること（後出定義 14.7 の T1 分離公理）を使う．これらの性質を用いて，P_n の集積点 P に収束する部分列が取れることを示す．補題 14.1 の証明と同様，このとき P の任意の近傍は P_n の点を無限個含む（後出問題 14.9 参照）ので，各 U_k に対し，$P_{n_k} \in U_k$ を，$n_k > n_{k-1}$ を満たすように帰納的に選べる．この部分列は明らかに P に収束する．

〔点列コンパクト $\Longrightarrow$ コンパクト〕 $K \subset X$ を点列コンパクトとし，K の開被覆 $\mathcal{U} = \{U_\lambda, \lambda \in \Lambda\}$ を取る．R^n は例 12.8 (p.197) に示したような開集合の可算基を持つ．よって，U_λ はそれらのうちの高々可算無限個の合併で表されるから，それらを含むものだけを残すことにより，開被覆 $\mathcal{U}$ をいつでも可算個に減らせる．この事実を "R^n はリンデレーフの性質を持つ" と言う．そこで，以下，可算開被覆 $\mathcal{U} = \{U_1, U_2, \ldots\}$ が有限個に減らせることを示す．この性質は**可算コンパクト性**と呼ばれ，"点列コンパクト $\Longrightarrow$ 可算コンパクト" は，任意

の位相空間で成り立つ．

　U_1 の点 P_1 を任意に選ぶ．次に，U_2 の点 P_2 で U_1 には含まれないものを取る．もしそのような点が一つも無ければ，U_2 は省いても K の被覆となるので，後の番号を一つ前にずらしてやり直せばよい．次に，U_3 の点で，U_1, U_2 のいずれにも含まれないものを取る．これも，もし存在しなければ，U_3 を省いて後ろの番号を詰める．以下同様にして，後ろを詰めたときに被覆が有限個に減ってしまわない限り，$\forall n$ に対して，$P_n \in U_n$ を $U_1, \ldots, U_{n-1}$ には含まれないように取り続けることができる．選択公理により，これから無限列 P_n を構成できる．仮定によりそれは収束部分列 P_{n_k} を持つ．その極限を P とすれば，P はある U_n に含まれる．すると，U_n はある番号から先の P_{n_k} をすべて含まねばならないが，その中には $n_k > n$ なる番号があるから，この列の作り方に矛盾する．□

系 14.9　（ボルツァーノ-ワイヤストラスの定理）
(1) $\boldsymbol{R}^n$ の有界集合は相対コンパクトである．
(2) 任意の有界列は収束部分列を含む．
(3) 有界な無限集合は集積点を持つ．

　実際，(1) は定理 14.7 から，(2) はそれと定理 14.8 を組み合わせて得られます．(3) は無限集合から勝手に取り出した重複しない有界点列の部分列の極限点がもとの集合の集積点となることから従います．

問題 14.6　$C[a,b]$ の有界列で，収束部分列を含まないものの例を挙げよ．

【コンパクト性と連続写像】　次の定理は，微分積分学で習った連続関数の有界閉区間における最大値定理の一般化です．

定理 14.10　コンパクト集合の連続写像による像は再びコンパクトとなる．

証明　$f : X \to Y$ を連続写像，$K \subset X$ をコンパクト集合とする．$f(K)$ の Y における開被覆 $\{U_\lambda, \lambda \in \Lambda\}$ を取るとき，$\{f^{-1}(U_\lambda), \lambda \in \Lambda\}$ は X における K の開被覆となる．よってそのうちの有限個 $f^{-1}(U_{\lambda_i}), i = 1, \ldots, n$ で K が覆える．このとき $f(K)$ は $U_{\lambda_i}, i = 1, \ldots, n$ で覆われる．実際，第 2 章の例題 2.7 (p.27) の集合演算と写像の関係より，次が成り立つ：

$$f(K) \subset f\left(\bigcup_{i=1}^n f^{-1}(U_{\lambda_i})\right) = \bigcup_{i=1}^n f(f^{-1}(U_{\lambda_i})) \subset \bigcup_{i=1}^n U_{\lambda_i}. \qquad \square$$

系 14.11 （**最大値定理**）　連続関数はコンパクト集合の上で最大値に到達する．

証明　連続関数 f は $\boldsymbol{R}$ への連続写像なので，その値域 $f(K)$ は前定理により $\boldsymbol{R}$ のコンパクト集合，従って有界閉集合となる．よって，最大元があり，それが f の最大値である．　$\square$

補題 14.12　$f : X \to Y$ を連続写像とし，Y は距離空間（あるいは，より一般にハウスドルフ空間）とする．このとき，f を X のコンパクト集合 K に制限したもの $f|_K$ は閉写像となる．特に，f が K 上 1 対 1 なら，逆写像 $f^{-1} : f(X) \to K$ は連続となる．

証明　K の任意の閉集合 Z は補題 14.4 により再びコンパクト，従ってその像 $f(Z)$ はコンパクトとなるから，仮定と補題 14.5 より閉である．更に f^{-1} が存在するときは，これから閉集合の逆像による連続性の条件が従う．　$\square$

問題 14.7　距離空間 (X, d) にコンパクト集合 K とその外の点 P があるとき，$d = d(P, K)$ を達成する点 $Q \in K$ が存在することを示せ．また，K が閉集合というだけでは反例があることも示せ．

問題 14.8　次の位相空間のペアは位相同型か否か？　理由を付して答えよ．
(1) 閉区間 $[0, 1] \subset \boldsymbol{R}$ と $\boldsymbol{R}$．
(2) 半開区間 $(0, 1] \subset \boldsymbol{R}$ と $\boldsymbol{R}$．
(3) 開区間 $(0, 1) \subset \boldsymbol{R}$ と $\boldsymbol{R}$．
(4) 円の内部 $\{(x, y) \in \boldsymbol{R}^2 \, ; \, x^2 + y^2 < 1\}$ と $\boldsymbol{R}^2$．
(5) 開正方形 $\{(x, y) \in \boldsymbol{R}^2 \, ; \, |x| + |y| < 1\}$ と $\boldsymbol{R}^2$．
(6) 円の内部 $\{(x, y) \in \boldsymbol{R}^2 \, ; \, x^2 + y^2 < 1\}$ と $\boldsymbol{R}$．
(7) 円の外部 $\{(x, y) \in \boldsymbol{R}^2 \, ; \, x^2 + y^2 > 1\}$ と
　　円環 $\{(x, y) \in \boldsymbol{R}^2 \, ; \, 1 < x^2 + y^2 < 2\}$．

14.4　種々の分離公理

以下，空間の点や集合が他の点や集合からどのくらい位相的に独立しているかを表す様々な概念を学びます．これらは総称して**分離公理**と呼ばれます．

第 14 章 コンパクト性と分離公理

定義 14.7 位相空間 X が **T1 分離公理**を満たすとは，X の任意の 2 点 P, Q に対し，P の近傍で Q を含まないものが存在することを言う．

分離公理としては既に，ハウスドルフの公理を学びましたが，これは **T2 分離公理**とも呼ばれます．明らかに，

$$\text{T2} \implies \text{T1}.$$

例 14.3 (1) $\mathbf{R}^2$ のザリスキー位相は T1 を満たす．実際，$\forall P, Q$ に対し，$f(P) \neq 0, f(Q) = 0$ となる多項式 f が存在する．(x, y 座標関数のいずれかを $f(x, y)$ とすることができる．)
(2) 密着位相は T1 も満たさない．これは明らかであろう．

補題 14.13 位相空間 X において，1 点より成る部分集合が閉集合となるためには，T1 分離公理が満たされていることが必要かつ十分である．

証明 まず，T1 を満たす位相空間 X では，$\{P\}$ は閉集合となることを示す．これには $X \setminus \{P\}$ が開集合となることを示せばよい．$\forall Q \in X \setminus \{P\}$ は $Q \neq P$ を満たすので，Q のある近傍 U で P を含まぬものが存在する．すなわち $U \subset X \setminus \{P\}$．故に $X \setminus \{P\}$ は開集合となる．

逆に，任意の孤立点集合が閉集合とするとき，$X \setminus \{P\}$ は開集合で，これは $\forall Q \neq P$ の一つの近傍であり P を含まない． □

問題 14.9 (1) 補題 14.1 を X が T1 という仮定だけから証明せよ．
(2) 補題 14.5 を X が T2 という仮定だけから証明せよ．

問題 14.10 次の位相空間の中から，T1 を満たすもの，ハウスドルフであるものを拾い出せ．
(1) $\mathbf{R}^2$ のザリスキー位相． (2) $\mathbf{R}^2$ の密着位相． (3) $\mathbf{R}^2$ の離散位相．
(4) 例 12.6 (2) (p.195) の位相空間． (5) 問題 12.14 (p.196) の位相空間．

【正則空間と正規空間】 次に，今まで述べてきたものより，更に良い分離条件を導入します．実は，普通に使っている $\mathbf{R}^n$ の位相はこのような良い性質を持っていることが後で分かります．

定義 14.8 X が **T3 分離公理**を満たすとは，X の任意の閉集合 Z と任意の

点 $P \notin Z$ に対して，開集合 U,V が存在し，$U \supset Z, V \ni P, U \cap V = \emptyset$ となること（すなわち，閉集合と点が開集合で分離できること）を言う．X が**正則空間**とは，T1 かつ T3 なることを言う．

補題 14.14 正則空間においては，任意の点は閉集合より成る基本近傍系を持つ．

証明 U を点 P の任意の開近傍とし，この中に閉近傍が作れることを示す．CU は閉集合なので，正則空間の定義により，開集合 $O \supset CU$ と P の近傍 V で，交わりを持たないものが存在する．$\overline{V}$ は P の閉近傍であり，閉集合 CO に含まれるので，$C(CU) = U$ にも含まれる．□

定義 14.9 X が **T4 分離公理**を満たすとは，X の任意の二つの交わらない閉集合 Z_1, Z_2 に対して，開集合 U, V が存在し，$U \supset Z_1, V \supset Z_2, U \cap V = \emptyset$ となること（すなわち，二つの閉集合が開集合で分離できること）を言う．X が**正規空間**とは，T1 かつ T4 なることを言う．

明らかに，"正規 $\Longrightarrow$ 正則 $\Longrightarrow$ ハウスドルフ" であるが，"T4 $\Longrightarrow$ T3 $\Longrightarrow$ T2" とは限らない．これは T1 を仮定しないと，1 点が閉集合とは限らないからである．

例 14.4 距離空間は正規である．実際，Z_1, Z_2 を任意の交わらない閉集合とするとき，$\forall P \in Z_1$ に対して，$d_P = \mathrm{dis}\,(P, Z_2) > 0$ なので（補題 14.6 の証明参照），P の $\frac{1}{2} d_P$ 近傍を U_P と置く．同様に，$\forall Q \in Z_2$ に対して，$d_Q = \mathrm{dis}\,(Q, Z_1) > 0$ なので，Q の $\frac{1}{2} d_Q$ 近傍を V_Q と置く．このとき，

$$O_1 = \bigcup_{P \in Z_1} U_P, \qquad O_2 = \bigcup_{Q \in Z_2} V_Q$$

は，それぞれ Z_1, Z_2 の近傍となるが，互いに交わらない．実際，もし交点 R があると，それはある U_P, V_Q に同時に属する．このとき，

$$\mathrm{dis}\,(P, Q) \leq \mathrm{dis}\,(P, R) + \mathrm{dis}\,(Q, R) < \frac{1}{2}\{\mathrm{dis}\,(P, Z_1) + \mathrm{dis}\,(Q, Z_2)\}$$
$$\leq \max\{\mathrm{dis}\,(P, Z_1), \mathrm{dis}\,(Q, Z_2)\}$$

となるが，明らかに $\mathrm{dis}\,(P, Q) \geq \mathrm{dis}\,(P, Z_1), \mathrm{dis}\,(Q, Z_2)$ なので不合理．□

【分離公理と連続関数の拡張】 高度な分離公理は連続関数の定義域の拡張可能性と密接に関連しています．

定理 14.15 （ウリゾーンの補題）[1] X が正規 $\iff$ X の任意の二つの交わらない閉集合 Z_1, Z_2 に対して Z_1 上 0, Z_2 上 1 となる X の連続関数が存在する．

証明 十分性は明らか．実際，このような連続関数 f が存在したら，

$$U = \left\{P \in X \,;\, f(P) < \frac{1}{2}\right\}, \qquad V = \left\{P \in X \,;\, f(P) > \frac{1}{2}\right\}$$

が分離開集合となる．逆に，X を正規空間とし，記号を少し変えて Z_0, Z_1 を交わらない閉集合とする．所望の関数 f を少しずつ定義してゆく．

まず，Z_0 上 $f = 0$，Z_1 上 $f = 1$ と定める．次に，仮定により交わらない開集合 $U_{0.1}, V_{0.1}$ が存在し，$U_{0.1} \supset Z_0$，$V_{0.1} \supset Z_1$ となる．$Z_{0.1} = \mathsf{C}U_{0.1} \cap \mathsf{C}V_{0.1}$ は閉集合で，$X = U_{0.1} \cup Z_{0.1} \cup V_{0.1}$ は分割となる．よって，$Z_{0.1}$ 上 $f = \frac{1}{2}$，二進小数表示で 0.1 と定める．次に，Z_0 と $\mathsf{C}U_{0.1}$ を分離する開集合 $U_{0.01}, V_{0.01}$ が存在する．$Z_{0.01} = \mathsf{C}U_{0.01} \cap \mathsf{C}V_{0.01}$ と置けば，$X = U_{0.01} \cup Z_{0.01} \cup V_{0.01}$ となり，$Z_{0.1} \subset V_{0.01}$ なので $Z_{0.01}$ 上二進小数で $f = 0.01$ と置けば矛盾しない．同様に，$\mathsf{C}V_{0.1}$ と Z_1 を分離する交わらない開集合 $U_{0.11}, V_{0.11}$ を取り，$Z_{0.11} = \mathsf{C}U_{0.11} \cap \mathsf{C}V_{0.11}$ と置いて，この上で二進小数の意味で $f = 0.11$ と定める．以下この操作を無限に繰り返す．

X のすべての点 P で f の値が定まることを見よう．上の操作において，ある有限の段階で $P \in Z_a$，a は（小数点以下）n 桁の二進有限小数（以下最下位桁は常に 1 とする），となるならば，$f(P) = a$ と確定する．もし n 桁以下の任意の二進有限小数 a について Z_a の形のどの集合にも P が含まれなければ，各 n について n 桁のある a_n が存在し $P \in V_{a_n} \cap U_{a_n + 1/2^n}$ か $P \in V_{a_n - 1/2^n} \cap U_{a_n}$ かのいずれかであり，従って区間 $[a_n - 1/2^n, a_n + 1/2^n]$ の $n \to \infty$ のときの縮小列の極限として $f(P)$ の値が確定する．

最後にこうして定まった f が連続であることを見る．f の値の定め方から，$P \in Z_a$ のときは，a の桁数より大きな $\forall n$ について，$Z_a \subset V_{a - 1/2^n} \cap U_{a + 1/2^n}$

---

[1] 本人がドイツ語でこのように書いているので，これでよいと思いますが，実はロシア人のウルィソンです．

となるので，P の近傍を $V_{a-1/2^n} \cap U_{a+1/2^n}$ （に入るような小さなもの）とすれば，その任意の点 Q で $a - 1/2^n < f(Q) < a + 1/2^n$ となる．従って $|f(P) - f(Q)| < 1/2^n$ となる．また，P が極限点のときも同様の評価が示せる．よって f は連続である． □

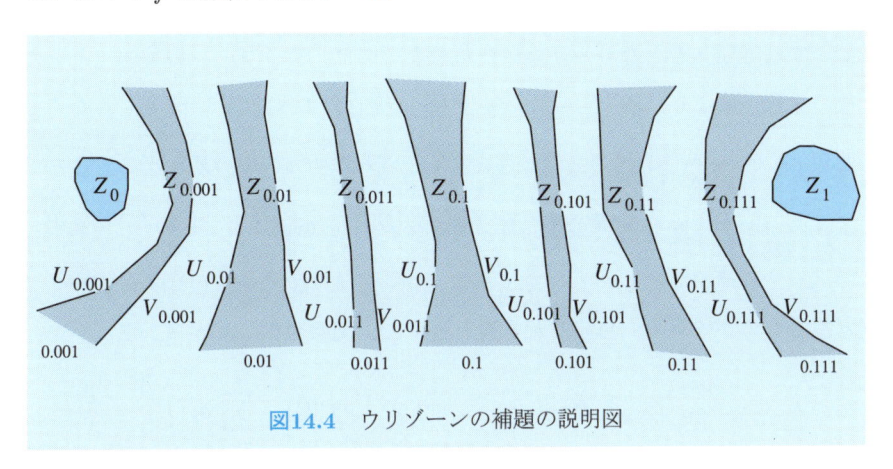

図14.4　ウリゾーンの補題の説明図

🐙 上の構成で得られた f は最初から $[0,1]$-値なことは明らかであるが，もしそうでない f が与えられたときは，いつでもそれを $g(P) = \min\{\max\{f(P), 0\}, 1\}$ と修正することにより $[0,1]$-値の連続関数に修正できる．また，更に $h(P) = 2g(P) - 1$ を考えることにより，$[-1,1]$-値の関数で，Z_1 上 -1，Z_2 上 1 となるものも作れる．相似変換により，$\forall a > 0$ について，$[-a, a]$-値のものにもできる．

定理 14.16　（ティーツェの拡張定理）　X が正規 $\iff$ X の任意の閉集合 Z について，Z 上定義された連続関数が全空間の上の連続関数まで拡張できる．

証明　〔十分性〕Z_1, Z_2 を交わらない閉集合とする．Z_1 上恒等的に 0，Z_2 上恒等的に 1 に等しい関数は，明らかに閉集合 $Z = Z_1 \cup Z_2$ 上定義された連続関数なので，仮定により全空間の連続関数 f に拡張できる．よってウリゾーンの定理の結論が満たされたから X は正規となる．

〔必要性〕Z 上の連続関数 $f(P)$ の代わりに合成関数 $g(P) = \frac{2}{\pi} \mathrm{Arctan}\, f(P)$ を考えると，$-1 < g(P) < 1$ となる．よって $(-1, 1)$ に値を取る連続関数 g が $(-1, 1)$ に値を取る連続関数 $\widetilde{g}$ として全空間に拡張できることを示せば，$\widetilde{f}(P) = \tan\left(\frac{\pi}{2} \widetilde{g}(P)\right)$ はもとの関数 f の連続拡張となる．よって以後，最初

から f の値は $(-1,1)$ に収まっていると仮定する．

連続関数の性質により，

$$Z_1 = \left\{P \in Z\,;\, f(P) \leq -\frac{1}{3}\right\}, \qquad Z_2 = \left\{P \in Z\,;\, f(P) \geq \frac{1}{3}\right\}$$

はいずれも閉集合となり，互いに交わらないので，ウリゾーンの補題（とその後の注意）により，Z_1 上 $-\frac{1}{3}$，Z_2 上 $\frac{1}{3}$ に等しいような X 上定義された連続関数 g_1 で $\left[-\frac{1}{3}, \frac{1}{3}\right]$-値のものが存在する．これは明らかに，$Z$ 上至るところで $|f(P) - g_1(P)| \leq \frac{2}{3}$ を満たす．同じ操作を $f(P) - g_1(P)$ と $\left[-\frac{2}{3}, \frac{2}{3}\right]$ に適用して，X 上の連続関数 g_2 で $\left[-\frac{2}{9}, \frac{2}{9}\right]$-値，かつ Z 上 $|f(P) - g_1(P) - g_2(P)| \leq \frac{4}{9}$ となるものが作れる．以下これを繰り返すと，関数の列 g_n, $n = 1, 2, \ldots$ で，

$$X \, 上 -\frac{2^{n-1}}{3^n} \leq g_n(P) \leq \frac{2^{n-1}}{3^n}, \qquad Z \, 上 \left| f(P) - \sum_{k=1}^{n} g_k(P) \right| \leq \frac{2^n}{3^n}$$

となるものが構成できる．この不等式から，級数

$$g(P) = \sum_{k=1}^{\infty} g_k(P)$$

は X 上一様収束し，従って X 上の連続関数を定めることが分かる（証明の後の注意参照）．また，第 2 の不等式から極限に行って $|f(P) - g(P)| = 0$，すなわち，$f(P) = g(P)$ が Z 上成り立つ．

以上の証明では，途中の部分和 $\sum_{k=1}^{n} g_k(P)$ の値は $(-1, 1)$ に収まっているが，極限において $g(P) = \pm 1$ となる点が生ずるかもしれない．しかし，

$$Z_3 = \{P \in X\,;\, g(P) = 1 \, \text{または} \, g(P) = -1\}$$

という集合は閉であり，かつ仮定により Z と交わらないので，再びウリゾーンの補題を用いて，Z 上 1，Z_3 上 0 に等しいような連続関数 h を作り，積 $g(P)h(P)$ を考えれば，f の連続拡張で，値が $(-1, 1)$ に収まるものが得られ，tan で元に戻せる． □

上の証明中に以下の二つの補題に掲げた事実を用いましたが，これは微分積

14.4 種々の分離公理

分学における対応する定理（ワイヤストラスの定理）と同様の証明で示すことができます．微積の復習としてやってみましょう．

定義 14.10 位相空間 X 上の実数値関数の列 f_n が X で極限関数 $f(x)$ に **一様収束**するとは，

$$\forall \varepsilon > 0 \ \exists n_\varepsilon \ \text{s.t.} \ n \geq n_\varepsilon \implies \forall P \in X \ |f_n(P) - f(P)| < \varepsilon$$

となること，すなわち，"収束の速さ（$=\varepsilon$ に対する n_ε の大きくなり方）が P の位置によらず，空間全体で一様であること" を言う．

定義 14.11 位相空間 X 上の実数値関数の列 f_n が X で**一様コーシー列**を成すとは，

$$\forall \varepsilon > 0 \ \exists n_\varepsilon \ \text{s.t.} \ n, m \geq n_\varepsilon \implies \forall P \in X \ |f_n(P) - f_m(P)| < \varepsilon$$

となること，すなわち，"コーシー列の判定における相互の近づき方が P の位置によらず，空間全体で一様であること" を言う．

補題 14.17 実数値関数の一様コーシー列は一様収束する．

補題 14.18 位相空間 X 上の連続関数の列が X で一様収束していれば，極限関数は連続となる．

これらの主張は，像である $\mathbf{R}$ の完備性だけが問題となるので，もとの X は任意の位相空間で良いのです．

問題 14.11 これらの補題を証明せよ．（拙著『基礎と応用微分積分 II』, サイエンス社, 定理 8.5, 8.7 参照．)

次の定理は微積分では学ぶ機会が無いでしょうが，補題 14.18 の部分的な逆とみなせるものです．復習の延長として証明してみましょう．

問題 14.12（**ディニの定理**） 連続関数の列 $f_n(x)$ がコンパクト集合 K 上単調減少して連続関数 $f(x)$ に各点収束していれば，実は一様収束している．これを次の方針で示せ．
(1) もし，一様収束していなければ，ある $\varepsilon > 0$ に対し，集合 $K_n = \{x \in K \ ; \ f_n(x) - f(x) \geq \varepsilon\}$ はすべての n に対して空でない．
(2) 上の集合 $K_n, n = 1, 2, \ldots$ には共通点が存在する．

第 15 章

誘 導 位 相

この章では，既存の位相を別の集合に移植するための様々な手法を学びます．

■ 15.1 部分集合への誘導位相

距離空間の部分集合に位相を導入する方法は，既に第 12 章で誘導距離を用いて説明しましたが，より一般に，位相空間の部分集合に，全空間から自然に位相を導入する方法を説明します．

補題（と定義）15.1 X を位相空間，$\mathcal{O}$ をその開集合族とし，$A \subset X$ を任意の部分集合とするとき，A の開集合を

$$\{A \cap O \,;\, O \in \mathcal{O}\}$$

で定めることにより A に位相が定まる．これを X から A への**誘導位相** (induced topology)，あるいは**相対位相** (relative topology) と呼ぶ．同じ位相は，X の近傍系 $\mathcal{U}_P = \{U\}$ と A との交わり $\mathcal{U}_P \cap A := \{U \cap A \,;\, U \in \mathcal{U}_P\}$ を A の近傍系と定めることでも導入できる．

X の開集合を A に制限したものが，近傍系 $\mathcal{U}_P \cap A$ から定義 12.12 (p.193) の意味で定まる A の開集合となることはほとんど明らかですが，逆に，後者の意味の開集合が X のある開集合の A への制限となることは，それほど自明ではありません．この証明は，先に誘導距離のところで行った補題 12.6 (p.189) の証明における ε-近傍を開近傍に置き換えることで，同様に行えます．

【誘導位相と連結性】 誘導位相の言葉を使うと，連結性の定義は空間全体で定義するだけでよくなり，すっきりします．次の定義は，先に与えた定義 13.6 において，$A = X$ としたものに他なりませんが，参照の便のために掲げます．

定義 15.1 位相空間 X が**連結**とは，X の開集合のペア O_1, O_2 で
(1) $O_1 \neq \emptyset, O_2 \neq \emptyset,$

(2) $O_1 \cap O_2 = \emptyset$,
(3) $O_1 \cup O_2 = X$
となるようなものが存在しないことを言う．

系 15.2 位相空間 X が連結とは，$\emptyset$ と X 以外に開かつ閉な部分集合が存在しないことである．位相空間 X の部分集合 A が連結とは，A に誘導位相を与えたとき，定義 15.1 の意味で連結な位相空間となることである．

前半は定義から明らか，後半は先に与えた部分集合の連結性の定義と，誘導位相の定義から容易に分かります．

誘導位相の概念は微分積分学でも，部分集合の上で定義された関数の連続性などで暗黙のうちに使われています．一般の位相空間に抽象化して書くと次のようになります：

定義 15.2 X, Y を二つの位相空間とする．X の部分集合 A で定義された写像 $f : A \to Y$ が連続とは，X から A への誘導位相の意味で連続なことを言う．すなわち，$\forall P \in A$ に対し，$f(P) \in Y$ の Y における近傍 U を任意に取るとき，P の X における近傍 V が存在し，$f(A \cap V) \subset U$ となることを言う．また，X から Y の部分集合 B への写像 f の連続性の定義も同様に与える．

問題 15.1 定義の後半は，単に，"$f : X \to Y$ が連続で，かつ $f(X) \subset B$" というのと同値であることを確かめよ．

上の定義の意味で実数の区間 $[a, b]$ から Y への連続写像を，特に Y の **連続曲線** と言います．これはもう，第 13 章で弧状連結性を定義するときに使ってしまいました．日常的には写った像だけを曲線と考えるのが普通ですが，数学では写され方も込めて，写像自身を曲線と考える方が普通です．

次の事実はあたりまえですが基本的です．

補題 15.3 X, Y を二つの位相空間，$f : X \to Y$ を連続写像とする．このとき，$A \subset X$ を任意の部分集合とすれば，f を A に制限したもの $f|_A$ は A の誘導位相で A から Y への連続写像となる．

系 15.4 $f : X \to Y$ を位相同型写像とするとき，$\forall A \subset X$ に対し，誘導位相の意味で $f|_A : A \to f(A)$ も位相同型となる．

15.2 直積位相と商位相

定義 15.3 X, Y を位相空間とするとき,直積集合 $X \times Y$ の開集合の基として,

$$\{U \times V\,;\, U は X の開集合(の基の元), V は Y の開集合(の基の元)\}$$

を取ったものから定義される位相を,X, Y の**直積位相**と呼ぶ.これは,$(P, Q) \in X \times Y$ の基本近傍系として

$$\{U \times V\,;\, U は P の(基本)近傍, V は Q の(基本)近傍\}$$

を取ったものから定義される位相と一致する.

例 15.1 $\mathbf{R}^2$ の位相は $\mathbf{R} \times \mathbf{R}$ の直積位相に他なりません.$\mathbf{R}$ の開集合の基や基本近傍を開区間に取れば,直積位相の開集合の基や基本近傍は開長方形となります.

補題 15.5 直積からもとの成分への射影 $\mathrm{pr}_X : X \times Y \to X$, $\mathrm{pr}_Y : X \times Y \to Y$ は開写像である.

証明 W を $X \times Y$ の開集合とする.$\forall (P, Q) \in X \times Y$ について,直積位相の定義により,$P \in X$ の開近傍 U,$Q \in Y$ の開近傍 V が存在し,$U \times V \subset W$ となる.このとき,$\mathrm{pr}_X(W) \supset U \ni P$ となるから,pr_X による W の像は X の開集合となる.pr_Y についても同様. □

【商位相】 部分集合への誘導位相や直積の位相は,ともに引き戻しという操作で位相の引越しをするものですが,これとある意味で双対的なものに商位相の概念があります.こちらは位相の"押し付け"です:

定義 15.4 X を位相空間,$\sim$ をその上に定義された同値関係とし,$\rho : X \to Y$ をそれから自然に定まる写像(X の各元に対してそれが属する同値類を対応させる写像)とする.このとき,商集合 $Y = X/\sim$ に

$$U \subset Y\ が開集合\ \iff\ \rho^{-1}U\ が開集合$$

で定まる開集合族により導入される位相を**商位相**と呼ぶ.

問題 15.2　(1) X は $\boldsymbol{R}^2$ から正の実軸を取り除いたもの，$Y = \boldsymbol{R}$ とし，写像 $f : X \to Y$ は $\boldsymbol{R}^2$ から x 軸への正射影を X に制限したものとする．このとき，X の同値関係が $(x_1, y_1) \sim (x_2, y_2) \iff x_1 = x_2$ かつ y_1, y_2 は $f^{-1}(x_1)$ の同じ連結成分に属する，として定義できる．この同値関係による商位相 $X/\sim$ はどのようなものか？ 開集合と近傍を記述せよ．
(2) 上の X から更に原点を取り除いたものを X として，同じ問題を解け．
(3) これらの位相はハウスドルフか？

■ 15.3　連続写像と誘導位相

定義 15.5　X を位相空間，Y を集合とし，$f : X \to Y$ を写像とする．このとき，Y の開集合の族を

$$U \subset Y \text{ が開集合} \iff f^{-1}(U) \text{ が開集合}$$

で定義することにより Y に位相が定まる．これを X から f により Y に誘導された位相，あるいは f による **像位相** (push forward) と呼ぶ．

定義 15.6　X を集合，Y を位相空間とし，$f : X \to Y$ を写像とする．このとき，X の開集合の族を

$$\{f^{-1}(U) ; U \text{ は } Y \text{ の開集合}\}$$

で定義することにより X に位相が定まる．これを Y から f により X に誘導された位相，あるいは f による **引き戻し** (pull back) 位相と呼ぶ．

例 15.2　(1) 位相空間 X の部分集合 K への誘導位相は，埋め込み写像 $f : K \to X$ による X の位相の引き戻しに他ならない．
(2) 商位相は，自然な写像 ρ によるもとの位相の像位相に他ならない．逆に，任意の全射な写像 $f : X \to Y$ による X の像位相は $P \sim Q \iff f(P) = f(Q)$ という同値関係による商位相と一致する．

問題 15.3　$X \times Y$ に X, Y の直積位相を入れたとき，自然な射影 pr_X による $X \times Y$ の X への像位相は，X の元の位相と一致するか？

単射な写像 $f : X \to Y$ については，引き戻し位相も像位相もハウスドルフ性

を保存しますが，一般にはもとの位相がハウスドルフであっても，f から誘導された位相はハウスドルフとは限りません．

定義 15.7 集合 X の二つの位相 $\mathcal{T}_1, \mathcal{T}_2$ の強弱関係を，次の同値な条件のいずれかで定める．

$$\mathcal{T}_1 \leq \mathcal{T}_2 \iff \mathcal{O}_1 \subset \mathcal{O}_2 \iff 恒等写像\ (X, \mathcal{T}_2) \to (X, \mathcal{T}_1)\ が連続$$

位相の強弱関係を用いて誘導位相の特徴付けを与えることができます．

補題 15.6 $f : X \to Y$ により X から Y に誘導される位相は，Y の位相の中で f を連続写像とするようなもののうち最強のものである．また，$f : X \to Y$ により Y から X に誘導される位相は，X の位相の中で f を連続写像とするようなもののうち最弱のものである．

実際，X の位相を固定して f を連続にするには，Y の位相を弱くすればするほど容易なので，Y にはできるだけ強い位相を入れなければ意味がありません．でも，逆像が X の開集合となるものしか使えないので，それが限度です．同様に，Y の位相を固定したときは，f を連続にするのに X の位相は弱ければ弱いほど効率的ですが，最低限でも Y の開集合の引き戻しは開集合として取る必要があります．次の補題の証明も同様なので，練習としておきます．

補題 15.7 $X \times Y$ の直積位相は，二つの射影 $p_1 : X \times Y \to X, p_2 : X \times Y \to Y$ をどちらも連続にするような最弱の位相である．

例 15.3 どんな集合 X においても，離散位相は最強，密着位相は最弱である．

位相の強弱関係は束を成します．X の二つの位相 $\mathcal{T}_1, \mathcal{T}_2$ に対し，その sup, inf はそれぞれ対応する開集合族の合併，共通部分を開集合の部分基としたもので定義されます．

15.4 位相空間の無限直積

定義 15.8 定義 15.3 よりも一般に，位相空間の族 $X_\lambda, \lambda \in \Lambda$ に対しそれらの直積集合 $X = \prod_{\lambda \in \Lambda} X_\lambda$ の**直積位相**を，すべての射影 $p_\lambda : X \to X_\lambda$ が連続となるような最弱の位相と定義する．

15.4 位相空間の無限直積

補題 15.8 $\prod_{\lambda \in \Lambda} X_\lambda$ の開集合の基は，$\prod_{\lambda \in \Lambda} O_\lambda$ の形の集合で与えられる．ここに，O_λ は X_λ の開部分集合で，有限個を除き全空間 X_λ と一致するようなものである．

定理 15.9 (チホノフの定理)[1] コンパクト集合の無限直積はコンパクトとなる．この主張は，選択公理と同値である．

証明 二つのコンパクト集合の直積はコンパクトである．実際，K_1, K_2 をコンパクトとし $K_1 \times K_2$ の任意の開被覆 $\mathcal{U} = \{U_\lambda\}_{\lambda \in \Lambda}$ を取る．今 $P \in K_2$ を任意に固定するとき，$K_1 \times \{P\} \subset K_1 \times K_2$ はもちろん $\mathcal{U}$ で覆われるが，これは K_1 と位相同型，従ってコンパクトなので，このうちの有限個 $U_{P1}, \ldots, U_{Pn_P}$ で覆われる．射影 $\mathrm{pr}_2 : K_1 \times K_2 \to K_2$ は開写像なので，$\mathrm{pr}_2 U_{Pj}$ はすべて K_2 の開集合となる．これらの共通部分 V_P も開集合である．各点 $P \in K_2$ に対してこのような開集合を構成すると，K_2 もコンパクトなので，これらの有限個 $V_{P_1}, \ldots, V_{P_m}$ で K_2 は覆われる．このとき，$U_{P_j k}, k = 1, \ldots, n_{P_j}, j = 1, \ldots, m$ は明らかに $K_1 \times K_2$ を覆う．

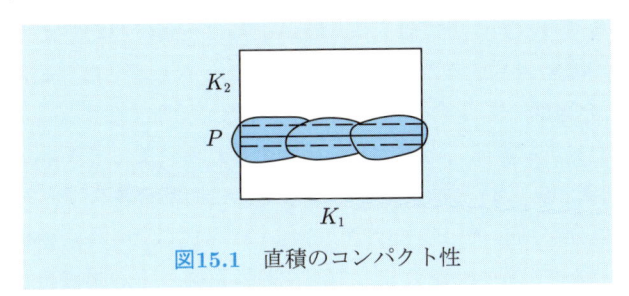

図15.1 直積のコンパクト性

さて，無限直積に戻り，$\prod_{\mu \in M} K_\mu$ がコンパクトとなるような添え字の部分集合 $M \subset \Lambda$ より成る集合 $\mathcal{M}$ を考えると，上に示したことから，有限部分集合はすべてこれに含まれるので，$\mathcal{M}$ は空ではない．更に，$\mathcal{M}$ の包含関係に関する全順序部分集合 $\mathcal{N} = \{M_\nu\}_{\nu \in N}$ を考えると，これらの和集合 $M_\infty = \bigcup_{\nu \in N} M_\nu$ も $\mathcal{M}$ に属す．実際，$\nu_0 \in N$ を固定し，$\mathcal{U}$ を $\prod_{\mu \in M_\infty} K_\mu$ の任意の開被覆とするとき，これを射影写像で $\prod_{\mu \in M_{\nu_0}} K_\mu$ の被覆に落としたものは，仮定によりもとの被覆の有限個 $U_{\mu_1}, \ldots, U_{\mu_s}$ の射影像で覆われる．直積集合の開集合

---

[1] ロシア人ですが，本人が用いた ローマ字表記 Tikhonov のせいでチコノフと書く人もいます．

は有限個の添え字を除き K_μ 全体を直積成分として含むので，全部合わせても M_∞ の有限個の成分を除き，これらの U_{μ_i} が既に覆ってしまう．これら有限個の例外成分は，ある十分大きな M_ν にすべて含まれるので，$\mathcal{U}$ を対応する直積 $\prod_{\mu \in M_\nu} K_\mu$ に落としたものを射影像が覆うような $\mathcal{U}$ の元を更に追加すれば，これら全部を合わせた有限個の U_{μ_j} により $\prod_{\mu \in M_\infty} K_\mu$ は確かに覆われる．

以上によりこのような M の集合 $\mathcal{M}$ は包含関係を順序として空ならざる帰納的順序集合を成すので，ツォルンの補題により極大元が存在する．それがもとの添え字集合 Λ と一致すれば証明は終わりである．もし，まだこの他に添え字の成分 λ が残っていたら，射影像が K_λ を覆うような有限個の元を更に $\mathcal{U}$ から持ってくれば，極大元に λ を追加できてしまうことになり不合理である．以上により，無限直積はコンパクトなことが示された．

逆に，チホノフの定理から選択公理を導くには，直積 $\prod_{\lambda \in \Lambda} X_\lambda$ の各成分 X_λ が空ではないとして，これに，X_λ から有限個の点を除いたものを開集合として位相を定めると，コンパクトになる．(実際，X_λ に開集合の被覆 $\{U_\mu, \mu \in M\}$ があると，最初の U_{μ_1} で覆えていない X_λ の点は有限個だけなので，容易に有限被覆に減らせる．実は更に簡単に，各 X_λ には密着位相を与えてもよいのだが，気持ちの悪い人も居るだろうから，それより少しましな位相にした．) 今，一つの元 ω を選び，すべての X_λ に孤立点として追加する．$X_\lambda \cup \{\omega\}$ は相変わらずコンパクトであることが容易に確かめられる．よってチホノフの定理により $\prod_{\lambda \in \Lambda}(X_\lambda \cup \{\omega\})$ はコンパクトとなる．この部分集合で，有限個の添え字に対して成分が X_μ で，残りは $X_\mu \cup \{\omega\}$ から成るような直積集合は，明らかに閉集合となり，かつ仮定により有限交差性を持つ．(有限個の直積空間においては，指定した成分を持つ直積の点の存在は自明であり，残りの直積因子では，選択のあいまいさ無しに ω が指定できるから．) よって，閉集合によるコンパクト性の判定条件により，全部の共通部分が空でないが，それはもとの直積空間に他ならない． □

【写像の空間の位相】 二つの位相空間の間の写像 $f: X \to Y$ のすべてより成る集合 $C(X, Y)$ を考えると，これにも位相を入れることができます．方法はいろいろありますが，最初に思い付くのは，$C(X, Y)$ を（連続とは限らない）X から Y への写像の全体の部分集合と見る方法です．後者が直積 Y^X と同一視できることを思い出すと，これには (X の位相は忘れて) Y の直積位相を入

れることができます．よって，それから $C(X,Y)$ に誘導される位相を考えることができます．直積位相の定義から，これは，

$$U_{x,O} = \{f \in C(X,Y) \, ; \, f(x) \subset O\}$$

を開集合の基と取ることに相当し，連続関数の各点収束の一般化となっています．しかし，微積分で習ったように，各点収束は連続関数の極限が連続でなくなる（位相空間の言葉で言うと完備でなくなる）など，あまり使い勝手のよいものではありません．

最もよく使われるのは，**コンパクト開位相** (compact-open topology) と呼ばれるものです．これは，$C(X,Y)$ の開集合の基として，X のコンパクト集合 K，Y の開集合 O のペアにより定まる

$$U_{K,O} = \{f \in C(X,Y) \, ; \, f(K) \subset O\}$$

を採用するものです．これは，連続関数のコンパクト集合上での一様収束を一般化したもので，K が 1 点だけだった各点収束に比べて，開集合がずっと増えており，性質もよくなっています．X が $\boldsymbol{R}^n$，あるいはその開集合で，Y が $\boldsymbol{R}$ あるいは $\boldsymbol{C}$ のとき，これはいわゆる，(それぞれ実数値あるいは複素数値の) 連続関数の広義一様収束に帰着します．

問題 15.4 $X = \boldsymbol{R}^n$ のときにこのことを確かめよ．また，このとき，コンパクト開位相により $C(X,Y)$ が完備な距離空間となることを示せ．[ヒント：$\boldsymbol{R}^n$ のコンパクト集合として，半径 $n \in \boldsymbol{N}$ の閉球のみを考えれば十分であることに注意し，問題 12.6 (p.185) を真似よ．]

一般の位相空間での完備性は第 17 章で解説しますが，$C(X,Y)$ の完備性は自然にそのような場合に一般化できます．

15.5 帰納極限と射影極限

帰納極限と射影極限は，今まで述べてきた既知の集合から新たな集合を作り出す操作の中で最も高級なものです．単なる集合に限っても意味を持つのですが，やや高度な概念でもあり，普通は代数構造や位相構造を込みにして使われることが多いので，この場所で述べておきます．ここでは簡単のため自然数列に対応した極限のみを扱います．

定義 15.9 集合列 X_n, $n=1,2,\dots$ と，連続写像 $f_{n,n+1}: X_n \to X_{n+1}$, $n=1,2,\dots$ が与えられたとき，これらの集合としての**帰納極限** (inductive limit) とは，X_n の直和集合 $\bigsqcup_{n=1}^{\infty} X_n$ を 2 項関係

$$x_n \sim x_{n+1} \iff f_{n,n+1}(x_n) = x_{n+1}$$

から生成される同値関係により割って得られる商集合 X のことを言う．これを $\varinjlim_{n\to\infty} X_n$ あるいは $\mathrm{limind}_{n\to\infty} X_n$ で表す．

直感的には，帰納極限は $\exists n$ について

$$x_n \xrightarrow{f_{n,n+1}} x_{n+1} \xrightarrow{f_{n+1,n+2}} x_{n+2} \xrightarrow{f_{n+2,n+3}} \cdots$$

の形の紐のようなものの集合です．ただし，途中から合流する紐は同一視してしまいます．上の定義から明らかに，各 X_n から X へ包含関係から誘導される自然な写像 f_n が定まりますが，**位相空間としての帰納極限**は X にこれらの写像をすべて連続にするような最強の位相を入れたものと定義します．従って，X の開集合 U とは，任意の n について $f_n^{-1}(U)$ が X_n の開集合となっているようなもののことです．

定義 15.10 集合列 X_n, $n=1,2,\dots$ と，連続写像 $f_{n+1,n}: X_{n+1} \to X_n$, $n=1,2,\dots$ が与えられたとき，これらの**射影極限** (projective limit) とは，

$$\left\{ (x_n) \in \prod_{n=1}^{\infty} X_n \,;\, \forall n \text{ について } f_{n+1,n}(x_{n+1}) = x_n \right\}$$

で定義される直積の部分集合 X のことを言う．これを $\varprojlim_{n\to\infty} X_n$ あるいは $\mathrm{limproj}_{n\to\infty} X_n$ で表す．

直感的には，射影極限は，

$$x_1 \xleftarrow{f_{2,1}} x_2 \xleftarrow{f_{3,2}} x_3 \xleftarrow{f_{4,3}} \cdots$$

なる無限の紐の集合です．**位相空間としての射影極限**は X に直積から誘導される位相を入れたもののことです．上の定義から明らかに，X から各 X_n への自然な写像 f_n が定まりますが，上の位相は，これらの写像をすべて連続にするような最弱の位相を入れたものとなっています．実際，$f: X \to X_n$ は，直

積 $\prod_{n=1}^{\infty} X_n$ から X_n への射影を X に制限したものだからです.

例 15.4 (1) 有限個の成分を除いて 0 であるような, 実数の無限列 $(x_1, x_2, \dots)$ の全体 V は, $\mathbf{R}$ 上のベクトル空間を成す. これは代数的なベクトル空間として可算基底 $e_1 = (1, 0, \dots), e_2 = (0, 1, 0, \dots), \dots$ を持つ. この V は自然な包含写像

$$f_{n,n+1}: \begin{array}{ccc} \mathbf{R}^n & \longrightarrow & \mathbf{R}^{n+1} \\ \cup & & \cup \\ (x_1, \dots, x_n) & \mapsto & (x_1, \dots, x_n, 0) \end{array}$$

に関する帰納極限 $\varinjlim_{n \to \infty} \mathbf{R}^n$ とみなせ, 帰納極限の位相が入る. これは帰納極限の中でも最も単純な形のもので, X_i の直和と呼ばれる.

(2) 実数の無限列 $(x_1, x_2, \dots)$ の全体 V は, $\mathbf{R}$ 上のベクトル空間を成す. これは代数的なベクトル空間としては非可算個の基底を持つ. この V は自然な射影写像

$$f_{n+1,n}: \begin{array}{ccc} \mathbf{R}^{n+1} & \longrightarrow & \mathbf{R}^n \\ \cup & & \cup \\ (x_1, \dots, x_n, x_{n+1}) & \mapsto & (x_1, \dots, x_n) \end{array}$$

に関して, 射影極限 $\varprojlim_{n \to \infty} \mathbf{R}^n$ とみなせ, 射影極限の位相が入る. 実はこの空間は, 位相も込めて無限直積 $\mathbf{R}^{\mathbf{N}}$ と同型である. 同型対応は

$$(x_1, x_2, x_3, \dots) \iff (x_1, (x_1, x_2), (x_1, x_2, x_3), \dots)$$

で与えられる.

問題 15.5 上の例において, (1) は距離付け不可能, (2) は距離付け可能なことを示せ. [ヒント: (1) では, 原点 $(0, 0, \dots)$ の基本近傍系は, (任意の速さで小さくなる) 正数の無限列 $(\varepsilon_1, \varepsilon_2, \dots)$ により

$$U_{\varepsilon_1, \varepsilon_2, \dots} := \{(x_1, x_2, \dots) ; |x_1| < \varepsilon_1, |x_2| < \varepsilon_2, \dots\}$$

の形に書かれるものより成り, これは可算個に減らすことができない (すなわち, 第1可算公理が満たされていない). (2) では, $\boldsymbol{x} = (x_1, x_2, \dots), \boldsymbol{y} = (y_1, y_2, \dots)$ に対して

$$d(\boldsymbol{x}, \boldsymbol{y}) = \sum_{n=1}^{\infty} \frac{1}{2^n} \frac{|x_n - y_n|}{|x_n - y_n| + 1} \tag{15.1}$$

が距離の例となる.]

第 16 章
パラコンパクト性と可分性

この章では，可算性に関連した種々の概念をまとめて学びます．いずれも実用的な位相空間なら普通に満たしている性質です．

■ 16.1 局所コンパクト，σ コンパクト，パラコンパクト

【局所コンパクトと σ コンパクト】 まずはコンパクト性にからんだ概念を追加します．

定義 16.1 位相空間 X が**局所コンパクト**とは，X の各点においてコンパクト集合よりなる近傍が少なくとも一つ存在することを言う．

位相空間 X が σ コンパクトとは，あるコンパクト集合の増大列 $K_1 \subset K_2 \subset \cdots K_n \subset \cdots$ により

$$X = \bigcup_{i=1}^{\infty} K_i$$

となることを言う．(このような部分集合の増大列を一般に X の**取り尽くし列**と呼ぶ．)

例 16.1 (1) $\boldsymbol{R}^n$ は局所コンパクトである．実際，$\forall P \in \boldsymbol{R}^n$ に対し，$\overline{B_\varepsilon(P)}$，$\varepsilon > 0$ はコンパクト集合より成る基本近傍系となる．
(2) $\boldsymbol{R}^n$ は σ コンパクトである．実際，O を原点として，次のように表せる：

$$\boldsymbol{R}^n = \bigcup_{k=1}^{\infty} \overline{B_k(O)}, \qquad \overline{B_1(O)} \subset \overline{B_2(O)} \subset \cdots.$$

補題 16.1 局所コンパクトなハウスドルフ空間 X は正則である．また，X の各点はコンパクトな基本近傍系を持つ．

証明 まず X のコンパクト集合 K とその外の 1 点 P が開集合で分離できる

ことを言う．ハウスドルフの仮定により，$\forall Q \in K$ に対し，Q の近傍 V_Q と P の近傍 U_Q で互いに交わらないものが存在する．K はこれらの V_Q の有限個で覆われるので，それらの和集合を O_1，これに対応する U_Q の共通部分を U とすれば，これらが K と P を分離する開集合対となる．

次に後半を証明する．P は仮定によりコンパクトな近傍 K を一つ持つ．これに含まれる任意の近傍 U に対し，$K \cap \mathsf{C}U$ は K の閉部分集合なので，補題 14.4 (p.211) により再びコンパクトとなり，かつ P を含まない．よって，既に証明したことより，$K \cap \mathsf{C}U$ と P を分離する開集合 O_1, V が存在する．$\overline{V} \subset \mathsf{C}O_1$ より $\overline{V} \cap K \cap \mathsf{C}U = \emptyset$，従って $\overline{V} \cap K \subset U$ であり，これは P のコンパクト近傍となる．

最後に，Z を X の任意の閉集合とし，$P \notin Z$ とする．まず，P のあるコンパクト近傍は Z と交わらないことを言う．コンパクト近傍は P の基本近傍系を成すので，もし，すべてのコンパクト近傍が Z と交わったら，P は Z の集積点となってしまい，従って Z が閉なことから $P \in Z$ となり不合理．そこで，P のコンパクト近傍 K が Z と交わらないとし，K の中に P の開近傍 V を取れば，$O = \mathsf{C}K$ と V は Z と P を分離する開集合のペアとなる． □

【パラコンパクト性】 閉集合の無限個の和集合は一般には閉集合にはなりませんが，それが成り立つような重要な状況を一つ導入します．

定義 16.2 X の部分集合の族 $\mathcal{U} = \{U_\lambda\}_{\lambda \in \Lambda}$ が**局所有限**とは，$\forall P \in X$ に対しそのある近傍 U が存在して U と交わるような $\mathcal{U}$ の元は高々有限個しか無いことを言う．

補題 16.2 $\{Z_\lambda\}_{\lambda \in \Lambda}$ を閉集合の局所有限な族とすれば，$\bigcup_{\lambda \in \Lambda} Z_\lambda$ も閉集合となる．

証明 $Z = \bigcup_{\lambda \in \Lambda} Z_\lambda$ の集積点 P が Z に属することを言えばよい．仮定により P のある近傍 U は有限個の $Z_{\lambda_j}, j = 1, 2, \ldots, s$ としか交わらない．これらの和集合 Z' は閉であることに注意．もし，U に含まれる任意の近傍 V が Z と P 以外の点を共有するなら，それは Z' との共通点でなければならない．よって，P は Z' の集積点となり，$P \in Z'$．従って $P \in Z$． □

定義 16.3 X の被覆 $\mathcal{U} = \{U_\lambda\}_{\lambda \in \Lambda}$ に対し，X のもう一つの被覆 $\mathcal{V} =$

第 16 章 パラコンパクト性と可分性

$\{V_\mu\}_{\mu \in M}$ が $\mathcal{U}$ の**細分** (refinement) であるとは，$\forall V_\mu \in \mathcal{V}$ に対し $\exists U_\lambda \in \mathcal{U}$ が存在して $V_\mu \subset U_\lambda$ となっていることを言う．この条件を満たす添え字集合の写像

$$\begin{array}{ccc} \tau: M & \longrightarrow & \Lambda, \\ \cup & & \cup \\ \mu & \longmapsto & \lambda = \tau(\mu) \end{array} \qquad V_\mu \subset U_{\tau(\mu)}$$

を**細分写像**と呼ぶ（一つに決まるとは限らない）．位相空間 X が**パラコンパクト**とは，X の任意の開被覆について局所有限な細分が存在することを言う．

定理 16.3 パラコンパクトなハウスドルフ空間 X は正規である．

証明 Z_1, Z_2 を二つの交わらない X の閉集合とする．まず，任意の点 $P \in Z_1$ において，Z_2 と交わらないような閉近傍 A_P が見出せることを示す．ハウスドルフを仮定したので，$\forall Q \in Z_2$ に対し，P の開近傍 U_Q と Q の開近傍 V_Q で，交わりを持たないものが存在する．V_Q は $\mathsf{C}Z_1$ と共通部分を取ることにより，Z_1 との交わりは無いものと仮定できる．さて，$\{V_Q, Q \in Z_2\}$ と $\mathsf{C}Z_2$ を合わせたものは X の開被覆となるので，パラコンパクトの仮定により，局所有限な細分が取れる．そのうち $\mathsf{C}Z_2$ に含まれるもの以外のもの W_λ の和集合 O_2 は，明らかに Z_2 の近傍となり，かつ Z_1 と交わらない．P のある近傍 U は，細分被覆の有限個としか交わらないので，特に W_λ の有限個としか交わらない．それらを含むもとの近傍を $V_{Q_i}, i = 1, \ldots, s$ とすると，$U' = U \cap U_{Q_1} \cap \cdots \cap U_{Q_s}$ は P の近傍であって，W_λ と，従って O_2 と交わらない．よって $\overline{U'} \subset \mathsf{C}O_2$ は，Z_2 と交わらないような P の閉近傍となる．

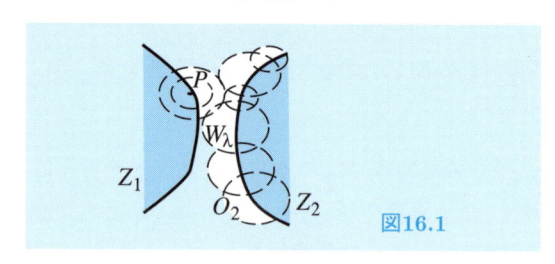

図16.1

今，Z_1 の各点においてこのような閉近傍 A_P を作る．$U_P = \mathrm{Int}(A_P)$ は P の開近傍なので，これらと $\mathsf{C}Z_1$ とで X の開被覆ができる．パラコンパクトの仮定により，この局所有限な細分が存在するが，その $\mathsf{C}Z_1$ に対応するもの以外の W_λ について，閉包を取ったもの $A_\lambda = \overline{W_\lambda}$ は，やはり局所有限である．($\overline{W_\lambda}$

16.1 局所コンパクト, σ コンパクト, パラコンパクト

と交わる開近傍は必ず W_λ とも交わるから.) すると, $A = \bigcup A_\lambda$ は補題 16.2 により閉となり, かつ $A_\lambda \subset {}^\exists A_P$ より Z_2 とは交わらないので, $O_1 = \bigcup_\lambda W_\lambda$ と $O_2 = \complement A$ は Z_1, Z_2 を分離する開集合のペアとなる. □

定理 16.4 局所コンパクトなハウスドルフ空間 X では, σ コンパクトならパラコンパクトとなる. X の連結成分が可算個なら逆も成り立つ.

証明 X を局所コンパクトかつ σ コンパクトな位相空間とし, コンパクト集合の取り尽くし増大列 K_n を取る. 任意に与えられた X の開被覆 $\mathcal{O}_\lambda, \lambda \in \Lambda$ について, 各 K_n はこれらの有限個で覆えるが, そのまま n を動かしてしまうと, 無限個交わるものが生じ得るので, 縮めることを考える. そのため K_n を少し修正すると簡単である. K_1 はそのままとし, K_1 の各点のコンパクト近傍を選ぶと, K_1 はそれらの内部の有限個で覆えるので, 対応するコンパクト近傍だけの和集合を取ったものは, 再びコンパクトとなる. これにもともとの K_2 を合併したものを新しい K_2 とすると, $K_1 \subset \mathrm{Int}(K_2) \subset K_2$ とできる. 以下, この操作を繰り返すと,

$$K_1 \subset \mathrm{Int}(K_2) \subset K_2 \subset \cdots \subset K_n \subset \mathrm{Int}(K_{n+1}) \subset K_{n+1} \subset \cdots$$

という列に作り替えることができる. そこで, 帰納法により, K_{n-1} まではこれを覆う有限個の細分で, その各々が $\mathrm{Int}(K_n)$ に含まれるようなものが存在したとして, K_n を覆う有限個の被覆の元を取り, その各々と $\complement K_{n-1}$ (ハウスドルフの仮定により開集合となる), および $\mathrm{Int}(K_{n+1})$ との共通部分を取ったものを新たに追加すれば, これらは全体として有限個で, かつ K_{n-2} までの被覆のために使われた開集合とは交わらない. よってこの操作を無限に続けても局所有限性は保たれる.

逆に, X は局所コンパクトかつパラコンパクトとし, 簡単のためまず連結とする. X の各点においてコンパクトな近傍を選ぶ. これらの内部は X の開被覆なので, 局所有限な細分 U_λ が存在する. この閉包を取ったものも明らかに局所有限である. 実際, どの点 P においても, もしある近傍 U_P が $\overline{U_\lambda}$ と交われば, もとの U_λ の点を必ず含む. 閉包は最初のコンパクト近傍のどれかに含まれているので, その閉部分集合としてコンパクトとなる. 以上により, X の局所有限なコンパクト被覆が得られた. この被覆は局所有限なだけでなく, その一つの元と交わる被覆の元が有限個という性質も持つことに注意せよ (すぐ

後の問題 16.1 参照）．これらからコンパクト集合による取り尽くし増大列を次のように構成する：

まず，どれか一つのコンパクト被覆の元を K_1 とする．次に，これと交わる有限個のすべてのコンパクト被覆の元を K_1 に合併したものを K_2 とする．以下同様にしてコンパクト集合の増大列 K_n を構成する．これが全空間を取り尽くすことを見よう．もし，この操作を続けた結果，$Z = \bigcup_{n=1}^{\infty} K_n$ が全空間 X と一致しなかったら，補題 16.2 により，Z は X の閉集合となる．他方 $X \setminus Z$ も閉集合である．実際，この集合の集積点は，ある U_λ に含まれ，これは $X \setminus Z$ の点を含むが，$\overline{U_\lambda}$ が一つでも Z の点を含めば，Z の作り方から，$\overline{U_\lambda}$ 全体が Z に含まれてしまうから．よって X は連結でなかったことになり，不合理．

最後に，X が可算無限個の連結成分 $X_1, X_2, \ldots$ より成る場合は，各 X_i を取り尽くすコンパクト集合の増大列 $K_{i1}, K_{i2}, \ldots$ を構成した後，$K_k = \bigcup_{i+j \leq k} K_{ij}$ と置けば，$X = \bigcup_{i=1}^{\infty} X_i$ のコンパクト集合の取り尽くし増大列となる． □

問題 16.1 局所有限な開被覆は，任意のコンパクト集合と高々有限個でしか交わらないことを示せ．

例 16.2 $\mathbf{R}^n$ はパラコンパクトである．これは例 16.1 と上の定理から明らかだが，直接示すには，上の定理の証明と同様の議論が必要となる．

連結成分が非可算個存在すると，上の定理の逆は成り立たない．実際，離散位相を持つ非可算集合は，もちろんハウスドルフであり，各点自身がコンパクトな近傍となるので，局所コンパクト．更に，任意の開被覆は，点より成る細分を持ち，これは局所有限なので，パラコンパクトでもある．しかし，コンパクト部分集合は有限個の点のみなので，可算集合でないと σ コンパクトでは有り得ない．

定理 16.5 距離空間はパラコンパクトである．

この証明は著者が学生のときにも習わなかったので略してもいいでしょう．

【パラコンパクト性と 1 の分解】 最後に，パラコンパクト空間の最も大切な性質を導入します．

定義 16.4 位相空間 X 上の関数の族 f_λ, $\lambda \in \Lambda$ が **1 の分解** であるとは，次

16.1 局所コンパクト, σ コンパクト, パラコンパクト

の条件が成り立つことを言う:
(1) $0 \leq f_\lambda \leq 1$.
(2) $\forall P \in X$ に対し, P のある近傍 U が存在し, その上では $f_\lambda > 0$ となるものは有限個, かつ $\forall Q \in U$ に対し $\sum_{\lambda \in \Lambda} f_\lambda(Q) = 1$ が成り立つ.

一般に, 位相空間 X 上の関数 f に対し, その台 (support) を

$$\mathrm{supp}\, f := \overline{\{P \in X\,;\, f(P) \neq 0\}} \quad (閉包)$$

で定める. この定義から

$$P \notin \mathrm{supp}\, f \iff \exists U \ni P\,(近傍)\ \mathrm{s.t.}\ \forall Q \in U \text{ に対し } f(Q) = 0$$

となる. (こちらの方を台の定義とすることも多い.) まず, 次を示す.

補題 16.6 正規空間 X に対しては, 任意の開被覆 $\mathcal{U} = \{U_\lambda, \lambda \in \Lambda\}$ に対し, 開部分集合 $V_\lambda \subset U_\lambda$ で, $\overline{V_\lambda} \subset U_\lambda$ を満たすものを適当に取ると, $\mathcal{V} = \{V_\lambda, \lambda \in \Lambda\}$ も X の開被覆となるようにできる.

証明 開被覆の元 U_λ に着目し, $Z_1 = \mathsf{C}\bigcup_{\mu \neq \lambda} U_\mu$ と置けば, $Z_1 \subset U_\lambda$ となる. (さもなければ, U_λ を追加しても X 全体を覆えない.) よって Z_1 と $Z_2 = \mathsf{C}U_\lambda$ は交わらない二つの閉集合となるので, 正規の仮定により, 開集合のペア O_1, O_2 で分離できる. このとき, U_λ を O_1 で置き換えたものは, X の被覆となる. $\overline{O_1} \subset \mathsf{C}O_2 \subset U_\lambda$ なので, $V_\lambda = O_1$ は求める条件を満たしている. 以下, 被覆のすべての元についてこの操作を行えばよい. 元が無限個存在する場合は, いつものように無限集合論のツォルンの補題を必要とするが, 直感的にはこれで十分であろう. □

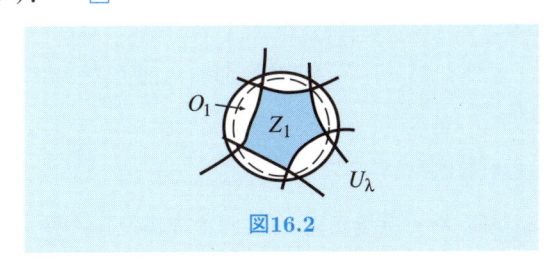

図16.2

定理 16.7 パラコンパクトなハウスドルフ空間には, 勝手に与えられた開被覆 $\{U_\lambda\}_{\lambda \in \Lambda}$ に対して, $\mathrm{supp}\, f_\lambda$ が U_λ に含まれるような連続関数より成る 1 の分

解が存在する.

証明 まず，与えられた開被覆を局所有限な細分で取り替える．（簡単のため同じ記号で表す．）次に，定理 16.3 より X は正規なので，前補題を 2 度適用することにより $A_\lambda \subset V_\lambda \subset \overline{V_\lambda} \subset U_\lambda$ を満たす閉集合 A_λ と開集合 V_λ が取れ，おのおのが X の被覆となる．更に，正規性により $[0,1]$-値連続関数 g_λ で A_λ 上 1，$\mathsf{C}V_\lambda$ 上 0 となるものが存在する．局所有限性により X の各点 P において，ある近傍を取れば，その上で $g_\lambda > 0$ なる λ は有限個しかないので，和の関数 $g = \sum_\lambda g_\lambda$ が確定し，至るところ正値となる．よって $f_\lambda = g_\lambda/g$ が求める関数となる． □

【コンパクト化】 コンパクトな位相空間は取扱いが容易なので，一般の位相空間をコンパクトな空間の位相的部分集合として埋め込むことが，数学では手段としてよく使われます．これを一般に**コンパクト化**と言います．最も簡単なのは，1 点だけを付け加えて行う **1 点コンパクト化**です．

定理 16.8 σ コンパクトな位相空間は 1 点コンパクト化可能である．

証明 付け加えた "無限遠点" の開近傍系は，もとの空間のコンパクト集合の補集合の全体と定めると，全体がコンパクトな位相空間となる．実際，まず，無限遠点の近傍系が近傍系の公理を満たしていることは，コンパクト集合の基本的性質から容易に示せる．また，全体がコンパクトとなることは，開被覆が有ったら，そのうち無限遠点を覆うものの補集合は，もとの空間のコンパクト集合となるので，被覆の残りの元のうちの有限個で覆えることから分かる． □

例 16.3 (1) 直線 $\boldsymbol{R}$ の 1 点コンパクト化は単位円周 $\{(x,y) \in \boldsymbol{R}^2 \,;\, x^2+y^2=1\}$ と同相である．

(2) $\boldsymbol{R}^2$ の 1 点コンパクト化は，2 次元球面 $\{(x,y,z) \in \boldsymbol{R}^3 \,;\, x^2+y^2+z^2=1\}$ と同相である．

次は，分離公理の最後の一つです：

定義 16.5 位相空間 X が**完全正則**とは，T1 を満たし，かつ X の任意の閉集合 Z と点 $P \notin Z$ について，Z 上 0，P で 1 を取る X 上の $[0,1]$-値連続関数が存在することを言う．

$f(x)$ が連続なら，$x \mapsto \min\{\max\{f(x), 0\}, 1\}$ も連続関数となるので，上のような"分離関数"は，$[0,1]$-値にはいつでも修正できることに注意しましょう．正則空間の定義とウリゾーンの補題（定理 14.15）から明らかに，

$$\text{正規} \implies \text{完全正則} \implies \text{正則}.$$

定理 16.9 （チェックのコンパクト化）[1] 完全正則な位相空間 X に対し，コンパクトなハウスドルフ空間 Y で，次の諸条件を満たすものが（位相同型の意味で）一意に定まる．
(1) $X \subset Y$ は誘導位相の意味で部分集合となっている．
(2) X は Y で稠密．
(3) X 上の任意の有界連続関数は Y 上の連続関数に拡張できる．

証明の概略 X 上の $[0,1]$-値連続関数のすべてを $f_\lambda, \lambda \in \Lambda$ とする．写像

$$\begin{array}{ccc} \Phi: X & \to & [0,1]^\Lambda \\ \cup & & \cup \\ P & \mapsto & (f_\lambda(P))_{\lambda \in \Lambda} \end{array}$$

が定まるが，完全正則の仮定により，任意の異なる 2 点 $P, Q \in X$ について，$f(P) = 1, f(Q) = 0$ なる $[0,1]$-値連続関数が存在するので，これらの Φ による行き先は異なる．従って Φ は 1 対 1 である．チホノフの定理により $[0,1]^\Lambda$ は直積位相でコンパクトとなるが，その $\Phi(X)$ への誘導位相が，X のもとの位相と同型となることが確かめられる．このとき $\widetilde{X} := \overline{\Phi(X)}$ が求めるコンパクト化となる．ここでは，X 上の任意の有界連続関数 f が $\widetilde{X}$ まで連続に拡張できることのみを示しておこう．それには，各 $f_\mu, \mu \in \Lambda$ が拡張できることを言えばよい．実際，任意の有界連続関数は，定数 c, C を適当に取るとき，$g = cf + C$ を $[0,1]$-値にでき，従ってこれはある f_μ と一致するが，後者の拡張 $\widetilde{f_\mu}$ を用いると f の拡張 $\widetilde{f} = \dfrac{1}{c}(\widetilde{f_\mu} - C)$ が得られる．さて $\Phi(X)$ 上の関数 $F_\mu = f_\mu \circ \Phi^{-1}$ は，$\forall P \in X$ に対して，

$$f_\mu(P) = (F_\mu \circ \Phi)(P) = F_\mu((f_\lambda(P))_{\lambda \in \Lambda})$$

により，$[0,1]^\Lambda$ からその第 μ 成分への射影写像 $\widetilde{F_\mu}$ と一致するので，明らかに連続関数として全体で定義されている．よってこれが求める拡張となる． □

---

[1] 慣習の読みに従いましたが，正しくはチェコ語のチェフです．

16.2 可算公理

今まであちこちで予告してきた位相の可算性に関する基本的な概念の紹介をします．

定義 16.6 位相空間 X が**第 1 可算公理**を満たすとは，X の任意の点の基本近傍系で，可算個の元より成るものが存在することを言う．

例 16.4 距離空間は第 1 可算公理を満たす．可算個の基本近傍の例としては，$B_{1/n}(P), n = 1, 2, \ldots$ がある．

定義 16.7 位相空間 X が**第 2 可算公理**を満たすとは，X の開集合の基で可算個の元より成るものが存在することを言う．

開集合で基本近傍系が作れるので，次は明らかです：

$$\text{第 2 可算公理} \implies \text{第 1 可算公理}$$

定義 16.8 位相空間 X が**可分** (separable) とは，X の可算部分集合で稠密なものが存在することを言う．

補題 16.10 第 2 可算公理 $\implies$ 可分．距離空間では逆も成り立つ．

証明 X が第 2 可算公理を満たすとし，$\mathcal{O} = \{O_k, k = 1, 2, \ldots\}$ を開集合の基とする．このとき，各 O_k から 1 点 P_k を選べば，$\{P_k\}$ は X で稠密となる．実際，任意の点 $P \in X$ の任意の近傍 U に対し，$O_k \subset U$ なる元が存在するので，$P_k \in U$ となる．

逆に X は可分な距離空間とし，$P_k, k = 1, 2, \ldots$ は X で稠密とする．このとき，$\{B_{1/n}(P_k), k = 1, 2, \ldots, n = 1, 2, \ldots\}$ は X の開集合の可算基底となる．実際，O を X の任意の開集合とすれば，O はこれに含まれる $B_{1/n}(P_k)$ のすべての和集合と一致する．なぜなら，もし O にこれらで覆われない点 P が残ると，P のある $\frac{1}{n}$-近傍は O に含まれるが，P の $\frac{1}{2n}$-近傍はある P_k を含み，従って P_k の $\frac{1}{2n}$-近傍は P を含み，かつ O に含まれることになり，不合理である． □

位相空間 X が距離付け可能とは，X にある距離 d を定めると，d から定ま

る位相が，X のもとの位相と同型となることを言います．距離を導入したがる理由は明らかですね．距離空間になれば，いろいろと分かりやすいからです．

定理 16.11　（ウリゾーンの距離付け定理）　正規空間が第 2 可算公理を満たせば距離付け可能である．

証明　開集合の可算基 $\mathcal{O} = \{O_k, k = 1, 2, \ldots\}$ が与えられたとき，$\overline{O_k} \subset O_l$ なる各ペア $O_k, O_l \in \mathcal{O}$ について，O_k 上 1, CO_l 上 0 なる $[0,1]$-値連続関数 f_{kl} が取れる．これらを適当に一列に並べて，$f_n, n = 1, 2, \ldots$ と番号を付け替え，写像

$$\begin{array}{rcl} \Phi: X & \to & [0,1]^{\boldsymbol{N}} \\ \cup & & \cup \\ P & \mapsto & (f_n(P))_{n=1}^{\infty} \end{array}$$

を定義する．正規空間では，異なる 2 点 P, Q に対して，$P \in O_l, Q \notin O_l$ なる元がまず取れ，次いで $P \in O_k \subset \overline{O_k} \subset O_l$ なる元 O_k が取れるので，f_{kl} の値がこれら 2 点を区別し，Φ は 1 対 1 となる．その像が $[0,1]^{\boldsymbol{N}}$ からの誘導位相で X と位相同型になることも確かめられる．（議論の詳細は略す．）しかるに，$[0,1]^{\boldsymbol{N}}$ は，

$$\boldsymbol{x} = (x_n), \ \boldsymbol{y} = (y_n) \ \text{に対し} \quad d(\boldsymbol{x}, \boldsymbol{y}) = \sum_{n=1}^{\infty} \frac{|x_n - y_n|}{2^n}$$

を距離として，距離空間となることが容易に分かるので，その部分集合である $\Phi(X)$，従って X は距離付け可能となる．　□

なお，例 14.4（p.219）により正規なことは距離付けの必要条件でもあります．しかし，可分でない"巨大な"距離空間は存在するので，第 2 可算公理は必要条件ではありません．

第 17 章

一様位相と収束

　この章では，距離付けできないような位相空間で収束や完備性をどのように考えるかを学びます．知識としてはやや専門的で数学科以外の学生にはなじまないかもしれませんが，既存の内容を一般化，抽象化して進歩してきた数学独特の考え方を知るための例としては大いに参考になるでしょう．

■ 17.1 一様位相

　距離空間では，コーシー列というものが定義できましたが，これは二つの点の間の近さを，一方の点を基準として固定することなく，それらが空間のどの位置にあっても判定することができたからです．距離が持つこのような性質だけを抽象化したものに，一様位相の概念があります．

定義 17.1 X を集合とするとき，$X \times X$ の部分集合の族 $\mathcal{U}$ は，以下の性質を満たすとき，X の**一様位相構造**と呼ばれる．
(1) $\forall U \in \mathcal{U}$ は $X \times X$ の対角線 $\Delta_X = \{(x,x) \, ; \, x \in X\}$ を含む．
(2) $U, V \in \mathcal{U}$ なら $U \cap V \in \mathcal{U}$．
(3) $V \subset X \times X$ が $\exists U \in \mathcal{U}$ を含めば，$V \in \mathcal{U}$．
(4) $\forall U \in \mathcal{U}$ に対し，$U^{-1} = \{(x,y) \in X \times X \, ; \, (y,x) \in U\}$ も $\mathcal{U}$ の元となる．

　$\mathcal{U}$ の元は X が距離空間のときの $X \times X$ の部分集合 $\{(x,y) \, ; \, d(x,y) < \varepsilon\}$ を抽象化したものです．適当な訳語がないので，以下これらを**一様近傍**と呼んでおきましょう．次の定義はこの説明から想像がつくでしょう．

定義（と補題）17.2 X が一様位相構造を持つとき，各 $x \in X$ において，
$$U \in \mathcal{U} \quad \text{に対し} \quad U(x) := \{y \in X \, ; \, (x,y) \in U\}$$
で定まる集合族 $\{U(x)\}_{U \in \mathcal{U}}$ を近傍系とすることにより，X に位相が導入される．このようにして定まる位相を X の**一様位相**と呼ぶ．一様位相が与えられた空間を**一様位相空間**と呼ぶ．

17.1 一様位相

U から上のように定まる $U(x)$ は，U をグラフとする X の 2 項関係あるいは対応 $X \to X$ による x の像に相当します．定義 17.1 の (3) により，像の代わりに逆像 $\{y \in X \,;\, (y,x) \in U\}$ を用いても同じ近傍系が得られます．

問題 17.1 上で定義された $U(x)$ が近傍系の公理を満たすことを確かめよ．

次のことは明らかでしょう．

補題 17.1 (1) X を一様位相空間，A をその部分集合とするとき，A への誘導位相は再び一様位相となる．$A \times A$ の一様近傍は $X \times X$ の一様近傍を制限することにより得られる．

(2) X, Y を二つの一様位相空間とすれば，直積 $X \times Y$ も一様位相空間となる．$X \times Y$ の一様近傍は，それぞれの一様近傍の直積を $X \times X \times Y \times Y$ から $X \times Y \times X \times Y$ への自然な位相同型写像で変換すれば得られる．

注意すべきことは，一様位相構造から定まる X の位相を用いて，$X \times X$ に直積位相を入れたときの対角線 Δ の近傍は，必ずしも一様近傍とはならないことです．例えば，$\boldsymbol{R}$ の一様位相構造は，$\{(x,y) \,;\, |x-y| < \varepsilon\}$ の型の一様近傍から決まり，$\boldsymbol{R}^2$ の位相はその直積とみなせますが，$\boldsymbol{R}^2$ の対角線 $\{(x,x) \,;\, x \in \boldsymbol{R}\}$ の近傍の中には，

$$\left\{(x,y) \,;\, |x-y| < \frac{\varepsilon}{x^2+y^2+1}\right\}$$

のように，遠くの方で次第に細くなっているようなものもあり，一様近傍ではないからです．ただし次のことは容易に分かるでしょう．

補題 17.2 コンパクトな位相空間 X は一様位相空間とみなせる．このとき $X \times X$ の対角線の任意の近傍は一様近傍となる．

問題 17.2 上の補題を証明せよ．

【**一様連続写像**】 実数値関数 $f(x)$ の一様連続性は次のように拡張されます：

定義 17.3 二つの一様位相空間の間の写像 $f : X \to Y$ は，Y の任意の一様近傍 V に対して X のある一様近傍 U が存在し，$(f \times f)(U) \subset V$ となるとき，すなわち，$(x,y) \in U \Longrightarrow (f(x), f(y)) \in V$ となるとき，**一様連続**であると言う．二つの一様位相空間は，双方向に一様連続な 1 対 1 対応を持つとき，**一様位相同型**と言われる．

第 17 章　一様位相と収束

微積分において，一様連続性は，連続関数が有界閉区間においてリーマン積分可能であることを証明するときに用いられます．その根拠となったのが実数の有界閉区間のコンパクト性で，リーマンの死後，ハイネによって指摘されました．この一般化として，次のことは容易に想像されるでしょう．

補題 17.3　コンパクトな位相空間 X から一様位相空間 Y への連続写像は一様連続である．

問題 17.3　上の補題を証明せよ．[ヒント：f から誘導される写像 $f \times f : X \times X \to Y \times Y$ による Y の一様近傍の逆像が X の一様近傍を含むことを補題 17.2 と同様に示す．]

【位相代数系】　代数構造と位相構造をともに持ち，それらが両立しているようなものを一般に **位相代数系** と呼びます．これらは，距離空間と並び，一様位相空間の重要な特殊例です．このうち最も基本的な位相群について少し解説しましょう．群の一般論についてはこのライブラリの『応用代数講義』を見てください．ここでは，第 7 章章末に示した群の定義だけで十分です．

定義 17.4　G が **位相群** であるとは，集合 G に 2 項演算 $\circ$ と位相構造 $\mathcal{T}$ が与えられており，① $(G, \circ)$ は群となり，かつ② 群の演算 $\circ$ と逆元を取る演算はこの位相に関して連続であるようなものを言う．正確には，位相群とは三つ組 $(G, \circ, \mathcal{T})$ のことだが，普通は単に G で表す．

群にはその一つの固定元 g に関する左移動
$$g \cdot : G \to G$$
$$\quad\; \cup \quad\;\; \cup$$
$$\quad\; h \mapsto gh$$
という演算があり，これによって単位元 e の近傍 $U_e \in \mathcal{U}_e$ が任意の点 g の近傍 gU_e に写ります．群の結合律から $g^{-1}(g(U_e)) = U_e$ なので，$g(U_e)$ は確かに g の近傍系を与えることが分かります．このような位相が一様位相となっていることは，一様位相構造として，
$$U = \{(g,h) \in G \times G \,;\, g \circ h^{-1} \in U_0\}, \quad U_0 \in \mathcal{U}_e$$
を取れることから分かります．逆元を取る演算は位相同型なので，上で (g,h) の代わりに (g^{-1}, h^{-1}) を考えても同じ構造が得られることから，
$$U = \{(g,h) \in G \times G \,;\, g^{-1} \circ h \in U_0\}, \quad U_0 \in \mathcal{U}_e$$

17.1 一様位相

を取っても同じです．

例 17.1 位相群の例としては，加法群 $\boldsymbol{R}$，乗法群 $\boldsymbol{R}^\times$，乗法群 $\boldsymbol{S}^1 = \{e^{i\theta}\,;\,0 \leq \theta < 2\pi\}$，一般線形群 $GL(n, \boldsymbol{R})$，特殊線形群 $SL(n, \boldsymbol{R})$，直交群 $O(n)$ などがある．線形空間 $\boldsymbol{R}^n$ も加法だけに着目すれば，位相群とみなせる．

位相群の間の写像としては，群の準同型で，かつ連続なものが用いられます．特に，群の同型で，かつ位相同型写像であるものは位相群の**同型写像**と呼ばれ，そのような写像が存在するとき二つの位相群は同型であると言います．

例 17.2 加法群 $\boldsymbol{R}^2$ をその離散部分群 $\boldsymbol{Z}^2$ により割って得られる商群 $\boldsymbol{R}^2/\boldsymbol{Z}^2$ は商位相により位相群となるが，これは位相群の直積 $\boldsymbol{S}^1 \times \boldsymbol{S}^1$ と同型である．

同様に，位相環，位相体，位相ベクトル空間などが定義されます．例として最後のものの定義を与えておきましょう．

定義 17.5 $\boldsymbol{R}$ 上の線形空間 V と，その上に定義された位相が，次の条件を満たすとき，**位相ベクトル空間**あるいは**位相線形空間**と呼ばれる．
(1) 加法 $+ : V \times V \to V$ は連続．
(2) スカラー倍 $\cdot : \boldsymbol{R} \times V \to V$ は連続．

$\boldsymbol{R}$ 上の有限次元の線形空間はすべてある n について $\boldsymbol{R}^n$ と同型です．これは位相ベクトル空間の立派な例ですが，これだけではつまらないので，無限次元の例も与えておきましょう．なお，一様位相空間の具体例として今まで述べてきたものは，すべて距離付け可能でした．これではせっかく距離空間から拡張した意味が無いと思われるでしょうから，そうでない例も混ぜておきます．

例 17.3 (1) 区間 $[a,b]$ 上の連続関数の全体が成すベクトル空間に最大値ノルムで距離を入れたもの $C[a,b]$（問題 12.5 参照）は，無限次元の位相ベクトル空間の基本的な例です．このように，ノルムで位相が定義されたベクトル空間は**ノルム空間**と呼ばれ，最も扱いやすい位相ベクトル空間のクラスを成します．なお，ノルム空間が距離空間として完備なとき，**バナッハ空間**と呼ばれます．

(2) 問題 12.6 (p.185) の $C(\boldsymbol{R})$ や例 15.4 の (2) (p.233) に掲げた $\lim\limits_{n \to \infty} \boldsymbol{R}^n$ は，距離を持つベクトル空間として位相ベクトル空間の例ですが，これらの位相はノルムでは表せないことが知られています（後出の問題 17.4, 17.5 参照）．

(3) 距離空間として完備な位相ベクトル空間は**フレッシェ空間**と呼ばれます．ただし，普通はノルム空間と同様，**局所凸**，すなわち，各点が凸な基本近傍系を持つ場合にのみ，この言葉を使います．$0 < p < 1$ に対して**偽ノルム**

$$\|(x_n)_{n=1}^\infty\|_p := \Bigl(\sum_{n=1}^\infty |x_n|^p\Bigr)^{1/p}$$

が有限となるような数列の空間に，原点の基本近傍系を $\|(x_n)_{n=1}^\infty\|_p < \varepsilon$ で定め，これを平行移動して位相を定義したものは，局所凸ではないフレッシェ空間の例となります．

(4) 例 15.4 の (1) (p.233) に掲げた $\varinjlim_{n \to \infty} \mathbf{R}^n$ は位相ベクトル空間ですが，問題 15.5 (p.233) で述べたように，その位相は距離では表現できません．

問題 17.4 A が位相線形空間 X の**有界集合**とは，X の原点の任意の近傍 U に対して，$\lambda_U > 0$ を適当に選べば，$\lambda_U A := \{\lambda_U x \,;\, x \in A\} \subset U$ となることを言う．
(1) X がノルム空間のとき，A が有界なことと，それが X の原点を中心とするある開球 $B_R = \{x \in X \,;\, \|x\| < R\}$ に含まれることとは同値となることを示せ．
(2) 問題 12.6 (p.185) の空間 $C(\mathbf{R})$ の有界集合 K は，"$\forall n \in \mathbf{N}$ に対し $\exists M_n$ s.t. $\forall f \in K$ に対し $\max_{|x| \leq n} |f(x)| \leq M_n$" となること，すなわち，"各有界閉区間 $[-n, n]$ 上一様有界" という条件で特徴付けられることを示せ．
(3) この空間においては，原点のどんな近傍も有界集合とはならないこと，従ってこの空間には，同じ位相を定義するようなノルムは入らないことを示せ．

問題 17.5 例 15.4 の (2) (p.233) に掲げた空間 $X = \varinjlim_{n \to \infty} \mathbf{R}^n$ の有界集合 A は，(任意の速度で増大する) 正数列 a_n により定義される

$$[-a_1, a_1] \times \cdots \times [-a_n, a_n] \times \cdots$$

の形の集合に含まれ，従って相対コンパクトとなることを示せ．また，この事実を用いて，距離 (15.1) (p.233) と同じ位相を定義するようなノルムは存在しないことを示せ．

問題 17.6 無限次元のノルム空間においては単位閉球体 $B_R = \{x \in X \,;\, \|x\| \leq 1\}$ は決してコンパクトにならない．このことを以下の順に示せ．
(1) $X_n \subset X$ を有限次元の部分空間とするとき，$\forall \varepsilon > 0$ に対し，$f \in X$ で $f \notin X_n$, $\|f\| = 1, \mathrm{dis}\,(f, X_n) \geq 1 - \varepsilon$ となるものが存在する．
(2) $\varepsilon > 0$ を任意に固定したとき，1 次独立な単位ベクトルの列 $f_1, f_2, \ldots$ で，どの二つの距離も $\geq 1 - \varepsilon$ であるようなものが構成できる．

(3) 上で構成した X の点列は収束部分列を持たない．

🦔 より一般に，位相線形空間が局所コンパクトなら有限次元となります．

17.2 有向点族とフィルター

　一様位相の導入によりコーシー列の一般化の準備は整いましたが，第 1 可算公理を満たさないような空間では，点列の収束だけでは位相を完全には表現することができません．そこで次に点列の概念を一般化する方法を二つ紹介します．

【有向点族】 まずは，点列のイメージにより近いものから紹介します．

定義 17.6 添え字集合 Λ が**有向集合** (directed set) であるとは，順序 $\leq$ を持ち，かつそれが "$\forall \lambda, \mu \in \Lambda$ に対し，$\exists \nu \in \Lambda$ で，$\lambda \leq \nu, \mu \leq \nu$ となるものが存在する" という性質を満たすことを言う．有向集合を添え字に持つ位相空間 X の点の族 $\{x_\lambda\}_{\lambda \in \Lambda}$ を**有向点族**，あるいは，**有向点集合**，あるいはネットと呼ぶ．有向点族 $\{x_\lambda\}_{\lambda \in \Lambda}$ が点 a に**収束**するとは，a の任意の近傍 U に対し，$\exists \lambda_U$ が存在して，$\lambda \geq \lambda_U$ なるすべての λ に対し，$x_\lambda \in U$ となることを言う．

　以下では，有向点族を $x_\lambda, \lambda \in \Lambda$ あるいは単に x_λ とも記すことにします．

例 17.4 (1) 自然数の集合は最も簡単な有向集合で，これを添え字に持つ有向点族は，点列に他なりません．より一般に，任意の全順序集合は明らかに有向集合の例となります．

　(2) 他の例として，位相空間の点 P の近傍系 $\mathcal{U}_P$ が包含関係に関して成す順序集合があります．ただし，$U \subset V$ なら $U \geq V$ と解釈します．このとき，各 $U \in \mathcal{U}_P$ に対して，点 $x_U \in U$ を任意に選べば，定義から明らかに，$\{x_U\}_{U \in \mathcal{U}_P}$ は P に収束する有向点族となります．

　(3) 実数の区間 $[a,b]$ の分割 $a = x_0 < x_1 < \cdots < x_n = b$ の集合 Δ は，分点の集合 $\{x_0, x_1, \ldots, x_n\}$ の包含関係に関して有向集合となります．この場合は細分すると，すなわち分点が増えるほど，大きくなると考えます．リーマン積分論で使われる上限近似和 $\overline{S}_\Delta[f] = \sum_{i=1}^n \sup_{x_{i-1} \leq \xi \leq x_i} f(\xi)(x_i - x_{i-1})$ や下限近似和は，この有向集合を添え字とする有向点族の実用的な例となっています．

　有向点族の概念を用いると，距離空間のときに点列で記述されていた位相の

議論を一般の位相空間の場合に，ほぼ機械的に翻訳することができます．そのような例として，次の事実の証明を示しておきましょう．

補題 17.4 位相空間 X の部分集合 Z が閉集合
$\iff$ Z の点より成る有向点族 x_λ が a に収束すれば，$a \in Z$ となる．

証明 ここでは，閉集合とは開集合の補集合と定義されているものとする．

〔$\Longrightarrow$〕 $x_\lambda \to a$ とすると，a の任意の近傍 U に対し，$\exists \lambda_U$ s.t. $\lambda \geq \lambda_U$ なら $x_\lambda \in U$．ここでもし $a \notin Z$ なら，Z が閉という仮定より，ある U は Z と交わらず，従ってそこに含まれる x_λ が Z の元ではなかったことになり，不合理．

〔$\Longleftarrow$〕 $\forall a \notin Z$ が Z の外点，すなわち CZ の内点となることを言えばよい．もし，$\exists a \notin Z$ で，Z の外点でないものがあれば，そのどんな近傍 U を取っても，$\exists x_U \in Z$ が存在する．このとき，$x_U, U \in \mathcal{U}_P$ は a に収束する有向点族となる．よってその極限 a が Z に属さないのは仮定に反する． □

上の証明，特に後半は，結局近傍を全部使っているので，収束といっても近傍で位相を論じるのと同じじゃないかという感想もあるでしょうが，近傍全体でなく，代表点だけを取り出しているのは，それなりの効用もあるのです．これで論法の本質は理解されたでしょうから，後は適当に証明を省略してゆきます．

補題 17.5 位相空間 X がハウスドルフ
  $\iff$ 任意の有向点族の収束先は高々1点に限る．

補題 17.6 二つの位相空間の間の写像 $f: X \to Y$ が点 $a \in X$ で連続
$\iff$ a に収束する X の任意の有向点族 x_λ に対し $f(x_\lambda)$ は $f(a)$ に収束する．

問題 17.7 補題 17.4 の証明に倣って，上の二つの補題を証明してみよ．

次に，部分列の概念を一般化します．

定義 17.7 有向集合 Λ の部分集合 M が共終 (cofinal) であるとは，$\forall \lambda \in \Lambda$ に対して $\exists \mu \in M$ s.t. $\mu \geq \lambda$ となっていることを言う．Λ を添え字の集合とする有向点族 $\{x_\lambda\}_{\lambda \in \Lambda}$ の部分有向点族とは，Λ の共終部分集合 M に対して，もとの点集合から $\{x_\mu\}_{\mu \in M}$ を抜き出したもののことを言う．

上の定義が意味を持つためには，有向集合の共終部分集合が再び有向集合となることを確かめる必要がありますが，ほとんど明らかでしょう．

17.2 有向点族とフィルター

共終部分集合の例としては，例 17.4 (2) の有向集合に対して，基本近傍系を取ったものなどがあります．逆に，例 17.4 (3) の有向集合に対して，n 等分だけから成る部分集合は共終ではありません．リーマン積分の近似和を等分割だけで定義すると，定積分の値の区間に関する加法性すら証明できなくなるのはこのためです．

次の補題も，数列の場合の対応する結果の一般化です．

[補題 17.7]　収束する有向点族の部分有向点族は，もとと同じ点に収束する．逆に，有向点族 $\{x_\lambda\}_{\lambda \in \Lambda}$ の任意の部分有向点族が，a に収束する部分有向点族を含むなら，実はもとの有向点族が全体として a に収束する．

[問題 17.8]　点列の場合の対応する結果の証明を思い出して，上の補題を証明せよ．

有向点族が真に必要となるのは，第 1 可算公理を満たさない位相空間の場合です．実際，次が成り立ちます：

[補題 17.8]　X は第 1 可算公理を満たす位相空間とする．このとき，任意の収束有向点族 $\{x_\lambda\}_{\lambda \in \Lambda}$ に対し，それと同じ極限に収束する部分列，すなわち，自然数と順序同型な添え字集合を持つ部分有向点族を取り出すことができる．

実際，$x_\lambda \to a$ とし，a の可算基本近傍系を $\{U_{a,n}\}_{n=1}^\infty$ とするとき，$\forall n$ について，$\exists \lambda_n \in \Lambda$ s.t. $\lambda \geq \lambda_n \implies x_\lambda \in U_{a,n}$ となるので，添え字が単調増加となるように $\{x_{\lambda_n}\}_{n=1}^\infty$ を選べば，これが求める部分列です．

【フィルター】　フィルターは有向点族と同値な概念です．こちらの方を好む人も大勢いますが，近傍系の一般化とみなせ，収束の定義がある種のトートロジーになってしまうので，著者にはちょっとその点でさびしい気がします．

[定義 17.8]　位相空間 X の部分集合の族 $\mathcal{F}$ がフィルターであるとは，次の性質を満たすことを言う：
(1) $A \in \mathcal{F}$ なら $A \neq \emptyset$．
(2) $A \in \mathcal{F}, A \subset B$ なら $B \in \mathcal{F}$．
(3) $A, B \in \mathcal{F}$ なら $A \cap B \in \mathcal{F}$．
また，点 a の近傍系 $\mathcal{U}_a$ が $\mathcal{U}_a \subset \mathcal{F}$ を満たすとき，フィルター $\mathcal{F}$ は点 a に**収束**すると言う．

最後の収束の定義は，$\forall U \in \mathcal{U}_a \; \exists V \in \mathcal{F}$ s.t. $V \subset U$ と書き直してみれば，感じがつかめるでしょう．フィルターは，近傍系と同様，包含関係 $A \subset B$ を順序 $A \geq B$ と解釈することにより有向集合とみなせ，従ってこれを添え字として有向点族が作れることに注意しましょう．

次は，基本近傍系に相当するものです．

定義（と補題）17.9 位相空間 X の部分集合の族 $\mathcal{G}$ がフィルター $\mathcal{F}$ の**基**（**基底**）であるとは，$\forall A \in \mathcal{F}$ に対し $\exists B \in \mathcal{G}$ で $B \subset A$ となるものが存在することを言う．位相空間 X の部分集合の族 $\mathcal{G}$ があるフィルターの基となるための必要十分条件は，$\mathcal{G}$ が次の性質を満たすことである．
(1) $A \in \mathcal{G}$ なら $A \neq \emptyset$．
(2) $A, B \in \mathcal{G}$ なら $\exists C \subset A \cap B$, s.t. $C \in \mathcal{G}$．
このとき，$\mathcal{F} := \{A \subset X \,;\, \exists B \subset \mathcal{G}, A \supset B\}$ は $\mathcal{G}$ を含む最小のフィルターとなり，$\mathcal{G}$ により生成されたフィルターと呼ばれる．

フィルターの概念を用いても，収束に関連した位相空間の性質の言い替えができます．フィルターと近傍系がよく似ているのでこのことは，想像に難くないでしょう．ここでは，コンパクト性の判定条件を対比してみましょう．

定義17.10 フィルター $\mathcal{F}$ は，フィルターの公理を崩さずにもうこれ以上元を追加できないとき，**極大フィルター**（または**ウルトラフィルター**）と呼ばれる．

極大フィルターの例としては，X のある点 a を含むような X の部分集合全体があります．これを点 a により生成された**単項フィルター**，あるいは**主フィルター**と言います．これに属さない集合は a を含まないので，付け加えるとフィルターの公理 (3) から空集合が生じてしまうことから，極大性が分かります．

補題17.9 任意のフィルター $\mathcal{F}$ は極大フィルターまで拡張できる．

実際，$\mathcal{F}$ のどの元とも交わるような X の部分集合が存在する限り，それを $\mathcal{F}$ に追加し続ければよい．厳密には超限帰納法かツォルンの補題で示します．

定理17.10 ① 位相空間 X がコンパクト
$\iff$ ② 任意の有向点族は収束する部分族を含む
$\iff$ ③ 任意の極大フィルターが収束する．

証明 〔① $\Longrightarrow$ ②〕有向点族 x_λ は X のどの点に対しても,それに収束するような部分族を含まないとせよ.このとき x のある近傍 U_P を取れば,U_P に含まれる x_λ の添え字には上界 λ_P がある.(もし,そうでなければ,選択公理により,x に収束する部分族が作れる.) X はコンパクトなので,これらのうちの有限個 $U_{P_i}, i=1,\ldots,n$ で覆える.すると,族 x_λ の添え字は $\lambda_0 := \sup_{1\le i\le n}\lambda_{P_i}$ 以下であったことになり,不合理である.

〔② $\Longrightarrow$ ③〕X の極大フィルター $\mathcal{F}$ が与えられたとき,各 $F\in\mathcal{F}$ に対して点 $x_F\in F$ を一つ選び,$\mathcal{F}$ を添え字とする有向点族 $\{x_F\}_{F\in\mathcal{F}}$ を作る.仮定により,$\{x_F\}$ はある $x\in X$ に収束する部分族 $\{x_G\}_{G\in\mathcal{G}}$ を含む.ここに $\mathcal{G}$ は $\mathcal{F}$ の $\supset$ に関する共終有向集合である.このとき,$\mathcal{F}$ が x に収束することを示そう.背理法により,もし収束しないとすると,x のある近傍 U は $\mathcal{F}$ に属さない.$\mathcal{F}$ は極大なので,U を付け加えるとフィルターでなくなる.とすれば,$\exists F\in\mathcal{F}$ で $F\cap U = \emptyset$ となるものが存在するしかない.しかし,そのとき $G\subset F$ なる $G\in\mathcal{G}$ が存在し,従って $x_G\in G\subset F$,よって $x_G\notin U$ となり,x_G の取り方に反する.

〔③ $\Longrightarrow$ ①〕X がコンパクトでないと,無限個の開集合の族 $\mathcal{O}$ で,X の開被覆を成し,かつそこからどのように有限個を選んでも,それだけでは X を覆えない,というようなものが存在する.このとき,$\mathcal{O}$ から有限個 $U_1,\ldots,U_n$ を取り去った残りのものの和集合 $F_{U_1,\ldots,U_m}$ はフィルターの基底を成す.実際,

$$F_{U_1,\ldots,U_m} \cap F_{V_1,\ldots,V_n} = F_{U_1,\ldots,U_m,V_1,\ldots,V_n} \ne \emptyset$$

となるからである.よって F を含む極大フィルターが存在するが,それは仮定により収束する.その極限を x とすれば,$\mathcal{O}$ の元 U で x を含むものがある.U は x の開近傍だから,収束の定義により,ある $F_{U_1,\ldots,U_m}$ を含む.すると,$U_1,\ldots,U_m$ と U で X が覆えたことになり,仮定に反する. □

■ 17.3 完 備 性

いよいよコーシー列の一般化に入ります.

定義 17.11 一様位相空間 X の有向点族 $\{x_\lambda\}_{\lambda\in\Lambda}$ が**コーシー有向点族**(略して**コーシー族**)であるとは,X の任意の一様近傍 U に対し添え字 λ_U を適当に選ぶと,$\lambda,\mu\ge\lambda_U$ なる任意の添え字に対して $(x_\lambda,x_\mu)\in U$ となることを言

う．一様位相空間 X が**完備**とは，任意のコーシー族が収束することを言う．

位相群の場合には，コーシー族の条件は，単位元の任意の近傍 U に対して，$\exists \lambda_U$ を適当に取れば，$\lambda, \mu \geq \lambda_U$ なる任意の添え字に対して $x_\lambda \circ x_\mu^{-1} \in U$，あるいは $x_\lambda^{-1} \circ x_\mu \in U$ となること，更に加法群や位相線形空間の場合は，$x_\lambda - x_\mu \in U$ と，より簡明な条件で表現できます．

問題 17.9 収束する有向点族はコーシー族となることを示せ．

コーシーフィルターによる表現は次のようになります：

定義 17.12 一様位相空間 X のフィルター $\mathcal{F}$ が**コーシーフィルター**であるとは，任意の一様近傍 $U \subset X \times X$ に対して，$V \in \mathcal{F}$ で $V \times V \subset U$ となるものが存在することを言う．

写像の連続性は有向点族で判定されましたが，写像の一様連続性はコーシー族で判定できます．次の結果は，$\mathbf{R}^n$ の場合でも必ずしも微積で習っていないかもしれないので，まず距離空間の場合に考えてみるとよいかもしれません．

補題 17.11 ① 一様位相空間の間の写像 $f : X \to Y$ が一様連続．
$\iff$ ② f は X の任意のコーシー族を Y のコーシー族に写す．
$\iff$ ③ f は X の任意のコーシーフィルターを Y のコーシーフィルターに写す．

微分積分学での一様連続性の用途には，連続関数のリーマン積分可能性の他にもう一つ大切なものがあります．それは，写像を"**連続性により拡張**"することです．次の結果も，まず距離空間で練習してみると分かりやすいでしょう．

補題 17.12 X を一様位相空間，A をその稠密な部分集合とする．A から完備な一様位相空間 Y への写像 f が X から A に誘導された位相で一様連続なら，f は X から Y への一様連続写像に拡張できる．

微分積分の講義でも注意されたと思いますが，"部分集合の上で定義された関数を，その連続性により閉包まで拡張する"という言い方は不正確です．例えば，$f(x) = \dfrac{1}{x^2 - 2}$ は $\mathbf{Q}$ の上では実数値の連続関数となっていますが，$\mathbf{R}$ 上の連続関数には拡張できません．この関数は，$\mathbf{Q}$ 上一様連続ではないからです．

17.3 完 備 性

問題 17.10 補題 17.12 を証明せよ．その証明が上の例ではどこで崩れるか調べよ．

【完備化】 完備でない空間は，適当に点を補って完備な空間に変えることができます．これは有理数に無理数を付け加えて実数を作る手法の一般化です．ただし，ハウスドルフでないと，もとの空間の構造も少し変えねばなりません．ここでは簡単のため，ハウスドルフを仮定しておきます．

定義 17.13 ハウスドルフな一様位相空間 X の**完備化**とは，次の2条件を満たす一様位相空間 $\widetilde{X}$ のことを言う．
(1) $\widetilde{X}$ は完備である．
(2) X は $\widetilde{X}$ の稠密な部分空間と一様位相同型になる．

無理数は有理数の列の極限として得られます．極限がまだ分からないときに，これを有理数の列だけから定義するのに，カントルはコーシー列の同値類というものを用いました．これを一般化したのが次の定理です：

定理 17.13 ハウスドルフな一様位相空間 X の完備化は必ず存在し，一様位相同型を除いて一意に定まる．

証明 X のコーシー族に次のような同値関係を定める：

$$\{x_\lambda\}_{\lambda\in\Lambda} \sim \{x_\mu\}_{\mu\in M} \iff \forall U\ (X\text{の一様近傍})\text{に対し}\ \exists \lambda_U, \mu_U\ \text{s.t.}$$
$$\lambda \geq \lambda_U, \mu \geq \mu_U \implies (x_\lambda, x_\mu) \in U.$$

これが同値関係となることは，U とともに U^{-1} が再び一様近傍となることなどから容易に分かる．そこで

$$\widetilde{X} = \{X \text{のすべてのコーシー族}\}/\sim$$

で商集合を作る．X の各点 x に定数族 $\{x_U = x\}_{U \in \mathcal{U}_x}$ を対応させると，X の $\widetilde{X}$ への埋め込み写像が作れる．$\widetilde{X}$ の一様位相構造は，X の一様近傍 U から定まる $\widetilde{X} \times \widetilde{X}$ の部分集合

$$\widetilde{U} = \{(\{x_\lambda\}_{\lambda\in\Lambda}, \{x_\mu\}_{\mu\in M})\, ; \exists \lambda_0, \exists \mu_0\ \text{s.t.}\ \lambda \geq \lambda_0, \mu \geq \mu_0 \implies (x_\lambda, x_\mu) \in U\}$$

を一様近傍として定義する．このとき，自然な埋め込み $X \to \widetilde{X}$ が連続となること，X のコーシー族が $\widetilde{X}$ では収束することが次のようにして示せる：$\widetilde{X}$ のコーシー族は，$\left\{\{x_\lambda^\alpha\}_{\lambda\in\Lambda_\alpha}\right\}_{\alpha\in A}$ という形をしている．すなわち，有向

集合の添え字 $\alpha \in A$ が付いた有向点族の族である．これがコーシー族とは，$\widetilde{X}$ の任意の一様近傍 $\widetilde{U}$ に対し，$\alpha_{\widetilde{U}}$ を適当に選べば，$\alpha, \beta \geq \alpha_{\widetilde{U}}$ のとき，$((x_\lambda^\alpha)_{\lambda \in \Lambda_\alpha}, (x_\mu^\beta)_{\mu \in M_\beta}) \in \widetilde{U}$ となることを意味するが，この最後の条件は，$\widetilde{X}$ の位相の定義により，$\exists \lambda_U, \mu_U$ s.t. $\lambda \geq \lambda_U, \mu \geq \mu_U \implies (x_\lambda^\alpha, x_\mu^\beta) \in U$ となることである．ここに，U は $\widetilde{U}$ に対応する X の一様近傍である．このとき，対角線論法で得られる有向点族 $(x_{\lambda_U}^{\alpha_{\widetilde{U}}})_{\alpha \in A}$ はコーシー族となり，従って $\widetilde{X}$ の点を定めるが，$(x_\lambda^\alpha)_{\lambda \in \Lambda_\alpha}, \alpha \in A$ がこの点に収束することが定義から容易に導ける．

次に，X が $\widetilde{X}$ で稠密なことを示す．コーシー族 $\{x_\lambda\}_{\lambda \in \Lambda}$ を勝手に取るとき，任意の一様近傍 U に対して $\exists \lambda_0$ s.t. $\lambda, \mu \geq \lambda_0 \implies (x_\lambda, x_\mu) \in U$ となることから，すべての項が x_{λ_0} に等しいような定数有向点族を考えると，これは X の点から来ていて，かつ $(x_\lambda, x_{\lambda_0}) \in U$．すなわち，$\{x_\lambda\}_{\lambda \in \Lambda}$ の任意の近傍に，X の点が存在する．

最後に，完備化が一様位相同型を除いて一意に定まることは，もし完備化の条件を満たす Y がもう一つ有ったとすると，X からそれ自身への恒等写像を $\widetilde{X}$ の部分集合 X から Y の部分集合への写像とみなしたものは，当然一様連続なので，補題 17.12 により $\widetilde{X}$ 全体から Y への一様連続写像 f に拡張できる．全く同様に，Y から $\widetilde{X}$ への一様連続写像 g にも拡張できる．このとき，$g \circ f : \widetilde{X} \to \widetilde{X}$ は一様連続で，かつその稠密部分集合 X の上では恒等写像だから，補題 17.12 の拡張の一意性により，$\widetilde{X}$ 上でも恒等写像でなければならない．同様に，$f \circ g$ も Y 上の恒等写像となる．よって f, g により $\widetilde{X}$ と Y は一様位相同型となる． □

ハウスドルフでない場合は，上述のコーシーの構成法を適用すると，もとの空間 X で分離できなかった点を同一視した，完備なハウスドルフ空間が得られます．これを**ハウスドルフ完備化** (Hausdorff completion) と呼びます．

問題 **17.11** (1) 実数の開区間 $(0,1)$ に $\boldsymbol{R}$ の自然な一様位相構造を入れたものは，完備ではないことを示せ．また完備化を具体的に求めよ．

(2) 開区間 $(0,1)$ と位相は同じだが，これを完備とするような一様位相構造を一つ示せ．

参 考 文 献

　論理学の教科書は，主に情報科向けのものがたくさん出ています．集合論と位相数学も数学科向けのものがたくさん出ています．数学基礎論については，専門書がいくつかある程度かと思います．ここでは，これらの中からたまたま著者が目にした書物を挙げておきます．まず最初に，本書を補う性格の参考書を列挙します．

[1] 細井勉『集合・論理』，細井勉，共立出版，1982．
　　著者の講義用参考書としてずっと利用していたもので，本書の本文中に "細井先生の教科書" として引用されているのはその名残りです．論理学と集合論の内容が初等的なところからかなり高度内容まで，実によくまとめられています．

[2] 島内剛一『数学の基礎』，日本評論社，1971．
　　微積分を学ぶときに学生が疑問に感じる論理の穴を埋めるという立場から出発して，数学基礎論にまで読者を連れていってしまうという書物です．

[3] 小野寛晰『情報科学における論理』，日本評論社，1994．
　　情報科向けの論理学全般の教科書で，形式的証明論の他，様相論理の詳しい解説があり，本書では全く触れられなかった λ 計算も扱われています．証明論は [1] の形式論理学の解説とは違い，ゲンツェンの LK の立場で書かれています．

[4] 小倉久和・高濱徹行『情報の論理数学入門』，近代科学社，1991．
　　論理学を中心とし，集合論や代数学まで幅広く書かれた手頃な教科書です．論理回路の例も豊富で，本書で扱えなかったフリップフロップ回路も載っています．

[5] 斎藤正彦『数学の基礎』，東京大学出版会，2002．
　　東京大学出版会のこの教科書シリーズを開いた『線形代数学』で有名な著者による，集合と位相への手頃な入門書です．

[6] 西村敏雄・難波完爾『公理論的集合論』，共立出版，1985．
　　公理論的に書かれた無限集合論の本格的教科書です．著者の一人，難波完爾先生は，本書の背景となったお茶の水女子大学情報科学科の講義『数理基礎論』の発足時の担当者だったので紹介しておきますが，これはかなり本格的な専門書です．

[7] 太原育夫『人工知能の基礎知識』，近代科学社，1988．
　　論理計算は問題解決の手段として人工知能論で用いられます．この本の導出原理の解説は読みやすく，とても参考になりました．（新版が 2008 年に出ています．）

[8] 林晋（編著）『パラドックス』，日本評論社，2000．

[9] 長尾確（訳）『スマリヤンの無限の論理パズル』，白揚社，2007．

　以下は著者が執筆の参考にしたもので，参考書として並読するにはやや難しい，あるいはやや古いかもしれませんが，更に進んで学ぶときの参考に掲げておきます．

[10] 前原昭二『数学基礎論入門』, 朝倉書店, 1977.
[11] 松本和夫『数理論理学』, 共立出版, 1970.
[12] 清水義夫『記号論理学』, 東京大学出版会, 1984.
[13] 高橋正子『計算論』, 近代科学社, 1991.

著者はお茶の水女子大学数学科のご出身で, 情報科学科発足時より非常勤で『数理基礎論』に続く専門講義の『計算基礎論』を教えておられました. これはその講義の内容です.

[14] 河田敬義他『現代数学概説 II』, 岩波書店, 1965.

位相空間論を書くとき, 記憶確認のため 40 年振りに開きました. ノスタルジーのせいだけでなく, 良くまとめられた参考書だと改めて思いました.

[15] デュドネ (編)『数学史 III』, 岩波書店, 1985.

第 13 章 pp.815–969 が公理論と論理学の歴史です. 決して読みやすいとは言えませんが, 本書で紹介しきれなかった歴史の詳細に興味がある人は必読でしょう.

[16] 寺坂英孝他訳『ヒルベルト 幾何学の基礎・クライン エルランゲン目録』, 現代数学の系譜 7, 共立出版, 1970.

この本の前半部が第 1 章で紹介したヒルベルトの著書の邦訳です. 初版の出版以降に書かれたヒルベルトの数学基礎論関係の論文も付録として追加されています.

[17] E. Mendelson "Introduction to Mathematical Logic (5th Edition)", CRC Press, 2010.

1979 年に初版が出た数理論理学のロングセラーです.

[18] S. Russel & R. Norvig "Artificial Intelligence, A Modern Approach (2nd Edition)", Prentice Hall, 2003.

人工知能論の古典的な教科書です.

[19] Yu. I. Manin "A Course in Mathematical Logic", Springer, 1977.

難しい本かと思っていたのですが, 今回初めて手に取ってみて, 初心者への配慮が行き届いた, 実に分かりやすい教科書であることを知りました. (新版が 2010 年に出ました. なぜかタイトルに for mathematicians が追加されました.)

[20] P. Cohen "Set Theory and the Continuum Hypothesis", Benjamin, 1966; リプリント版 Dover.

選択公理と連続体仮説の独立性を解決した本人による論理学の初歩から書かれた概説書です. 専門家に言わせると, やはり素人っぽいところがあるそうですが, リプリント版が出て, 廉価で読みやすい参考書となりました.

[21] 日本数学会 (編)『数学辞典 (第 4 版)』, 岩波書店, 2007.

辞典を参考文献に含めるのはおかしい気もしますが, 本文中で"岩波『数学辞典』"として何度か引用したので, 知らない新入生のために書肆情報を載せておきます.

索　引

あ 行

アキレスと亀　158
アスコリ-アルゼラの定理　214
位相　184, 193
位相空間　193
位相群　246
位相代数系　246
位相同型　202
位相同型写像　202
位相ベクトル空間　247
1 対 1　26
1 対 1 対応　26, 85
1 の分解　238
一様位相　244
一様位相空間　244
一様位相構造　244
一様近傍　244
一様コーシー列　223
一様収束　223
一様連続　245
1 階の述語論理　60
1 点コンパクト化　240
一般連続体仮説　137, 164
意味木　37
意味論的　42
上への　26
裏　46
ウリゾーンの補題　220
ウルトラフィルター　252
エルブラン解釈　116
エルブラン基底　115
エルブランの定理　115, 176
エルブラン領域　114
演繹定理　166
演繹的推論　7

か 行

外延性公理　161
外延的　9
外延的定義　24
開近傍　188
解釈　63, 171
開写像　201

開集合　186
開集合族の公理　192
開集合の基　197
外点　190
外部　190
ガウス記号　12
可換律　17, 93
下限　96
可算コンパクト　215
可算集合　132
可算濃度　132
カット　166, 169
合併　67, 68
可付番集合　132
可分　242
カリーのパラドックス　161
含意　32
関数　24, 85
完全性　6, 172
完全正則　240
完全性定理　172
完全非連結　206
冠頭標準形　110
冠頭論理式　110
カントルの三進集合　136
カントルの対角線論法　132
完備　190, 254
完備化　190, 255
偽　33
基数　124
基礎節　116
基礎例　115
帰納極限　232
帰納的可算　148
帰納的関数　146, 177
帰納的順序集合　154
帰納的推論　7
帰納的定義　35, 145
基本近傍系　196
逆　46
逆写像　26, 82, 85
逆像　25
逆対応　85
逆ポーランド記法　79
逆理　158
キャリービット　48

吸収律　17, 38, 43, 93
境界　190
境界点　190
共終　250
強制法　164
共通部分　13, 68
極限順序数　152
局所コンパクト　234
局所凸　248
局所有限　235
極大フィルター　252
距離空間　184
距離 (集合間の)　212
距離の公理　179
近傍　187
近傍系　188
近傍系の公理　188
空集合　14, 161
空節　118
グラフ　86
グラフ (写像の−)　24
グラフ (対応の−)　85
クリーンの定理　148
クレタ人の嘘付き　159
群　92
系　5
形式化　165
ゲーデル数　174
ゲーデルの対角化定理　175
結合法則　17
結合律　17, 38, 93
決定可能　177
言語　105
原始帰納的関数　145
原始論理式　107
健全性　172
健全性定理　172
限定子　57
項　106
交換律　38
コーシー族　253
恒真式 (述語論理の)　64
恒真式 (命題論理の)　38
合成写像　81
合成対応　86
恒等写像　81

259

索　引

公理　2
コーシーフィルター　254
コーシー列　190
弧状連結　204
孤立順序数　152
孤立点　207
コンパクト化　240
コンパクト開位相　231
コンパクト性定理　176

さ　行

再帰的定義　146
再帰呼び出し　146
最大値定理　217
最汎単一化置換　121
細分　236
細分写像　236
作用　79
ザリスキー位相　195
3角不等式　180
三段論法　43
シークエント　169
シェファーの縦棒　53, 55
自己双対性　99
始式　169
始集合　23
時制論理　31
自然数　10, 140
自然数の順序数　139
射影極限　232
写像　23
集合　9
集合差　15
終集合　23
集積点　207
充足可能　38
収束 (点列の)　185
収束 (フィルターの)　251
収束 (有向点族の)　249
自由変数　58
縮小写像　200
述語　57, 105
述語論理　57
順序数　139, 152
順序対　162
順序同型　140, 150
順序の公理　17, 95
準同型写像　103
商位相　226
上限　96
証明図　169

剰余類　89
真　33
真部分集合　13
真理値　33
真理値表　33, 36
推移律　16, 87
推論式　169
推論節点　118
数学的帰納法　141, 148
スコーレムのパラドックス　173
スコーレム標準形　113
正規空間　219
制限された限定子　59, 62
正則空間　219
整列集合　139
積和標準形　40
節　111
節形式　111
切片　150
ゼノンのパラドックス　158
選言　32
全射　26, 85
選出関数　137
選出公理　137
全順序　17
全称記号　57
全体集合　14
選択関数　137, 163
選択公理　137, 163
全単射　26, 85
全不連結　206
全面否定　61
像　25
像位相　227
相対位相　224
相対コンパクト　210
相補束　97
添え字集合　67
束　97
束縛記号　57
束縛変数　58
素式　107
素数　4
素朴集合論　9, 124
存在記号　57

た　行

台　239
第1可算公理　215, 242
第1不完全性定理　174

対応　84
対角線集合　81
対角線論法　132, 135
対偶　46
対偶法　43
対合　80
対称差　15
対象定数　105
対象変数　105
対称律　16, 87
対象領域　60, 171
代数的基底　157
対等　26
第2可算公理　242
第2不完全性定理　174, 176
代入　64, 108
代表元　90
多価関数　84
多価写像　84
多数決関数　50
多値論理　103
単一化置換　120, 121
単項演算　80
単項フィルター　252
単項論理式　40
単射　26, 85
値域　25, 84
置換　108
チホノフの定理　229
柱状集合　71
稠密　208
超限帰納法　149, 163
直積　15, 70
直積位相　226, 228
直和　68, 133, 233
ツェルメロの整列定理　139
ツェルメロ-フレンケルの公理系　161
ツォルンの補題　154
ティーツェの拡張定理　221
ディオファントス的　178
ディオファントス方程式　60
定義　2
定義域　24, 84
定義関数　72
ディニの定理　223
定理　5, 166
デカルト積　16, 70
点列コンパクト　215

索　引

同型　26, 124
同型 (ブール代数の-)　76, 104
等号の公理　16
統語論的　42
同時代入　109
導出　118
導出グラフ　119
導出原理　119
導出反駁木　119
同値　32
同値関係　88
同値関係 (2 項関係から生成される)　89
同値類　89
特性関数　72
独立性　6
閉じた論理式　63
ド・モルガンの法則　17, 38, 98
取り尽くし列　234

な 行

内核　190
内点　190
内部　190
内包的　9
内包的定義　24
2 項演算　78
2 項関係　86
2 重帰納法　141
2 重否定律　38
濃度　124, 154
ノード　37
ノルム　181
ノルム空間　247
ノルムの公理　181

は 行

葉　37
パース演算　55
排他的論理和　34
排中律　30, 38
ハイネ-ボレルの被覆定理　213
背理法　168
ハウスドルフ　209
ハウスドルフ完備化　256
ハウスドルフ距離　185
ハッセ図式　102
鳩の巣原理　126

バナッハ空間　247
ハメル基底　157
パラコンパクト　236
パラドックス　158
半加算器　48
反射律　16, 87, 93
反対称律　17
引き戻し　227
非順序対　162
左逆　82
否定　32, 61
非ユークリッド幾何学　3
標準写像　91
非連結和　133
ファジー論理　31, 103
フィルター　251
フィルターの基　252
ブール代数　18, 39, 93
ブール代数の公理　93
ブールバキ　69
不完全性定理　174
付値　33, 103
不定方程式　60
部分関数　84
部分帰納的関数　147
部分群　92
部分集合　12
部分否定　61
部分論理式　35
ブラリ・フォルティのパラドックス　154
フレッシェ空間　248
負論理　54
分配束　97
分配法則　17
分配律　17, 38, 93
分離法則　165
ペアノの公理系　140
平行線の公理　3
閉写像　201
閉集合　186
閉包　64, 191
冪集合　72, 162
冪等　78
冪等律　17, 38
ベリーのパラドックス　161
ヘルダーの不等式　183
ベルンシュタインの定理　128
ヘンキンの定理　172
ベン図　18

包含記号　12
包除定理　74
ポーランド記法　79
母式　112
補集合　14
補題　5
ボルツァーノ-ワイヤストラスの定理　216

ま 行

枚挙可能　148, 177
マンハッタン距離　180
右逆　82
ミンコフスキーの不等式　183
無限降下列　163
無限公理　163
無限集合　127, 164
矛盾する　171
無定義語　7
無矛盾　171
無矛盾性　6, 171
命題　5, 30
命題演算子　32
命題計算　32
命題定数　35
命題変数　31, 33, 35
モーダスポネンス　43, 165
モデル　7, 172

や 行

ユークリッド距離　180
ユークリッドの原論　1
有限集合　124, 128
有向木　37
有向集合　249
有向点集合　249
有向点族　249
誘導位相　224
要素　12
様相論理　31

ら 行

ラグランジュの定理　46, 92
ラッセルのパラドックス　160
リテラル　111
量化記号　57
両刀論法　168
理論　171

262

リンデレーフの性質　215
リンデンバウムの補題　173
ルート　37
連結　202, 224
連結成分　206
連言　32
連続　199
連続写像　200
連続体仮説　136, 164
連続の濃度　132
論理回路　47
論理ゲート　47
論理結合子　32
論理式　33, 35, 106
論理積　32
論理積標準形　40
論理素子　47
論理和　32
論理和標準形　40

わ 行

和集合　13, 68, 162
和積標準形　40

欧 字

| 　58
† 　58
C 　10
F_2 　33
i.e. 　13
LK 　169

MIL 記号　47
mod　11
N　10
NAND 型回路　52, 53
NAND 素子　52
NOR 型回路　52, 53
NOR 素子　52
Q　10
QED　4
R　10
R^+　11
$R^\times$　11
s.t.　11
$S(x)$　141
T1 分離公理　218
T2 分離公理　218
T3 分離公理　218
T4 分離公理　219
XOR　35
Z　10
ZF　161
ZFC　164
$\aleph$　132
$\aleph_0$　132
$\varepsilon x\, A(x)$　147
ε-近傍　185
$\iota x\, A(x)$　147
μ-演算子　148
$\prod$　70
σ コンパクト　234
ω　139

ω-無矛盾性　176
$:=$　10
$\iff$　13, 33, 42
$\implies$　4, 13, 42, 169
$\emptyset$　14
$\vdash$　165
$\models$　171
$\cap$ (cap)　13
C (complement)　14
$\cup$ (cup)　13
$\sqcup$ ((big)sqcup)　133
$\in$ (in)　10, 12
$\notin$ (not in)　12
$\subset$ (subset)　12
$\forall$　13, 57
$\exists$　11, 25, 57
$\exists!$　61
$\mapsto$　26
$\wedge$　32
$\equiv$　32
$\rightarrow$　26
$\rightarrow$　32
$\neg$　32
$\vee$　32
$\top$　35
$\bot$　35
x'　141
$A[t/x]$　108
$A[y/x]$　64

人 名 索 引

アスコリ (G. Ascoli, 1843–96)　214
アリストテレス (Aristoteles, 384–322 B.C.)　4
アルゼラ (C. Arzelà, 1847–1912)　214
ウカシェビッチ (J. Lukasiewicz, 1878–1956)　79, 165
ウリゾーン (P.S. Urysohn, 1898–1924)　220, 243
エルブラン (J. Herbrand (1908–31)　114
オイラー (L. Euler, 1707–83)　18
ガウス (C.F. Gauss, 1777–1855)　3
カリー (H.B. Curry, 1900–82)　161
カントル (G. Cantor, 1845–1918)　8, 133
クリーネ (S.C. Kleene, 1909–94)　148, 169

ゲーデル (K. Gödel, 1906–78)　8, 164
ゲンツェン (G. Gentzen, 1909–45)　164,
コーエン (P.J. Cohen, 1934–2007)　137, 164
コーシー (A.L. Cauchy, 1789–1857)　59
ザリスキー (O. Zariski, 1899–1986)　195
シェファー (H.M. Sheffer, 1882–1964)　53
シェルピンスキー (W.F. Sierpinski, 1882–1969)　164
シュレーダー (F.W.K.E. Schröder, 1841–1902)　93
スコーレム (Th.A. Skolem, 1887–1963)　113, 173
スコット (D.S. Scott, 1932–)　104
ストーン (M. H. Stone, 1903–89)　101

人名索引

ゼノン (Zenon, 490?–429? B.C.)　158
ソロベイ (R.M. Solovay, 1938–)　104
チェック (E. Čech, 1893–1960)　241
チホノフ (A.N. Tikhonov, 1906–93)　229
チャーチ (A. Church, 1903–95)　148
ツェルメロ (E.F.F. Zermelo, 1871–1953)　8
ツォルン (M. A. Zorn, 1906–93)　154
ティーツェ (H. Tietze, 1880–1964)　221
ディオファントス (Diophantus, 246?–330?)　60
ディニ (U. Dini, 1845–1918)　223
デービス (M. Davis, 1928–)　178
デカルト (R. Descartes, 1596–1650)　16
デデキント (J.W. Dedekind, 1831–1916)　8
デデキント (R. Dedekind, 1831–1916)　133
テューリング (A.M. Turing, 1912–54)　148
ド・モルガン (A. De Morgan, 1806–71)　17
パース (C.S. Peirce, 1839–1914)　93
ハイネ (H.E. Heine, 1821–81)　213, 246
ハウスドルフ (F. Hausdorff, 1868–1942)　185, 209
パッシュ (M. Pasch, 1843–1930)　6
ハッセ (H. Hasse, 1898–1979)　102
バナッハ (S. Banach, 1892–1945)　247
ハミング (R.W. Hamming, 1915-98)　196
ハメル (G.K.L. Hamel, 1877–1954)　157
ヒルベルト (D. Hilbert, 1862–1943)　5
ブール (G. Boole, 1815–64)　18
フェルマー (P. de Fermat, 1601–65)　59
フォン・ノイマン (J. von Neumann, 1903–57)　152, 164
ブラウアー (L.E.J. Brouwer, 1881-1966)　30
ブラリ・フォルティ (C. Burali-Forti, 1861–1931)　154
フレーゲ (F. L. G. Frege, 1848–1925)　165
フレッシェ (R.M. Fréchet, 1878–1973)　248
フレンケル (A.A. Fraenkel, 1891–1965)　8

ペアノ (G. Peano, 1858–1932)　8, 140
ベイカー (A. Baker, 1939–)　178
ヘルダー (O. Hölder, 1859–1937)　183
ベルナイス (P.I. Bernays, 1888–1977)　8
ベルンシュタイン (F. Bernstein, 1871–1956)　128
ベン (J. Venn, 1834–1923)　18
ヘンキン (L. Henkin, 1921–2006)　172
ポスト (E. Post, 1897–1954)　148
ボリアイ (J. Bolyai, 1802–60)　3
ボルツァーノ (B. Bolzano, 1781–1848)　8, 216
ボレル (E. Borel, 1871–1956)　213
ホワイトヘッド (A. N. Whitehead, 1861–1947)　160
マチヤセビッチ (Yu.V. Matiyasevich, 1947–)　60
ミンコフスキー (H. Minkowski, 1864–1909)　183
ユークリッド (Euclid, 330?–275? B.C.)　1
ライプニッツ (G.W.F. Leibniz, 1646–1716)　18
ラグランジュ (J.L. Lagrange, 1736–1813)　92
ラッセル (B.A.W. Russell, 1872–1970)　160
リーマン (G.F.B. Riemann, 1826–66)　3
リンデレーフ (E.L. Lindelöf, 1870–1946)　215
レーベンハイム (L. Löwenheim, 1878–1940)　173
ロッサー (J.B. Rosser, 1907–89)　176
ロバチェフスキー (N.I. Lobachevsky, 1793–1856)　3
ロビンソン (J.H.B. Robinson, 1919–85)　178
ワイヤストラス (K.T.W. Weierstrass, 1815–97)　216
ワイルズ (A. Wiles, 1953–)　59

著者略歴

金 子　晃
（かねこ　あきら）

1968 年　東京大学 理学部 数学科卒業
1973 年　東京大学 教養学部 助教授
1987 年　東京大学 教養学部 教授
1997 年　お茶の水女子大学 理学部 情報科学科 教授
　　　　 理学博士，東京大学・お茶の水女子大学 名誉教授

主要著書

数理系のための 基礎と応用 微分積分 I, II
(サイエンス社, 2000, 2001)
線形代数講義 (サイエンス社, 2004)
応用代数講義 (サイエンス社, 2006)
数値計算講義 (サイエンス社, 2009)
定数係数線型偏微分方程式 (岩波講座基礎数学, 1976)
超函数入門 (東京大学出版会, 1980–82)
教養の数学・計算機 (東京大学出版会, 1991)
偏微分方程式入門 (東京大学出版会, 1998)

ライブラリ数理・情報系の数学講義-1
数理基礎論講義 —— 論理・集合・位相 ——

2010 年 6 月 10 日 ⓒ	初 版 発 行
2022 年 4 月 25 日	初版第 4 刷発行

著　者　金 子　晃　　　発行者　森 平 敏 孝
　　　　　　　　　　　　印刷者　篠 倉 奈 緒 美
　　　　　　　　　　　　製本者　松 島 克 幸

発行所　株式会社　サイエンス社
〒151-0051　東京都渋谷区千駄ヶ谷 1 丁目 3 番 25 号
営業　☎ (03) 5474-8500 (代)　　振替 00170-7-2387
編集　☎ (03) 5474-8600 (代)
FAX　☎ (03) 5474-8900

印刷　(株) ディグ　　　製本　松島製本 (有)

《検印省略》

本書の内容を無断で複写複製することは，著作者および
出版者の権利を侵害することがありますので，その場合
にはあらかじめ小社あて許諾をお求め下さい．

ISBN978-4-7819-1253-0
PRINTED IN JAPAN

サイエンス社のホームページのご案内
http://www.saiensu.co.jp
ご意見・ご要望は
rikei@saiensu.co.jp　まで．